Massenspektrensammlung von Lösungsmitteln, Verunreinigungen, Säulenbelegmaterialien und einfachen aliphatischen Verbindungen

Margot Spiteller
G. Spiteller

Springer-Verlag
Wien New York

Dr. Margot Spiteller

Prof. Dr. G. Spiteller

Organisch-Chemisches Institut der Universität Göttingen

Softcover reprint of the hardcover 1st edition 1973

Library of Congress Catalog Card Number 72-94888

ISBN-13: 978-3-7091-7105-9 **e-ISBN-13: 978-3-7091-7104-2**

DOI: 10.1007/ 978-3-7091-7104-2

Vorwort

Die Auswertung von Massenspektren wird häufig durch Verunreinigungen, die von Lösungsmitteln stammen oder bei der Aufarbeitung in die Probe gelangten, gestört. Dieser Störeffekt wirkt sich um so stärker aus, je weniger Material zur Verfügung steht. Er ist daher bei der Untersuchung von Materialien biologischen Ursprungs besonders gravierend. Die vorliegende Spektrensammlung soll helfen, derartige Verunreinigungen aufzuspüren, und damit die Interpretation von Spektren erleichtern.

Sie soll überdies eine Ergänzung zu zahlreichen Lehrbüchern der Massenspektrometrie bilden, indem sie typische Spektrenbeispiele für einfache aliphatische Verbindungen bringt. Dementsprechend wurden die Strukturen der wichtigsten Schlüsselionen unter den Spektren vermerkt und – soweit verfügbar – entsprechende Literaturstellen angegeben. Die Spektren selbst wurden in Form von Strichspektren reproduziert, weil nur diese Art der Spektrendarstellung ein rasches Erkennen charakteristischer Ionen erlaubt.

Um die Möglichkeit zu schaffen, in unbekannten Verbindungen Teilstrukturen zu ermitteln, wurden Ionen, aus deren Gegenwart auf das Auftreten bestimmter Strukturelemente zu schließen ist, in Form von Schlüsselionentabellen angefügt.

Für die Hilfe bei der Darstellung der Verbindungen danken wir Herrn D. Arnold und Herrn H. Obermann, für die Anfertigung der Zeichnungen der Spektren Herrn H. Kohl und Frl. C. Carrard. Besonders großen Dank schulden wir Herrn Dr. G. Remberg, der die genauen Massebestimmungen von Schlüsselionen auf einem Varian-MAT SM-1 Massenspektrometer ausführte. Schließlich sei Frau G. v. Cotzhausen für das Schreiben des Manuskriptes bestens gedankt.

Göttingen, im Januar 1973

Margot Spiteller

G. Spiteller

Verzeichnis der Verbindungen

Lösungsmittel

A) Kohlenwasserstoffe

1 Cyclohexan
2 Cyclohexen
3 Benzol
4 Toluol
5 Xylol
6 Tetralin
7 Decalin
8 Petroläther
9 Ligroin

B) Halogenierte Kohlenwasserstoffe

10 Methylenchlorid
11 Chloroform
12 Tetrachlorkohlenstoff
13 Trichloräthylen

C) Alkohole

14 Methanol
15 Äthanol
16 Propanol-(1)
17 Propanol-(2)
18 Butanol-(1)
19 2-Methyl-propanol-(1)
20 Butanol-(2)
21 2-Methyl-propanol-(2)
22 Äthylenglycol
23 Äthylenglycol-mono-methyläther
24 Äthylenglycol-mono-äthyläther
25 Glycerin

D) Äther

26 Tetrahydrofuran
27 Dioxan
28 Diisopropyläther
29 Diäthylenglycol-dimethyläther

E) Ketone

30 Aceton
31 Butanon-(2)

F) Ester

32 Essigsäure-äthyl-ester
33 Essigsäure-n-butyl-ester
34 Essigsäure-isoamyl-ester

G) Säure

35 Essigsäure

H) Säureamide

36 Formamid
37 Dimethyl-formamid

I) Säurenitrile

38 Aceto-nitril

J) Amine

39 Piperidin
40 Morpholin
41 Pyridin
42 Anilin
43 N.N-Dimethyl-anilin

K) Nitroverbindungen

44 Nitromethan
45 Nitrobenzol

L) Schwefelverbindungen

46 Schwefelkohlenstoff
47 Dimethylsulfoxid

Verunreinigungen

A) Verunreinigungen allgemeiner Art

48 Luft
49 Quecksilber
50 Schwefel
51 Jonol
52 Azoisobutyronitril
53 Cholesterin
54 Hahnfett

B) Weichmacher

55 Tri-n-butylphosphat
56 Phthalsäure-mono-isopropyl-ester
57 Phthalsäure-di-n-propylester
58 Phthalsäure-di-isopropylester
59 Phthalsäure-di-n-butylester
60 Phthalsäure-di-isobutylester
61 Phthalsäure-di-octylester
62 Phthalsäure-di-nonylester (Isomerengemisch)
63 Di-(2-äthyl)-hexyl-adipat
64 Di-isononyl-adipat

C) Pumpenöle und Säulenbelegmaterialien

65 Polyphenyläther PA 5
66 Polyphenyläther PA 6
67 Apiezon L
68 Trikresylphosphat
69 Polyäthylenglycol 4000
70 SE 30
71 OV 1
72 OV 101
73 SF 50
74 XE 60
75 QF 1
76 Amin 220

Spektren der einzelnen Verbindungsklassen

A) Gesättigte Kohlenwasserstoffe

77 n-Dodecan
78 8-Methyl-pentadecan
79 2, 6, 10, 14-Tetramethyl-pentadecan (Pristan)
80 2, 6, 10, 15, 19, 23-Hexamethyl-tetracosan (Squalan)
81 2, 2, 4, 6, 6-Pentamethyl-heptan

B) Ungesättigte Kohlenwasserstoffe

82 Pentadecen-(1)
83 trans-Pentadecen-(7)
84 Triaconten-(15)
85 2-Heptyl-nonen-(1)
86 2, 6, 10, 15, 19, 23-Hexamethyl-tetracosahexaen-(2, 6, 10, 14, 18, 22)

C) Alkine

87 Nonin-(1)
88 Hexadecin-(1)
89 Hexacosin-(13)
90 Hexacosin-(11)

D) Halogenkohlenwasserstoffe

91 1-Fluor-dodecan
92 1-Chlor-dodecan
93 4-Chlor-dodecan
94 1-Brom-dodecan
95 1-Brom-octadecan
96 4-Brom-dodecan
97 1-Jod-dodecan
98 4-Jod-dodecan

E) Alkohole

99 n-Heptadecanol-(1)
100 Dodecanol-(4)
101 Pentadeconol-(7)
102 5-Äthylundecanol-(5)

F) Ungesättigte Alkohole

103 Nonen-(2)-ol-(4)
104 Phytol

Inhaltsverzeichnis

Verzeichnis der Verbindungen

Einleitung

Diskussion der Spektren

Tabellen

Massenspektren Tafeln 1–170

Einleitung

A) Die Massenspektrometrie als "spektroskopische Methode"

Unter den spektroskopischen Methoden zur Identifizierung und Strukturaufklärung organischer Verbindungen nimmt die Massenspektrometrie eine Sonderstellung ein.

Sie ist im Vergleich zu anderen spektroskopischen Methoden, wie der IR-, der UV- und der Kernresonanzspektroskopie, sehr viel empfindlicher:

Zur Aufnahme eines Massenspektrums sind in der Regel etwa 10^{-3} g Probe ausreichend, in der Kombination mit der Gaschromatographie genügen etwa 10^{-6} g Substanz und in Sonderfällen erhält man mit noch wesentlich kleineren Probenmengen auswertbare Spektren.

Gegenüber den anderen spektroskopischen Verfahren leidet aber die Massenspektrometrie unter dem Nachteil, daß die Reproduzierbarkeit der Spektren relativ stark von nur schwer kontrollierbaren Faktoren (Gerätetyp, Einlaßsystem, Temperatur der Ionenquelle und der Probeneinlaßwege) abhängig ist. Dies liegt darin begründet, daß die Massenspektrometrie eigentlich ein chemisches Abbauverfahren darstellt, während es sich bei den anderen erwähnten spektroskopischen Methoden um physikalische Meßverfahren handelt:
Bei der IR-, der UV und der KMR-Spektroskopie werden die Moleküle der Probe durch elektromagnetische Strahlung angeregt. Je nach Art der vorhandenen Atomgruppen und Bindungen wird von der Probe nur Strahlung bestimmter Energie absorbiert. Durch Messung dieser Absorptionsenergien kann man daher die Gegenwart bestimmter Strukturelemente in der untersuchten Verbindung ableiten. Nach der Messung wird die Probe unversehrt zurückerhalten.

Im Massenspektrometer hingegen werden die Moleküle der Probe durch Beschuß mit Elektronen so stark angeregt, daß sie ionisiert und im Anschluß daran in Bruchstücke gespalten werden. Im Massenspektrometer laufen also durch Elektronenbeschuß induzierte chemische Abbaureaktionen ab, die eine Rückgewinnung des Ausgangsmaterials nicht zulassen. Physikalische Methoden werden lediglich zur Trennung der entstandenen Ionen eingesetzt, wobei man sich elektrischer und magnetischer Felder bedient, die die geladenen Teilchen je nach ihrer Masse und Ladung trennen. Dementsprechend gibt ein Massenspektrum nicht Auskunft über Anregungszustände des Moleküls wie die anderen spektroskopischen Verfahren, sondern zeigt Masse und Menge der entstandenen Abbauprodukte an.

Die Abbaureaktionen verlaufen in Abhängigkeit von der Struktur des Moleküls in ganz bestimmten Richtungen ab, so daß man aus der Art der gebildeten Spaltprodukte wie aus anderen Spektren Rückschlüsse über vorhandene Strukturelemente ziehen kann.

Die Menge der gebildeten Ionen hängt vom jeweiligen Energieinhalt der betreffenden Molekülionen ab : Relativ stark angeregte Molekülionen zerfallen mit höherer Wahrscheinlichkeit als schwach angeregte in mehrstufigen Reaktionen zu niedermolekularen Spaltstücken. Dementsprechend werden zwar imme die gleichen Abbauprodukte erhalten, ihre Menge hängt jedoch von der Größe der durchschnittlichen Anregungsenergie ab. Massenspektren sind somit zwar bezüglich der Masse der Abbauprodukte, nicht jedoch bezüglich der Intensitätswerte reproduzierbar.

Unterschiede in den Intensitätswerten um 10% sind die Regel, Unterschiede zwischen 10 und 50% beobachtet man häufig und in Extremfällen müssen noch größere Intensitätsunterschiede in Spektren, die unter verschiedenen Bedingungen aufgenommen wurden , in Kauf genommen werden. Dies gilt insbesondere fü die Endabbauprodukte, meist niedermolekulare Kohlenwasserstoffionen, die in vielen Fällen alle anderen Ionen an Intensität übertreffen, denen aber kaum ein strukturspezifischer Aussagewert zukommt.

B) Zur Anlage von Spektrenkatalogen

Es existiert bereits eine Reihe von Spektrenkatalogen, die die aus Massenspektren erhältlichen Daten über Masse und Intensitätswerte der einzelnen Ionen in Buchform oder auf Band gespeichert enthalten. Datensammlungen, die sämtliche Ionen mit ihren Intensitätswerten umfassen, sind sehr umfangreich [1,2,3]. Daher ist man dazu übergegangen, nur 8 oder 10 Ionen höchster Intensität [4,5] oder die jeweils intensivsten Ionen einer Peakgruppe auszuwählen [6,7].

Hauptkriterium bei der Suche nach Vergleichsverbindungen ist in jedem Fall das Molekulargewicht. Zur Eingrenzung der Zahl möglicher Verbindungen gleichen Molekulargewichtes ist die Berücksichtigung weiterer Ionen erforderlich. Verwendet man das erste Verfahren - bei dem nur 8 oder 10 Ionen höchster Intensität ausgewählt wurden - so erhält man häufig mehrdeutige oder sogar falsche Ergebnisse, weil die Ionen höchster Intensität meist niedermolekulare Kohlenwasserstoffbruchstücke sind. Diese Gefahr wird bei der Auswahl von den höchsten Ionen einer Peakgruppe zwar vermindert, aber nicht völlig eingeschränkt, weil gelegentlich Ionen, die strukturspezifische Aussagen erlauben, zwischen den Gruppen von Kohlenwasserstoffionen hoher Intensität eingebettet liegen, nur geringe Intensitätswerte erreichen und demnach unberücksichtigt bleiben. Überdies erfordert diese Art des Spektrenvergleichs meist die Verwendung eines Computers, der nicht in jedem Labor zur Verfügung steht.

Außerdem wurde bei der Anlage mancher Spektrensammlungen in dem Bestreber möglichst viele Spektren zu sammeln, nicht immer die Qualität der Spektren kontrolliert, so daß sie auch Spektren enthalten, bei denen das Spektrum auf die Masse 28, die von Luftstickstoff stammte, normiert wurde.

Bei Vorliegen unbekannter Verbindungen sind aus allen diesen Spektrensammlungen keinerlei Hinweise über möglicherweise vorhandene Strukturelemente zu gewinnen. Gerade dies gelingt aber, wenn man bei der Anlage einer Spektrensammlung das Entstehen der einzelnen Fragmente berücksichtigt. Ein derartiges Verfahren wird mit gutem Erfolg in unserem Labor seit einigen Jahren verwendet und soll nun im Rahmen dieser Spektrensammlung vorgestellt werden .

C) Überlegungen zur Bruchstückbildung

Die Bruchstückbildung im Massenspektrometer verläuft in Abhängigkeit von der Struktur der Probe, obwohl die Energie der angreifenden Elektronen (meist 70 eV), die Spaltung jeder beliebigen Bindung bewirken könnte. Diese Tatsache wird durch folgende Überlegungen verständlich [8] :

In einem Molekül bewegen sich die bindenden und nicht bindenden Elektronen in ihren Orbitalen. Dadurch entsteht ein elektromagnetisches Feld. Nähert sich diesem Feld ein geladenes Teilchen, nämlich das angreifende Elektron, so kommt es zunächst zu einer Polarisation. Diese verstärkt sich bei zunehmender Annäherung der Ladung, bis schließlich Abspaltung eines Elektrons aus dem Molekülverband - also Ionisation - eintritt.

Nun enthält ein Molekül meist verschiedene Arten von Bindungen : Sigma-Bindungen, die die Bindung zwischen zwei Kohlenstoffatomen oder einem Kohlenstoffatom und einem Wasserstoffatom vermitteln, Pi-Bindungen, die in Doppelbindungssystemen vorhanden sind, oder auch freie Elektronen in p-Orbitalen eines Heteroatoms. Alle diese Elektronen sind bezüglich ihrer Polarisierbarkeit nicht gleichwertig, so daß durch das angreifende Elektron eine bevorzugte Polarisierung an bestimmten Molekülstellen und damit auch eine bevorzugte Ionisation bewirkt wird. Ist beispielsweise nur eine funktionelle Gruppe, die freie Elektronen in p-Orbitalen enthält, vorhanden, so entstehen fast ausschließlich nur Molekülionen, in denen die positive Ladung an dieser funktionellen Gruppe lokalisiert ist :

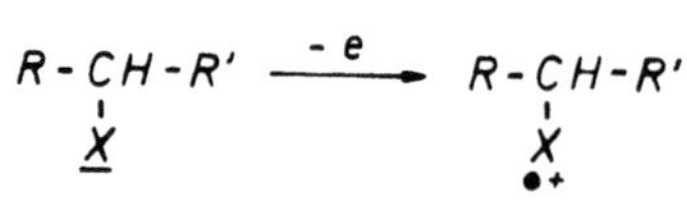

Besitzt ein Molekül mehrere funktionelle Gruppen, so sollte man erwarten, daß nebeneinander verschiedene Arten von Molekülionen gebildet werden :

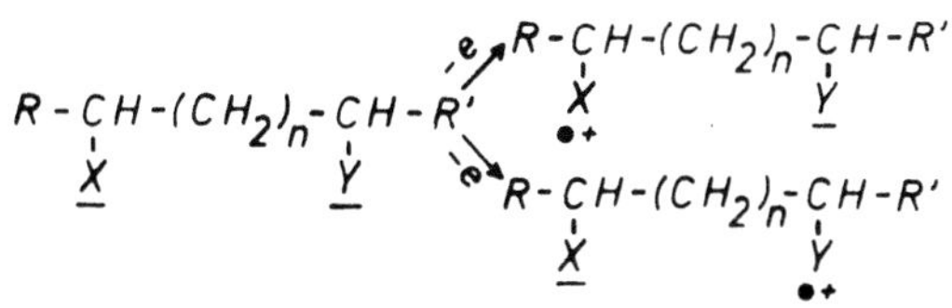

Dies ist nur in sehr beschränktem Maß der Fall, bevorzugt tritt Ionisation an der Gruppe ein, die die höchste Elektronendichte aufweist.

Beim Vorbeifliegen des angreifenden Elektrons am angegriffenen Molekül erfolgt zwar zusätzlich zur Ionisation noch eine Energieübertragung, doch ist diese durch das Elektron übertragene Anregungsenergie nicht sehr groß (etwa in der Größenordnung von ein bis fünf kcal/Mol). Zu dieser Energie addiert sich noch die thermische Anregungsenergie der Moleküle, die diese durch Wandstöße mit den heißen Wänden der Ionisierungskammer aufnehmen (diese Energie liegt in etwa der gleichen Größenordnung, sie ist aber stark abhängig von der Temperatur der Ionenquelle und der Zahl der im Molekül enthaltenen Atome).

Entsprechend der "statistischen Theorie der Massenspektren" haben die Molekülionen eine relativ lange Lebenszeit, in der sich die Energie auf alle Bindungen gleichmäßig verteilt. In der einzelnen Bindung kann sich daher nur relativ wenig Energie ansammeln. Deshalb laufen mit hoher Wahrscheinlichkeit nur die Spaltreaktionen ab, die den geringsten Energiebedarf haben und das sind fast immer solche, die vom Ladungszentrum, also der bereits verwundeten Stelle, ihren Ausgang nehmen. Aus diesem Grund entstehen in primären Abbaureaktionen fast ausschließlich Ionen, die entweder Rückschlüsse auf die Art der funktionellen Gruppe oder ihre Stellung am Kohlenstoffskelett erlauben.

Leider enthalten die entstandenen Primärspaltprodukte häufig noch so viel Energie, daß im Zuge von Folgereaktionen ein weiterer Abbau erfolgen kann, der solange fortschreitet, bis letztendlich nur unter sehr hohem Energieaufwand weiter spaltbare niedermolekulare Kohlenwasserstoffbruchstücke entstanden sind. Diese $C_nH_{2n+1}^+$, $C_nH_{2n}^+$, $C_nH_{2n-1}^+$, $C_nH_{2n-2}^+$ und $C_nH_{2n-3}^+$ Ionen können aus so vielerlei Verbindungen entstehen, daß aus ihnen kaum strukturspezifische Aussagen ableitbar sind. Gerade diese Ionen zeigen aber meist die höchste Intensität. Ihre Bildung läßt sich allerdings durch Verminderung der Durchschnittsanregungsenergie der Moleküle – also durch Absenken der Energie der angreifenden Elektronen und / oder durch Erniedrigung der Ionenquellentemperatur – einschränken [9].

Nach dem eben Gesagten wird klar, daß die Intensitätswerte von Ionen wegen der Schwankungen, denen sie unterworfen sind, eigentlich ein schlechtes Identifizierungskriterium sind.

Ein sehr viel besseres und auch zur Ableitung von Teilstrukturen geeigneteres Kriterium scheint uns das Erfassen der Masse solcher Ionen zu sein, die im Zuge spezifischer Abbaureaktionen entstehen. Hierzu sind vor allem die primären Abbauprodukte zu rechnen, da man aus ihnen noch die Strukturmerkmale der Ausgangsverbindung erkennen kann (Schlüsselionen).

Da unabhängig von der angewandten Energie immer dieselben Abbaureaktionen ablaufen, werden aus ein und derselben Verbindung immer dieselben Schlüsselionen gebildet.

D) Hauptabbaureaktionen

Allein entscheidend für das Eintreten einer Hauptspaltreaktion ist der hierfür notwendige Energieaufwand. Bei der Ableitung von massenspektrometrischen Abbaureaktionen muß daher nicht nur die Stabilität entstehender Ionen, sondern auch die der abgespaltenen Neutralteilchen berücksichtigt werden – wir müssen also über die gesamte Abbaureaktion eine Energiebilanz machen. Unter diesem Betrachtungswinkel sind die wichtigsten Arten der primären Abbaureaktionen aliphatischer Verbindungen verständlich.

1. Eliminierung eines Substituenten *

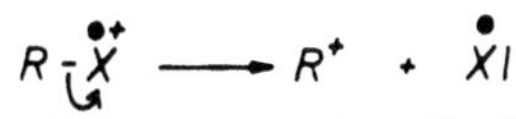

Die Eliminierung eines Substituenten ist die bevorzugte Abbaureaktion immer dann , wenn dieser über eine schwache Bindung mit dem Kohlenstoff verknüpft ist und ein stabiles Radikal zu bilden vermag. Typische Beispiele hierfür sind Alkyl-jodide und sekundäre oder tertiäre Alkylbromide. In diesen letzten Fällen erfährt das entstehende Kation durch den positiven induktiven Effekt der vorhandenen Alkylgruppen zusätzliche Stabilisierung, während bei primären Alkylbromiden andere Abbaureaktionen vorherrschen.

2. α-Spaltung

In einem Amin wäre die Abspaltung des Substituenten in radikalischer Form ein in energetischer Hinsicht äußerst aufwendiger Prozeß, da die C-N Bindung nicht nur stärker als die C-J Bindung ist, sondern auch ein sehr viel instabileres $\dot{N}H_2$ Radikal entstünde :

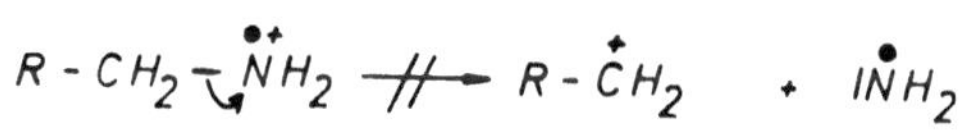

Deshalb erfolgt in diesem Fall bevorzugt die Spaltung einer zur Aminogruppe benachbarten C-C Bindung unter Bildung eines Immoniumions hoher Stabilität (α-Spaltung) :

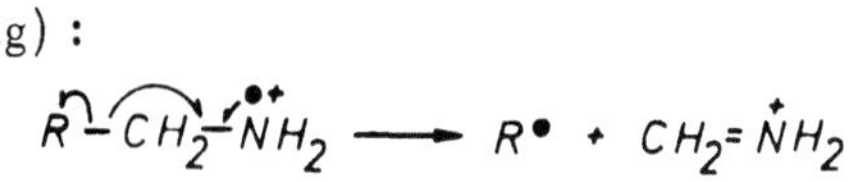

In gleicher Weise werden Methyläther, sekundäre und tertiäre Alkohole und ananloge Schwefelverbindungen abgebaut.

Eine andere Art der α-Spaltung erleiden Ketone :

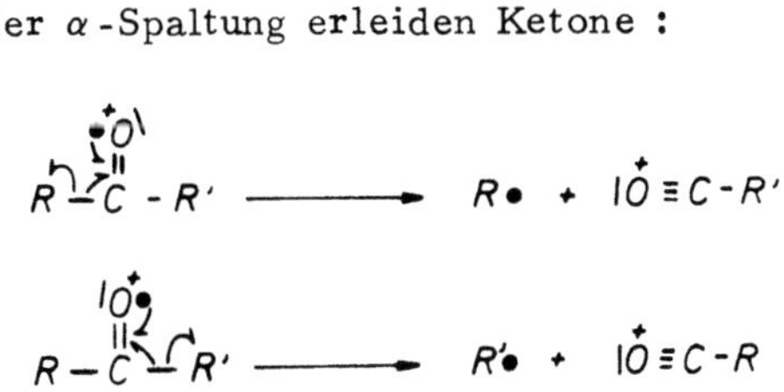

---

* Bei der Formulierung von Spaltungsreaktionen wird entsprechend der üblichen Konvention die Verschiebung eines Elektronenpaares als Vollpfeil (⤻) die eines einzelnen Elektrons als Halbpfeil (⇀) angezeigt.

3. Eliminierung von kleinen Molekülen

Primäre Alkohole können durch α-Spaltung nicht so stabile positiv geladene Primärabbauprodukte bilden wie sekundäre und tertiäre Alkohole, weil das entstehende Kation nicht so gut durch induktive Effekte stabilisiert ist. Daher verläuft hier bevorzugt eine andere Abbaureaktion : Das am Sauerstoff ionisierte Molekül abstrahiert von einer räumlich benachbarten CH- oder CH_2-Gruppe ein Wasserstoffatom. Das so gebildete Zwischenprodukt zerfällt mit minimalem Energieaufwand unter Verlust von Wasser. Sicher lagert sich anschließend das primär entstehende Radikalkation in ein stabileres Partikelchen um :

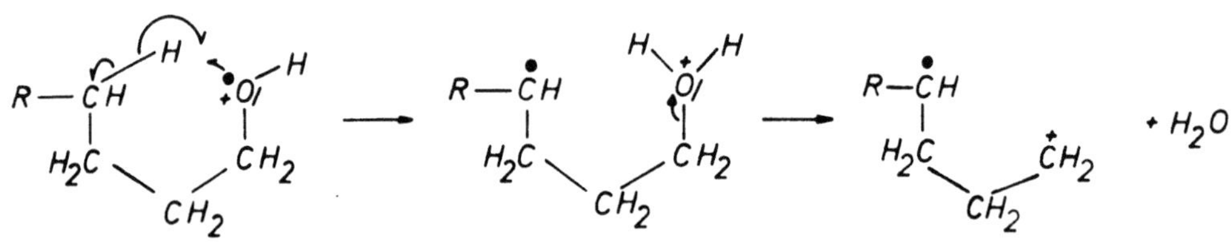

Analoge Zerfallsreaktionen beobachtet man in Alkylchloriden und primären Thiolen.

4. Zerfall durch McLafferty-Umlagerung

Verbindungen mit polarisierbaren Doppelbindungen, insbesondere mit C=O oder C=NZ Bindungen, die über eine dazu γ-ständige X-H Bindung verfügen, neigen dazu nach der Ionisation an der funktionellen Gruppe, dieser Bindung das Wasserstoffatom zu entreißen. In der Folge kommt es zu einer weiteren Elektronenverschiebung unter Abspaltung von RCH=X :

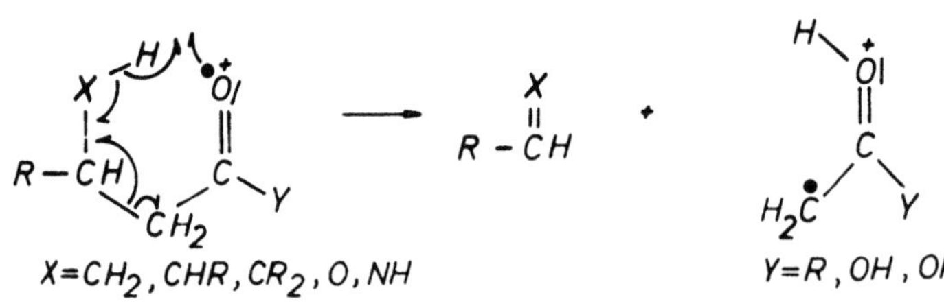

$X = CH_2, CHR, CR_2, O, NH$ $\qquad$ $Y = R, OH, OR, NH_2$

Bemerkenswerterweise ist für den Ablauf dieser Reaktion das Vorhandensein der Ladung am Sauerstoff nicht unbedingt erforderlich. Derartige Reaktionen können daher auch ablaufen, wenn die Ladung in einem anderen Molekülteil gelegen ist also "quasithermisch" :

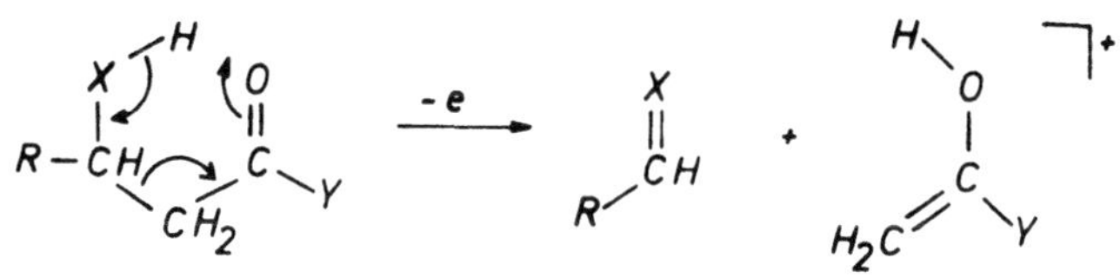

Solche McLafferty-Umlagerungen spielen beim Abbau von Ketonen und Derivaten, sowie beim Zerfall von Säuren und Derivaten eine dominierende Rolle.

5. Reziproke Wasserstoffumlagerung

Die McLafferty-Umlagerung stellt eigentlich nur den Sonderfall einer viel allgemeineren Reaktion dar, die durch Wasserstoffabstraktion eingeleitet wird : Eine am Sauerstoff ionisierte Carbonylgruppe entreißt einer zufällig in räumlicher Nähe befindlichen X-H Gruppe ein Wasserstoffatom. Ist dies gerade eine X-H Gruppe in γ-Stellung zur Carbonylgruppe, so tritt die McLafferty-Umlagerung ein, ist es hingegen eine von der Carbonylgruppe weiter entfernte X-H Gruppe, so erfolgt im nächsten Schritt Rückumlagerung eines Wasserstoffatoms von der der Carbonylgruppe benachbarten und daher aktivierten CH_2 bzw. -CH-Gruppe und anschließend Bindungsspaltung :

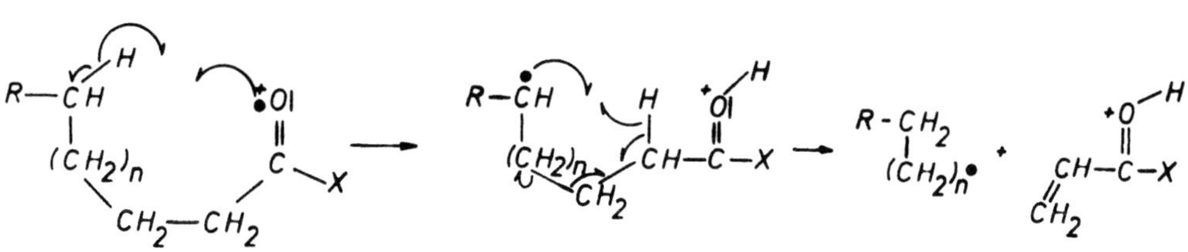

$n = 1, 2, 3 \cdots$

$X = R, OR, NH_2, NHR$

6. Umlagerung von zwei Wasserstoffatomen

Der McLafferty-Umlagerung kann die unspezifische Umlagerung eines Wasserstoffatoms vorausgehen. Daran schließt sich dann eine McLafferty-Umlagerung:

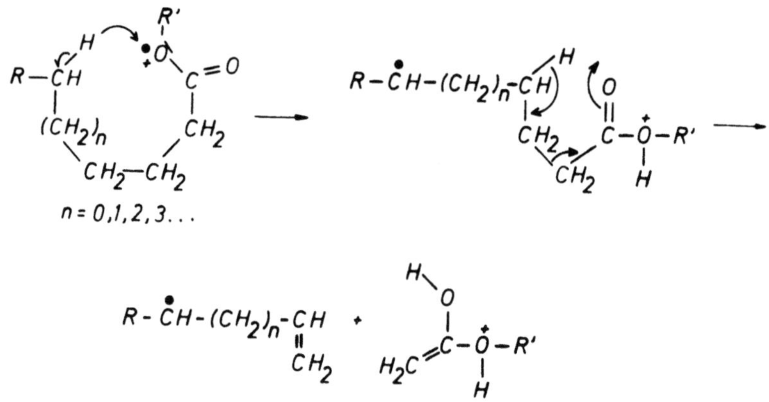

Derartige Abbaureaktionen beobachtet man beim Zerfall von Estern niederer Säuren mit langkettigen Alkoholen.

In analoger Weise zerfallen langkettige Äther durch doppelte Wasserstoffverschiebung :

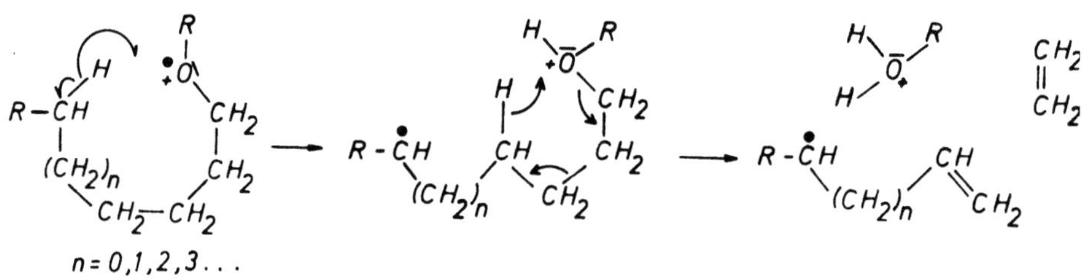

7. Spaltung unter Ringbildung

Primäre Alkylbromide und -chloride neigen dazu, nach der Ionisation das am Halogenatom entstandene Elektronendefizit durch Spaltung einer räumlich benachbarten C-C Bindung aufzufüllen :

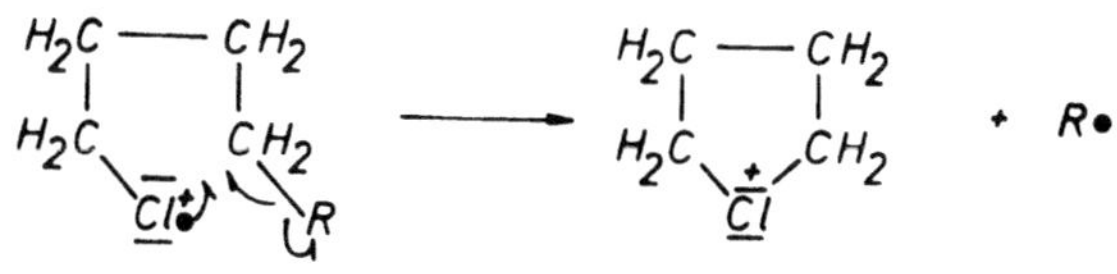

Ähnliche Reaktionen beobachtet man auch bei Schwefelverbindungen.

8. Spaltung nach Umlagerung von Heteroatomen

In bestimmten Fällen kann sich das Molekül vor der Bruchstückbildung umlagern. Sulfone werden beispielsweise in Sulfinsäureester umgelagert :

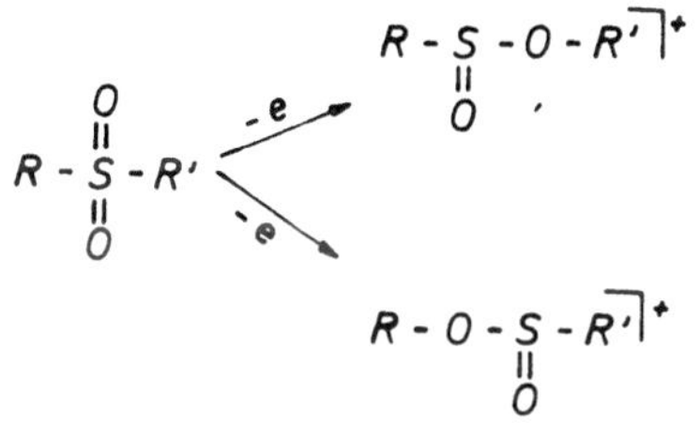

Solche und ähnliche Umlagerungsreaktionen beobachtet man vor allem beim massenspektrometrischen Abbau von aromatischen und heterocyclischen Verbindungen.

Folgeabbaureaktionen unterliegen den gleichen energetischen Gesetzmäßigkeiten wie die Primärspaltungsreaktionen. Aus diesem Grund gilt in vielen Fällen die Regel, daß im Zuge eines mehrstufigen Abbauprozesses höchstens einmal ein Radikal, aber beliebig oft Neutralteilchen abgespalten werden können. Diese Regel wird verständlich, wenn wir uns vor Augen halten, daß die Abspaltung eines Radikals aus einem ebenfalls durch Radikaleliminierung entstandenen Kation den homolytischen Bruch einer Bindung erforderlich machen würde und demnach unter Berücksichtigung der Energiebilanz des Gesamtspaltprozeßes insgesamt zwei Radikale und ein Radikalkation entstanden wären, was einen sehr hohen Energieaufwand erforderte,und daher eine

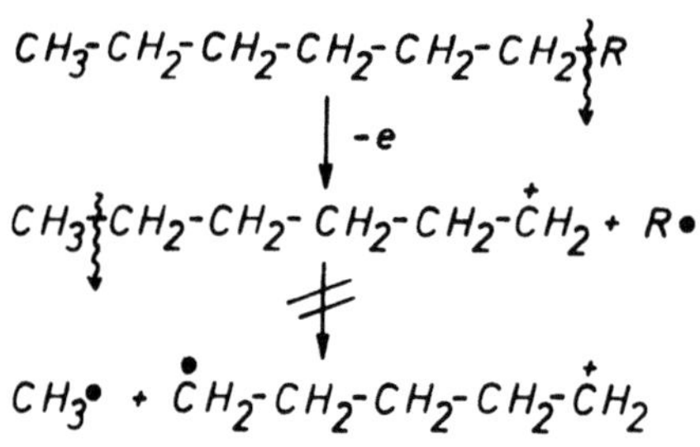

solche Reaktion gegenüber anderen möglichen Prozessen, in deren Verlauf nur ein Radikal und dann ein Neutralmolekül (z. B. ein C_nH_{2n}-Molekül) eliminiert wird, sehr benachteiligt wäre :

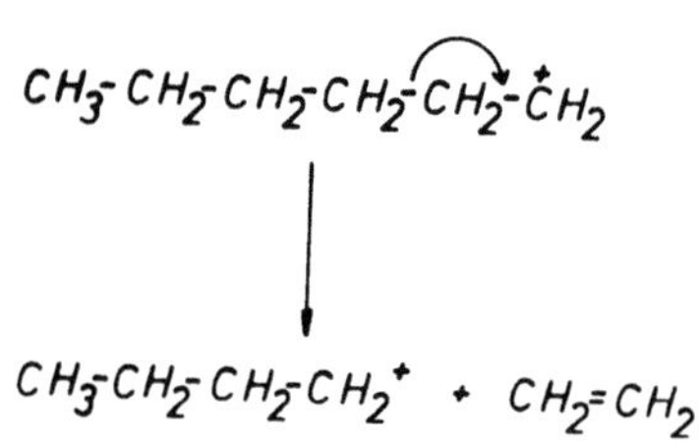

Meist sind bereits sekundäre Spaltreaktionen mit kaum vorhersehbaren unspezifischen Umlagerungsreaktionen verbunden. In der Regel gilt, daß bei mehrstufigen Abbauprozessen noch vorhandene Substituenten bevorzugt in Form kleiner Moleküle eliminiert werden. So wird beispielsweise aus dem α-Spaltprodukt eines Alkohols in der Folge vor allem Wasser abgespalten :

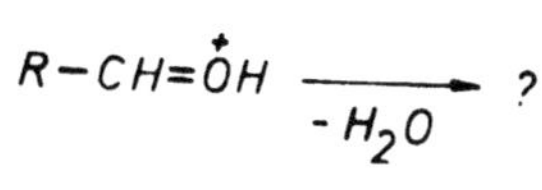

Aus dem eben skizzierten Gesetzmäßigkeiten der Bruchstückbildung läßt sich folgern, daß man vor allem aus den Primärspaltprodukten Aufschluß über die Struktur der Verbindung bekommt.
Die Massendifferenz zwischen Molekülionen und Primärspaltprodukten gibt häufig Information über die Art einer vorhandenen Gruppe (eine Massendifferenz von 18 deutet z. B. auf die Möglichkeit der Gegenwart einer Hydroxylgruppe), während andere Primärspaltprodukte das Erkennen der Lage der funktionellen Gruppe ermöglichen (z. B. α-Spaltprodukte in Alkoholen). Dementsprechend bilden solche Schlüsselionen in Form von Schlüsseldifferenzen und Schlüsselbruchstücken praktisch den Schlüssel für die Strukturaufklärung unbekannter Verbindungen.

E) Erkennen von Schlüsselionen

Schlüsselbruchstücke enthalten häufig noch Heteroatome. Solche Spaltstücke haben im allgemeinen eine Masse, die verschieden ist von der der Kohlenwasserstoffionen $C_nH_{2n+1}^+$, $C_nH_{2n}^+$ usw.. Derartige Ionen liegen daher zwischen den Gruppen der Kohlenwasserstoffionen und können – wenn die Spektren in Form von Strichspektren reproduziert werden – selbst bei geringer Intensität mit einem Blick erkannt werden.

Zu den Schlüsselbruchstücken müssen wir aber auch alle jene Fragmente zählen, die an Intensität benachbarte Kohlenwasserstoffgruppen weit übertreffen. Beispielsweise deutet ein Ion der Masse 57, das an Intensität die um ein Kohlenstoffatom leichteren oder schwereren $C_nH_{2n+1}^+$ Fragmente der Masse 43 bzw. 71 um mehr als das Doppelte übertrifft, darauf hin, daß dieses Ion aus einem besonderen Strukturteil des Moleküls gebildet wurde und etwa die Gegenwart einer $CH_3CH_2C{=}O$ Gruppe oder einer t-Butylgruppe anzeigen könnte.

Meist führt auch die Abspaltung von funktionellen Gruppen zur Bildung relativ intensiver Spaltstücke, so daß die Ermittlung von Schlüsseldifferenzen kaum Schwierigkeiten bietet.

Selbstverständlich genügt das Auftreten eines einzelnen Schlüsselions noch nicht, um die Gegenwart eines bestimmten Strukturelements zu postulieren, denn Verbindungen sehr verschiedener Struktur können Anlaß zur Bildung von Schlüsselionen gleicher Masse und gleicher Struktur geben : Beispielsweise wird aus Methyläthern, die aus einem primären Alkohol entstanden sein können, ein Schlüsselbruchstück der Masse 45 durch α-Spaltung gebildet :

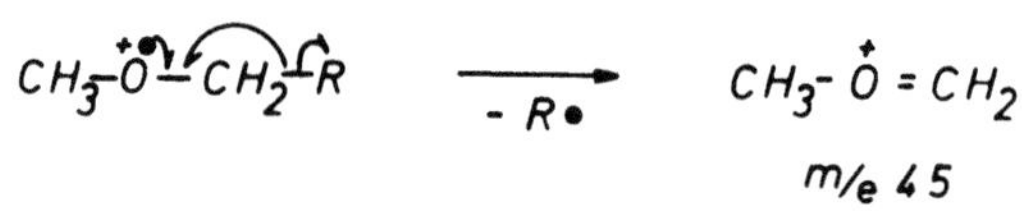

Ein Schlüsselbruchstück gleicher Masse und Summenformel entsteht aber auch beim massenspektrometrischen Abbau sekundärer Alkohole der Formel (1) :

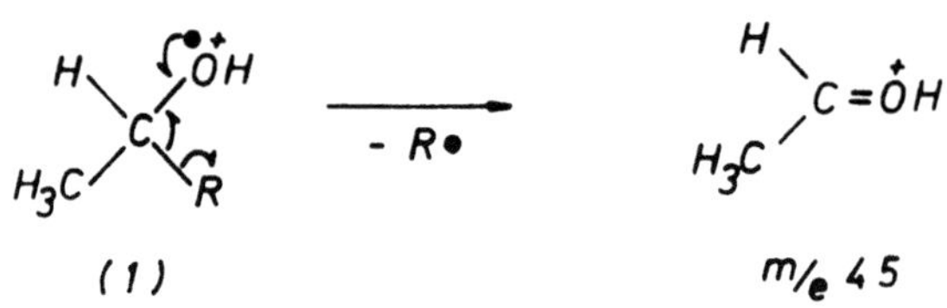

Sekundäre Alkohole neigen zusätzlich dazu, ein Molekül Wasser zu eliminieren, so daß ihre Spektren auch eine Schlüsseldifferenz von 18 aufweisen. Da derartig Schlüsselionen in den Spektren von Methyläthern fehlen, kann man zwischen beiden Verbindungsarten je nach dem Auftreten eines M-18 Spaltstückes eine Entscheidung treffen.

Ein Massenspektrum stellt also eine Art chemisches Kreuzworträtsel dar. Bei entsprechend kritischer Anwendung unseres bisherigen Wissens kann es erhebliche Informationen über die Struktur einer Verbindung liefern. Dieses Wissen sollte bei der Analge der Spektrensammlung mitberücksichtigt werden, um nicht nur Identifizierung bekannter, sondern auch die Identifizierung unbekannter Verbindungen zu ermöglichen.

F) Zum Gebrauch der Spektrensammlung

Hauptkriterium zur Identifizierung bekannter Verbindungen sind die Molekulargewichte. Nebenkriterium sind - entsprechend dem vorher Gesagtem - nicht Intensitätswerte, sondern Schlüsselionen.

Voraussetzung für eine Identifizierung ist daher zunächst die Markierung möglicher Schlüsselionen im Spektrum der zu identifizierenden Probe. Am zweckmäßigsten sind hierfür Strichspektren geeignet, die heute bereits mit Hilfe von "Plottern" direkt erhältlich sind. Man sieht diese Strichspektren durch und markiert alle jene Ionen, die nicht Kohlenwasserstoffbruchstücke darstellen können, oder durch ihre besonders hohe Intensität auffallen. Dazu bestimmt man die wichtigsten Schlüsseldifferenzen.

Die in der Spektrensammlung enthaltenen Spektren wurden laufend durchnumeriert. Die erste Tabelle, die an die Spitze der Spektrensammlung gestellt wurde, enthält die in den Atlas aufgenommenen Spektren nach steigendem Molekulargewicht geordnet. In der ersten Spalte sind die Molekulargewichte angegeben. Die zweite Spalte enthält den Namen der Verbindung. Eine dritte Spalte zeigt die Nummer der betreffenden Verbindung, die ihre Auffindung in der Sammlung ermöglicht, während die vierte Spalte Schlüsselionen der betreffenden Verbindung angibt.

Eine zweite Tabelle dient der Ermittlung von Teilstrukturen unbekannter Verbindungen mit Hilfe von Schlüsselbruchstücken und Schlüsseldifferenzen, die wieder nach steigender Masse bzw. steigender Schlüsseldifferenz angeordnet wurden. Die erste Spalte zeigt die Masse der Schlüsselionen bzw.die der abgespaltenen Teilchen. In der zweiten Spalte findet man dazu die Nummern der betreffenden Spektren, in denen diese Schlüsselionen auftreten.

Eine derartige Spektrensammlung kann natürlich nur eine Auswahl von Spektren bieten. Diese Auswahl wurde nach praktischen Gesichtspunkten getroffen :

Jeder, der sich mit der Aufnahme und Auswertung von Massenspektren befaßt, macht die Erfahrung, daß häufig insbesondere bei der Spurenanalyse Verunreinigungen in die Probe gelangen. Z. B. werden aus Filtern oft organische Verbindungen eluiert, bei der Kombination von Gaschromatographie und Massenspektrometrie läßt es sich in vielen Fällen nicht verhindern, daß etwas Säulenblut den Proben beigemengt ist, oder man findet Phthalester, die in jedem chemischen Labor fast allgegenwärtig sind und als Verunreinigungen auch in p. a. Lösungsmitteln vorkommen. Gelegentlich haften auch Kristallen noch Lösungsmittelspuren an.

Unser erstes Anliegen bei der Abfassung der Spektrensammlung war daher, die Identifizierung solcher Verbindungen zu erleichtern. Die beiden ersten Abschnitte der Sammlung umfassen deshalb Lösungsmittelspektren, sowie Spektren häufig vorkommender Verunreinigungen.

Oft werden die Verunreiniungen nur das Spektrum der Probe überlagern. Dann zerbricht man sich mitunter über das Auftreten bestimmter Ionen den Kopf, ehe man herausfindet, daß es sich hierbei nur um Ionen beigemengter Verunreinigungen handelt. Die Identifizierung solcher Beimengungen wird bei der Suche auf der Basis "Schlüsselionen" mit Hilfe der Tabelle 2 gelingen. Kennt man einmal das Spektrum der Verunreinigung, so kann man es vom eigentlichen Probenspektrum in Abzug bringen.

Der dritte Teil der Spektrensammlung wurde nach anderen Gesichtspunkten erstellt : Nur in sehr wenigen Fällen ist über die Verbindung, die man identifizieren will, überhaupt nichts bekannt. Meist weiß man zumindest, um welche Stoffklasse es sich handeln könnte. Mit diesem Wissen wird der Kreis möglicher Verbindungen wesentlich eingeschränkt. Aus diesem Grund sind die bei uns verwendeten Spektrensammlungen nach Verbindungsklassen geordnet.

Diese Spektrensammlung umfaßt einen Teil dieser Verbindungen, nämlich Aliphaten mit ein oder zwei funktionellen Gruppen. Kennt man die Hauptabbaureaktionen eines Vertreters dieser Verbindungsklassen, so kann man meist mit diesem Wissen die Hauptspaltungsreaktionen höherer oder auch niedrigerer Homologer ableiten. Wir haben daher von jeder Verbindungsklasse nur einen oder zwei typische Vertreter ausgewählt.

Ausgehend von Kohlenwasserstoffen zeigen wir, wie sich das Spaltbild mit der Einführung funktioneller Gruppen wandelt. Um dies besonders deutlich zu machen, wurde beispielsweise dem Spektrum eines 1-Chloralkans das eines Chloralkans gleicher Kettenlänge aber mit dem Substituenten in einer anderen Position gegenübergestellt und diese Spektren wieder denen entsprechender Brom- und Jodderivate. In dieser Hinsicht verfolgt die Spektrensammlung auch den Zweck, eine Ergänzung zu vorhandenen Lehrbüchern zu sein, die oft nicht sehr reich mit Spektren ausgestattet sind. Eine kurze Erläuterung der Hauptzerfallsreaktionen soll auch dem noch nicht so Erfahrenen beim Auswerten helfen.

Da gerade bei aliphatischen Verbindungen eine Verminderung der Anregungsenergie das Erkennen von Schlüsselionen wesentlich erleichtert, wurden in vielen Fällen neben Spektren, die unter Standard-Bedingungen (70 eV) aufgenommen wurden, auch Spektren die bei niedrigerer Elektronenenergie gefahren wurden, reproduziert. Die Temperatur der Ionenquelle (E 4 B Ionenquelle* wurde in jedem Fall so niedrig als möglich gehalten, um von vornherein zu weitgehende Abbaureaktionen einzuschränken.

Um einen möglichst guten Vergleich zu gewährleisten, wurden alle Spektren mit dem gleichen Gerät, einem Varian MAT CH 4 Massenspektrometer, bei einem Ionenstrom von 20 μA (bzw. 10 μA bei den Spektren, die bei niedriger Elektronenenergie vermessen wurden) aufgenommen und unter Verwendung eines Sekundärelektronenvervielfachers registriert. Angaben über die jeweils verwendeten Elektronenenergien, über die Art der Probenzuführung und die Temperatur von Ionenquelle sowie Einführsystem sind unter den Spektren vermerkt.

---

* In den Spektren ist diese Ionenquelle als EB 4 Ionenquelle bezeichnet.

Deutlich erkennbare Banden metastabiler Ionen wurden am unteren Rand der Spektren durch eine mit Sternchen versehene Massenangabe angeführt.

Zur Aufnahme der Lösungsmittelspektren verwendeten wir p. a. Proben, zur Aufnahme der Verunreinigungen handelsübliche technische Produkte.

Fast alle Proben, die der dritte Teil der Spektrensammlung enthält, wurden in unserem Labor synthetisiert und vor der Aufnahme der Massenspektren durch Dünnschicht- und Gaschromatographie auf Einheitlichkeit geprüft.

Selbstverständlich wurden die für die Sammlung bestimmten Standardspektren immer mit untergrundfreiem Gerät aufgenommen.

Jedem Spektrum wurde eine Liste mit der Struktur der wichtigsten Schlüsselionen angefügt. Wenn es notwendig erschien, wurde die Masse dieser Schlüsselionen durch Hochauflösung bestimmt.

Überdies wurden entsprechende Literaturstellen angegeben. Hierbei wurden in den Fällen, in denen bisher keine Spektren bekannt waren, solche Literaturstellen zitiert, die analoge Verbindungen enthalten. Beispielsweise wurde bei der Diskussion des Zerfalls von Ketosäuren die bekannte Literaturstelle für Ketosäureester zitiert.

G) Literatur

1. American Petroleum Institute, Research Project 44, Carnegie Institute of Technology, Pittsburgh, P. A. USA.

2. Collection of Uncertified Mass Spectra, Sammlung des A S T M Committee E-14 .

3. Spektrensammlung des Mass Spectrometry Data Centre, Aldermaston, G. B.

4. A. Cornu und R. Massot, Compilation of Mass Spectral Data. Heyden 1966.

5. Eight Peak Index of Mass Spectra, Mass Spectrometry Data Centre. Aldermaston 1970

6. B. A. Knock, I. C. Smith, D. E. Wright, R. G. Ridley und W. Kelly, Anal. Chem. 42, 1516 (1970).

7. H. S. Heitz, R. A. Hites und K. Biemann, Anal. Chem. 43, 681 (1971).

8. G. Spiteller und M. Spiteller-Friedmann, Chimia 24, 298 (1970).

9. G. Remberg, E. Remberg, M. Spiteller-Friedmann und G. Spiteller, J. Org. Mass Spectrom. 1, 87 (1968) .

Diskussion der Spektren

Abschnitt 1 : Spektren von Lösungsmitteln

Die Spektren 1 bis 9 stammen von Kohlenwasserstoffen bzw. von Kohlenwasserstoffgemischen, die als Lösungsmittel verwendet werden.

Die folgenden vier Spektren umfassen eine Gruppe chlorhaltiger Lösungsmittel. Diese Spektren zeigen anschaulich die durch die beiden Chlorisotope ^{35}Cl und ^{37}Cl bedingte Isotopenverteilung an Gruppen von Spitzen, die jeweils zwei Masseneinheiten auseinander liegen. Zu beachten ist, daß das Intensitätsverhältnis einzelner Ionengruppen (bei Gegenwart eines Chloratoms 3:1, bei Gegenwart von zwei Chloratomen 9:6:1 und bei Gegenwart von drei Chloratomen 27:27:9:1) nicht immer deutlich zu erkennen ist, wenn die Registriereinrichtung mit Verzögerung arbeitet, wie dies häufig der Fall ist. Dies fällt besonders stark bei Aufnahme von Spektren mit Elektronen niedrigerer Anregungsenergie ins Gewicht.

Es folgen 12 Spektren von Alkoholen. Die Molekülionen – insbesondere von sekundären und tertiären Alkoholen – sind oft von so geringer Intensität, daß sie leicht übersehen werden können. Die Gegenwart dieser Verbindungen muß daher aus dem Auftreten von Schlüsselionen abgeleitet werden : Beispielsweise läßt sich Glycerin (Spektrum 25) an dem Schlüsselion der Masse 61, das von einem Ion der Masse 43 begleitet wird, erkennen.

Auch acyclische Äther, wie Diisopropyläther und Diglyme, zeigen häufig Molekülionen nur geringer Intensität (Spektrum 28 und 29), während cyclische Äther durch recht intensive Molekülionen gekennzeichnet sind (Spektrum 26 und 27). Die Spektren der Ketone Aceton und Methyläthylketon sowie von Estern und Säurederivaten, die als Lösungsmittel viel verwendet werden, beschließen die Gruppe der sauerstoffhaltigen Verbindungen (Spektren 32-38).

Die nächste Gruppe von Lösungsmitteln umfaßt fünf Amine und zwei Nitroverbindungen, die an ihren ungeradzahligen Molekülionen leicht als stickstoffhaltig erkannt werden (Spektren 39–45).

Die Liste der Lösungsmittelspektren wird durch die schwefelhaltigen Verbindungen Schwefelkohlenstoff und Dimethylsulfoxid abgeschlossen (Spektrum 46 und 47).

Abschnitt 2 : Spektren von Verunreinigungen

Sehr häufig zeigen Spektren die Massen N_2(28) und O_2 (32), weil über nicht ganz dicht schließende Direkteinführsysteme etwas Luft in die Ionenquelle gelangt (Spektrum 48). Mitunter kann dies zu einer beträchtlichen Verfälschung der Spektren führen. Fast ebenso häufig ist Untergrund von Quecksilber (aus Pumpen oder Manometern stammend) anzutreffen (Spektrum 49).

Gelegentlich wird aus Vakuumschläuchen mit Lösungsmitteln etwas Schwefel extrahiert. Schwefel ist leicht an den jeweils um 32 Masseneinheiten auseinanderliegenden Ionengruppen und dem Auftreten von Isotopen bei Gegenwart mehrerer S-Atome (bedingt durch die Anwesenheit des ^{34}S Isotops) erkennbar (Spektrum 50).

Jonol wird als Radikalfänger vielfach empfindlichen Proben zugesetzt. Diese Verbindung ist durch ein Schlüsselion der Masse 205 überragender Intensität gekennzeichnet (Spektrum 51). Wesentlich weniger einfach ist die Identifizierung von Azoisobutyronitril (Spektrum 52), das als Kettenstarter breite Anwendung findet.

Beim Andrücken von Filtern läuft gelegentlich eine kleine Menge von Lösungsmittel über die Finger. Dabei wird als Hautausscheidungsprodukt neben kleinen Mengen von Kohlenwasserstoffen, Alkoholen, Squalen und Phthalestern (diese Spektren werden in einem späteren Abschnitt besprochen) auch Cholesterin extrahiert. Es reichert sich beim weiteren Aufarbeiten an und wird z. B. bei einer Kombinationsanalyse Gaschromatographie-Massenspektrometrie als Verunreinigung wieder gefunden (Spektrum 53).

Eine besonders üble Verunreinigung ist Fett, das zum Schmieren von Hähnen verwendet wird. Es besteht aus einem Gemisch von Kohlenwasserstoffen und gibt sehr bruchstückreiche Spektren (Spektrum 54), so daß dadurch die Identifizierung anderer Stoffe erheblich gestört werden kann, besonders wenn diese nur in kleiner Menge vorhanden sind. Ebenso häufig findet man Verunreinigungen von Silikonfetten, die allerdings weniger lästigen Untergrund verursachen und leicht an Schlüsselionen erkennbar sind. Da diese Spektren in vieler Hinsicht mit denen von Silikonsäulenmaterialien übereinstimmen, wurden sie in eine spätere Sektion (Spektren 70-72) aufgenommen.

Nahezu allgegenwärtige Verunreinigungen sind Weichmacher. Tri-n-butylphosphat (Spektrum 55) wird durch fortlaufenden Verlust der Seitenketten in Form von $C_4H_7\bullet$ und C_4H_8 zu einer protonierten Phosphorsäure abgebaut. Das Erkennen dieser Verbindung bereitet daher keine Schwierigkeiten.

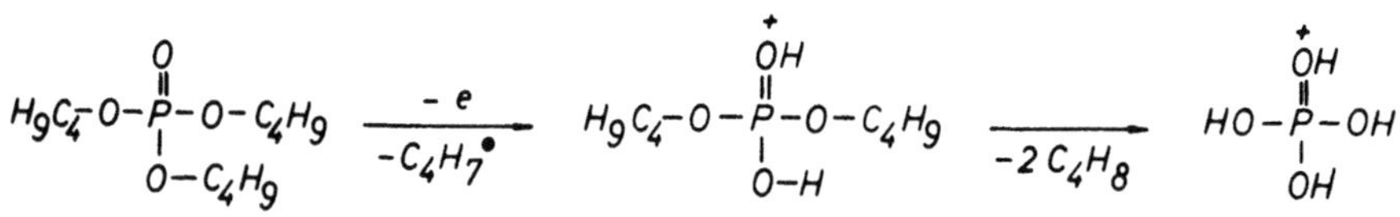

m/e 99

Besonders zahlreich sind Weichmacher auf der Basis der Phthalester, die ebenfalls an ihren charakteristischen Spektren leicht erkennbar sind. Phthalsäure-mono-isopropylester (Spektrum 56) zerfällt primär unter Abspaltung von Isopropanol zu einem Ion der Masse 148, das im Zuge von Folgespaltreaktionen unter Verlust von CO_2, CO und Acetylen weiter abgebaut wird.

Im Gegensatz dazu sind für alle Dialkylphthalester, in denen die Alkoholkomponente mindestens 3 Kohlenstoffatome enthält, Ionen der Masse 149 typisch, die einem protonierten Phthalsäureanhydrid entsprechen. Die Alkoholkomponenten werden an Ionen erkannt, die den Verlust von

C_nH_{2n-1}· Radikalen anzeigen. Molekülionen sind von nur geringer Intensität und werden daher häufig übersehen (Spektren 57-62).

In Phthalestern mit höheren Alkoholen kann der Alkoholteil auch aus der Gegenwart von Ionen, die dem Alkylrest $C_nH_{2n+1}^+$ entsprechen, abgeleitet werden (Spektrum 61 und 62).

Viel verbreitet sind als Weichmacher auch Dialkylester der Adipinsäure. Zwei dieser Ester wurden in die Sammlung aufgenommen (Spektrum 63 und 64). Diese Verbindungen sind durch ein Schlüsselion der Masse 129 charakterisiert. Es entsteht im Zuge einer mehrstufigen Zerfallsreaktion: Zunächst erfolgt Wasserstofftransfer von einem der Alkoholteile an den entsprechenden Säureteil. Daran schließen sich zwei McLafferty-Umlagerungen, durch die beide Alkoholteile des Moleküls unter Bildung einer protonierten Adipinsäure abgespalten werden. Aus dem so gebildeten Ion der Masse 147 entsteht das Schlüsselion der Masse 129 durch Wasserabspaltung. Die einzelnen Abbauschritte können auch in vertauschter Reihenfolge ablaufen.

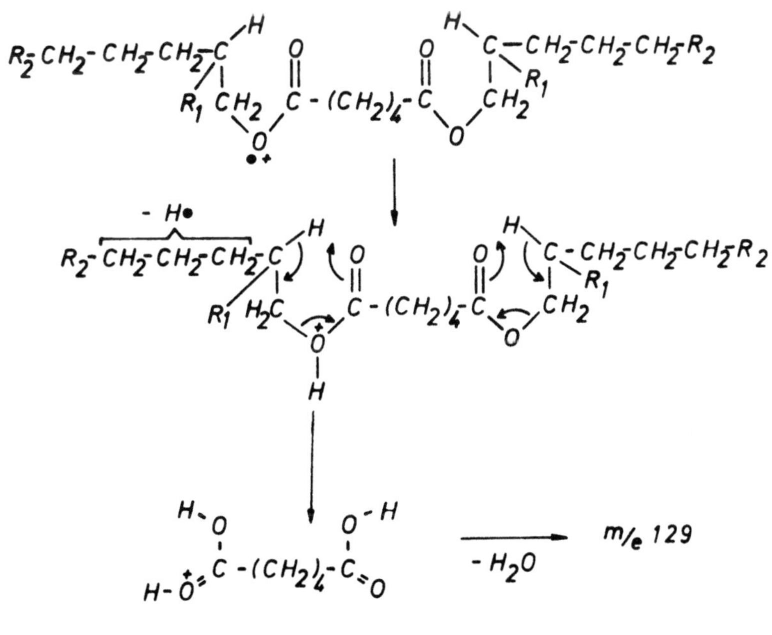

Die Polyphenyl-Pumpenöle PA 5 und PA 6 besitzen nur geringe Neigung zur Bruchstückbildung. Ihre Spektren sind daher durch Molekülionen überragender Intensität gekennzeichnet. Die Spektren zeigen aber auch deutlich, daß die Öle im beträchtlichen Maß Beimengungen enthalten, die sich von der Hauptverbindung durch das Fehlen eines Phenoxyrestes oder eines Sauerstoffatoms unterscheiden (Spektrum 65 und 66).

Bei der Kombination Gaschromatographie-Massenspektrometrie läßt es sich fast nicht vermeiden, daß etwas Säulenblut als Untergrund in das Massenspektrometer gelangt. Dieser Untergrund wirkt sich umso stärker aus, je geringer die Mengen an Untersuchungsprobe sind. Die Säulenbelegmaterialien bestehen meist aus Stoffgemischen, so daß je nach Qualität des Belegmaterials und der Aufnahmebedingungen mitunter stark unterschiedliche Spektren erhalten werden. Teilweise sind genaue Angaben über die Struktur der Belegmaterialien nicht erhältlich oder decken sich nicht ganz mit den Massenspektren. Obwohl die Masse der Schlüsselionen durch Hochauflösung bestimmt wurde, sind die angegebenen Strukturen oft noch sehr spekulativ.

Das Spektrum des Apiezon L, einem Gemisch hochsiedender Kohlenwasserstoffe, ist durch die Gegenwart zahlreicher Kohlenwasserstoffionen gekennzeichnet (Spektrum 67). Aus dem Spektrum des Trikresylphosphates ist zu entnehmen, daß die Probe ein Gemisch von Verbindungen darstellt, das neben der angegebenen Verbindung noch höhere und niedrigere Homologe enthält (Spektrum 68). Für Polyäthylenglycole (Carbowachse) sind vor allem sauerstoffhaltige Ionen hoher Intensität im niederen Massenbereich typisch (Spektrum 69). Je nach Herkunft und Hersteller der Verbindung zeigen die Ionen unterschiedliche Intensität.

Spektren von Säulenbelägen auf der Basis von Silikonfett sind durch Ionengruppen, die sich voneinander jeweils um 74 ME [eine $Si(CH_3)_2O$-Gruppe] unterscheiden, gekennzeichnet (Spektren 70-73). Analoge Spaltstücke werden aus dem Cyanogruppen enthaltenden Säulenbelag XE 60 gebildet (Spektrum 74). Demgegenüber zeigt das Spektrum des QF 1 Ionengruppen im Abstand von 78 ME (einer $SiFOCH_3$ - Gruppe entsprechend, Spektrum 75).

Als relativ einheitliches Material wird das Säulenbelegmaterial Amin 220 ausgewiesen (Spektrum 76). Das Hauption der Masse 128 wird durch McLafferty-Umlagerung gebildet :

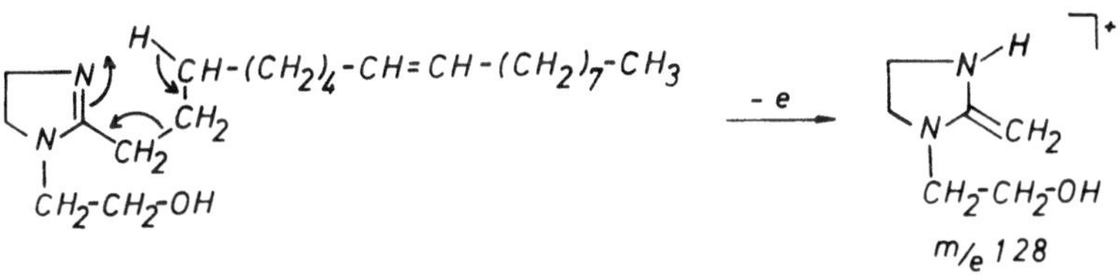

Das Ion der Masse 141 entspricht dem begleitenden ß, γ-Spaltprodukt.

Abschnitt 3 : Spektren einfacher aliphatischer Verbindungen

Ausgangspunkt für die Betrachtung der Spektren einfacher aliphatischer Verbindungen ist das Spektrum des n-Dodecans (Spektrum 77). Es ist gekennzeichnet durch gesättigte Kohlenwasserstoffionen der Summenformel $C_nH_{2n+1}^+$. Die Intensitätswerte dieser Ionen nehmen bei Aufnahme des Spektrums mit Elektronen von 70 eV allmählich ab, bleiben jedoch unter niedrigeren Anregungsbedingungen in etwa konstant. Verzweigungen in der Kette fördern Spaltungsreaktionen an den Verzweigungsstellen. Solche Abbaureaktionen sind durch das Auftreten von Doppelionen der Summenformel $C_nH_{2n+1}^+$ und $C_nH_{2n}^+$, gekennzeichnet. Besonders gut erkennbar ist die Verzweigungsstelle in Alkanen, die nur eine Seitenkette besitzen (Spektrum 78), jedoch auch bei mehrfach alkylsubstituierten Alkanen treten Schlüsselionen auf, die die Verzweigungsstellen erkennen lassen(Spektren 79, 80 und 81). Die Aussagekraft der Spektren wird durch Aufnahme von

Spektren mit niedriger Elektronenenergie bedeutend erhöht (Spektren 78, 79, 80 und 81).

Die Einführung einer Doppelbindung in einen geradkettigen gesättigten Kohlenwasserstoff hat keine spezifischen Spaltungsreaktionen zur Folge, so daß sich ihre Lage nicht aus dem Spektrum ermitteln läßt. In den Spektren ungesättigter Kohlenwasserstoffe kleiner und mittlerer Größe überwiegen Ionen der Bruttoformel $C_nH_{2n-1}^+$, daneben werden auch gesättigte Kohlenwasserstoffbruchstücke gebildet (Spektrum 82 und 83). Diese überwiegen in Verbindungen mit größerer Kohlenstoffzahl (Spektrum 84). Typisch ist das Auftreten von Ionen, die dem Verlust von Äthylen anzeigen.

Verbindungen hingegen, die als 1,1-dialkylsubstituierte Äthylene aufgefaßt werden können, erleiden einen strukturspezifischen Abbau durch McLafferty-Umlagerung (Spektrum 85):

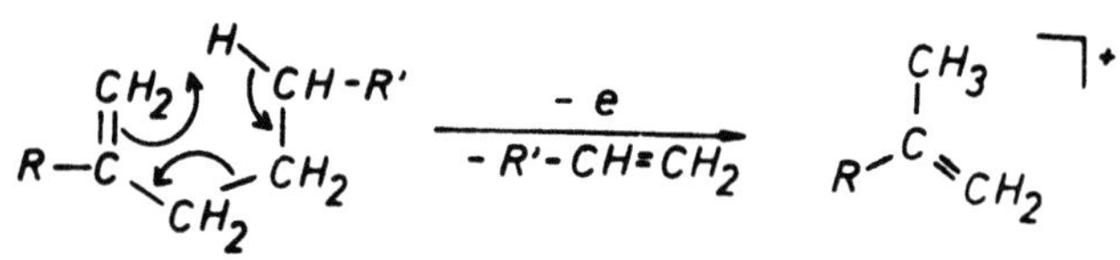

Typische Spaltprodukte findet man überdies in den Spektren trialkylsubstituierter Äthylenderivate, doch ist hier die Art der Bruchstückbildung noch nicht näher untersucht, so daß bislang keine mechanistische Deutung der Reaktionen möglich ist (Spektrum 86). Die für derartige Abbaureaktionen ausgesuchte Modellverbindung – Squalen – wird häufig auch als Verunreinigung gefunden. Z. B. wird Squalen beim Andrücken von mit Lösungsmittel genetzten Filtern aus der Haut extrahiert.

Während niedermolekulare Monoalkylderivate des Acetylens keine Neigung zur Bildung strukturspezifischer Ionen erkennen lassen und die Spektren vorwiegend durch ungesättigte Ionen der allgemeinen Summenformeln $C_nH_{2n-1}^+$, $C_nH_{2n-2}^+$ und $C_nH_{2n-3}^+$ gekennzeichnet sind (Spektrum 87), zeigen Verbindungen mit längeren Alkylketten zwei Schlüsselionen der Masse 82 und 96, die sehr leicht unter Verlust eines Methylradikals weiter abgebaut werden (Spektrum 88).

Dialkylierte Acetylenverbindungen werden in analoger Weise wie die einfach alkylsubstituierten Acetylene gespalten. Aus den gebildeten Schlüsselionen kann die Lage der Dreifachbindung ermittelt werden (Spektrum 89 und 90).

Die Spektren primärer Alkylfluoride zeigen ein allerdings nicht sehr ausgeprägtes Schlüsselion, das dem Verlust von HF entspricht (Massendifferenz zwischen Molekülion und Bruchstück von 20 Masseneinheiten). In Folgeabbaureaktionen werden Äthylen und dann gesättigte Kohlenwasserstoffradikale eliminiert, so daß ungesättigte Kohlenwasserstoffbruchstücke der allgemeinen Formel $C_nH_{2n-1}^+$ entstehen. Außerdem werden durch einfachen Bindungsbruch sowohl gesättigte Kohlenwasserstoffionen der Summenformel $C_nH_{2n+1}^+$, als auch solche der Formel $C_nH_{2n}F^+$ gebildet. Letztere erreichen allerdings nur geringe Intensität, sind jedoch, da sie eine homologe Reihe von Fragmenten mit den Massen 47, 61, 75 usw. bilden, zwischen den Gruppen von Kohlenwasserstoffspaltstücken gut erkennbar (Spektrum 91).

Im auffallenden Gegensatz dazu stehen die Spektren entsprechender primärer Alkylchloride: Sie sind ausgezeichnet durch Schlüsselionen der Masse 91/93 und 105/107 (siehe Seite 11). Das Auftreten dieser Doppelionen läßt erkennen, daß sie chlorhaltig sind. Ihr weiterer Abbau führt wieder zur Bildung ungesättigter Kohlenwasserstoffionen, jedoch entstehen auch gesättigte Kohlenwasserstoffbruchstücke mit relativ hoher Wahrscheinlichkeit (Spektrum 92).

In sekundären Alkylchloriden überwiegt hingegen die primäre Abspaltung des Halogenatoms als HCl Molekül, cyclische Ionen entstehen praktisch nicht (im Spektrum des 4-Chlordodecans erreicht das einer solchen Spaltung entsprechende Ionenpaar der Masse 133/135 nur eine unter 1% liegende Intensität). Das nach HCl Abspaltung gebildete Spaltstück zerfällt in analoger Weise wie Olefine gleicher Kohlenstoffzahl. Da die Molekülionen nur sehr geringe

Intensität haben, ist daher die Gefahr einer Verwechslung mit Olefinspektren gegeben (Spektrum 93).

Primäre Alkylbromide zeigen in ihren Hauptabbaureaktionen ein analoges Verhalten wie die entsprechenden Alkylchloride : Wie bei diesen entstehen Schlüsselionen durch Ausbildung cyclischer Ionen, die aber wegen des höheren Atomgewichts von Brom im Vergleich zu Chlor die Masse 135/137 und 149/151 zeigen. Im untergeordeneten Maß kommt es daneben zu einer primären Abspaltung von HBr. Die Primärspaltstücke werden durch Eliminierung von C_nH_{2n}-Molekülen zu $C_nH_{2n-1}^+$-Ionen abgebaut, überdies entstehen gesättigte Kohlenwasserstoffionen der Formel $C_nH_{2n+1}^+$ (Spektrum 94).

Bei primären Alkylbromiden, die sehr lange Alkylreste tragen, ist neben der Bildung cyclischer Ionen die Abspaltung des Substituenten als Br• ein Hauptabbauprozeß (Spektrum 95).

Im Gegensatz zu entsprechenden sekundären Alkylchloriden, die vorzugsweise primär durch HCl-Abspaltung zerfallen, erfolgt bei sekundären Alkylbromiden Eliminierung des Substituenten :.

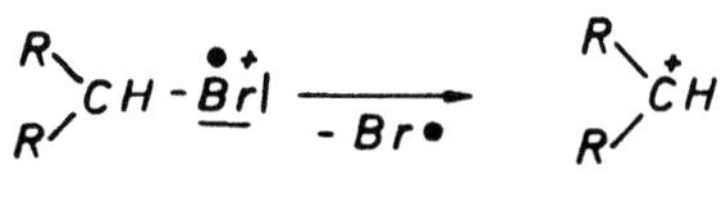

Dies spiegelt die höhere Neigung des Broms im Vergleich zum Chlor zur Radikalbildung wider. Da im ersten Abbauschritt somit ein gesättigtes Alkylkation entsteht, das in Folgereaktionen unter Eliminierung von C_nH_{2n}-Molekülen zerfällt, überwiegen gesättigte Kohlenwasserstoffbruchstücke der Formel $C_nH_{2n+1}^+$ (Spektrum 96).

Jodradikale haben höhere Stabilität als Bromradikale. Daher erfolgt schon bei primären Alkyljodiden nahezu ausschließlich die Eliminierung von J• In der Folge werden wieder gesättigte Kohlenwasserstoffionen der Formel $C_nH_{2n+1}^+$ gebildet (Spektrum 97). Sekundäre Alkyljodide werden in gleicher Weise gespalten, so daß eine Unterscheidung von primären und sekundären

Alkyljodiden (Spektrum 98) schwierig ist : Die Molekülionen sekundärer Alkyljodide sind unter geringerem Energieaufwand spaltbar und zeigen daher bei Aufnahme unter gleichen Bedingungen eine geringere Intensität als die primärer Alkyljodide.

Primäre Alkohole neigen sehr stark zur Wasserabspaltung. Da die Molekülionen nur geringe Intensität zeigen und oft übersehen werden, können die Spektren leicht mit Olefinspektren verwechselt werden. Eine Möglichkeit zur Unterscheidung ist durch das Auftreten von Ionen der Masse 31 in den Spektren von primären Alkoholen gegeben :

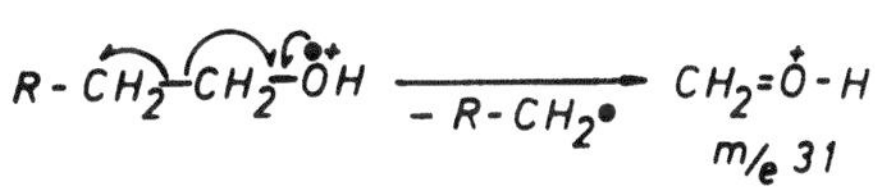

Solche Ionen können aus Olefinen nicht gebildet werden, doch ist ihre Intensität oft nicht sehr stark (Spektrum 99) .

Sekundäre Alkohole erleiden neben dem Verlust von Wasser bevorzugt eine Spaltung an Kohlenstoff-Kohlenstoffbindungen, die der funktionellen Gruppe benachbart sind :

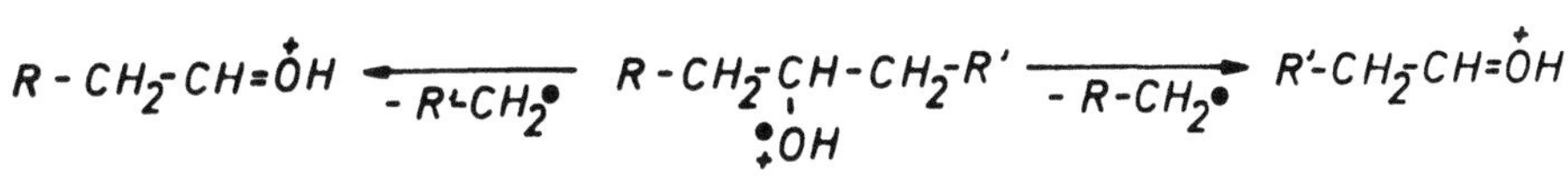

Diese primären Spaltprodukte werden in der Folge durch Eliminierung von Wasser weiter gespalten (Spektrum 100 und 101) . Bei Aufnahme von Spektren mit geringer Anregungsenergie läßt sich die Lage der Hydroxylgruppe besonders gut erkennen (Spektrum 101) . Bei tertiären Alkoholen überwiegen Spaltungsreaktionen von C-C Bindungen in Nachbarschaft zur Hydroxylgruppe noch mehr als in sekundären Alkoholen (Spektrum 102) .
Allylalkohole erleiden nach der Ionisation zumindest teilweise eine Umlagerung in entsprechende Ketone (Spektrum 103) .

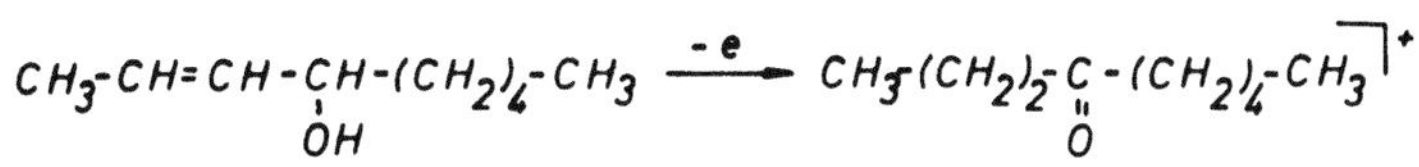

Es werden so Schlüsselbruchstücke gebildet, die für Ketone typisch sind (siehe Spektrum 126 und 127).

Entsteht bei der Allylumlagerung ein Aldehyd und enthält dieser noch Verzweigungsstellen, so erfolgt im Umlagerungsprodukt vorzugsweise ein Bruch der von den Verzweigungsstellen ausgehenden Bindungen (Spektrum 104).

Im Vergleich zu primären Alkoholen zeichnen sich die Spektren von entsprechenden Thiolen durch intensive Molekülionen aus. Damit wird der Befund verdeutlicht, daß schwefelhaltige Verbindungen im Verhältnis zu ihren Sauerstoffanalogen leichter ionisierbar, aber schwerer in Bruchstücke spaltbar sind. In Anlehnung an die Hauptabbaureaktion von primären Alkoholen wird aus primären Thiolen bevorzugt die funktionelle Gruppe in Form von H_2S eliminiert. In der Folge entstehen durch Verlust von C_2H_4 und gesättigten Kohlenwasserstoffradikalen der Formel $C_nH_{2n+1}\cdot$ ungesättigte Kohlenwasserstoffionen der Formel $C_nH_{2n-1}^{+}$. Zwischen den Kohlenwasserstoffionengruppen sind aber schwefelhaltige Ionen der Summenformel $C_nH_{2n+1}S^{+}$ die teilweise durch Ringbildung entstehen, deutlich erkennbar (Spektrum 105).

In sekundären Thiolen tritt neben der Abspaltung von H_2S wie bei entsprechenden Alkoholen der Bruch von Kohlenstoff-Kohlenstoffbindungen in Nachbarschaft zur SH Gruppe ein :

$$R\text{-}CH_2\text{-}CH{=}\overset{+}{S}H \xleftarrow[-R'\text{-}CH_2\bullet]{-e} R\text{-}CH_2\text{-}\underset{SH}{CH}\text{-}CH_2\text{-}R' \xrightarrow[-R\text{-}CH_2\bullet]{-e} R'\text{-}CH_2\text{-}CH{=}\overset{+}{S}H$$

Die so gebildeten primären Bruchstücke sind oft nicht sehr intensiv. Sie werden teilweise durch Verlust der Alkylreste als C_nH_{2n}-Moleküle zu $CH_2{=}\overset{+}{S}H$ abgebaut, so daß das Vorhandensein dieses Ions nicht für das Vorliegen eines primären Thiols beweisend ist, wie das zunächst angenommen werden könnte (Spektrum 106).

Methyläther verhalten sich recht ähnlich den entsprechenden Alkoholen : Hauptabbaureaktionen sind der Verlust von CH_3OH und die Spaltung von

Kohlenstoff-Kohlenstoffbindungen in Nachbarschaft zur Äthergruppe. Die erste Reaktion überwiegt in Methyläthern, die aus primären Alkoholen entstanden sein können (Spektrum 107), die letztere ist insbesondere für Methyläther typisch, die sich von sekundären Alkoholen ableiten (Spektrum 108).

Äther, die zwei längerkettige Alkylreste tragen, werden im Gegensatz dazu durch Übertragung von zwei Wasserstoffen aus einem der Alkylreste zunächst zu einem protonierten Alkohol abgebaut, der dann unter Abspaltung von Wasser zu einem Bruchstück zerfällt, das einem der Alkylreste entspricht (siehe S. 10). Dieses zerfällt durch Verlust von C_nH_{2n} Molekülen in gesättigte Kohlenwasserstoffionen der Summenformel $C_nH_{2n+1}^+$. Daneben wird in einer zweiten primären Abbaureaktion unter Eliminierung von Alkohol das entsprechende Olefin gebildet, das in üblicher Weise unter Verlust von C_nH_{2n}-Molekülen bzw. C_nH_{2n+1}. Radikalen zu ungesättigten Kohlenwasserstoffionen der Formel $C_nH_{2n}^+$ und $C_nH_{2n-1}^+$ weiter gespalten wird (Spektrum 109 und 110):

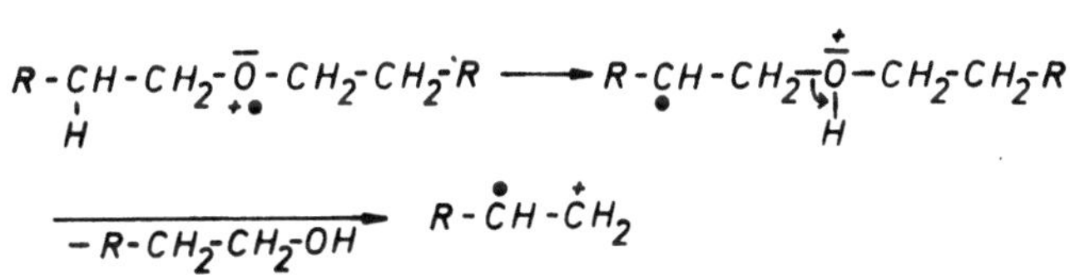

Diese Reaktionen bleiben allerdings aus, wenn sich der Dialkyläther von einen sekundären Alkohol ableitet: Hier dominiert die Spaltung von Kohlenstoff-Kohlenstoffbindungen in Nachbarschaft zum Sauerstoffatom (Spektrum 111).

Die α-Spaltung ist auch für Trimethylsilyläther charakteristisch. Aus diesen werden ferner die für die Trimethylsilyläthergruppierung typischen Ionen der Masse 73 und 75 gebildet (Spektrum 112).

Methylthioäther erleiden im Unterschied zu ihren Sauerstoffananlogen neben der α-Spaltung bevorzugt einen Bruch der $S\text{-}CH_3$-Bindung, so daß in hoher Ausbeute M-15 Ionen erhalten werden. Erwartungsgemäß erfolgt wie bei Thioalkoholen auch die Bildung cyclischer Ionen, die in den Spektren zwischen

Kohlenwasserstoffionen eingebettet liegen (Spektrum 113).

In Thioäthern, die längere Alkylreste tragen, dominiert ebenfalls die Spaltung einer R-S-Bindung, wobei Hauptspaltstücke unter Verlust des kleineren Alkylrestes entstehen (Spektrum 114 und 115).

Leitet sich der Thioäther von einem sekundären Thiol ab, so erfolgt bevorzugt α-Spaltung (Spektrum 116). Aus Disulfiden entstehen bevorzugt $R\text{-}S\text{-}S\text{-}H^{+}$, RS^{+} und R^{+} Ionen (Spektrum 117).

Amine erleiden fast ausschließlich α-Spaltung. Die so gebildeten Spaltstücke lassen die Stellung der Aminfunktion erschließen (Spektrum 118, 119, 120, 121 und 122). In sekundären Aminen wird nach der primären α-Spaltung häufig der zweite Alkylrest als ungesättigtes C_nH_{2n}-Molekül eliminiert (Spektrum 120):

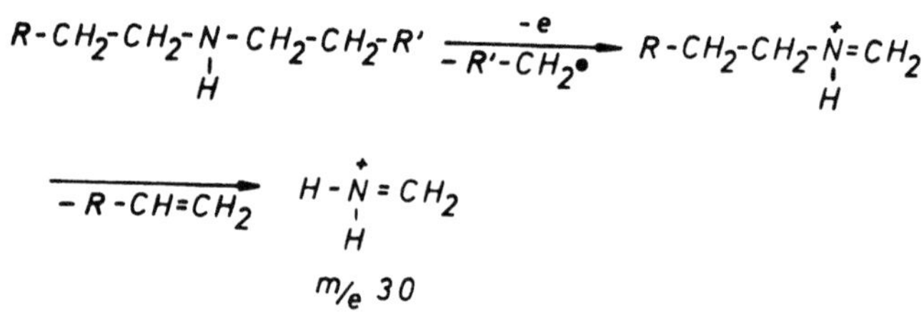

Nitroverbindungen zeigen fast keine Neigung zur Bildung strukturspezifischer Fragmente. Da auch Molekülionen nur schwer erkennbar sind, ist ihre massenspektrometrische Identifizierung außerordentlich erschwert. Bei primären Nitroverbindungen erfolgt zunächst Abspaltung der funktionellen Gruppe in Form von salpetriger Säure. Die entstandenen Primärspaltprodukte zerfallen vorzugsweise zu ungesättigten Kohlenwasserstoffionen. Im geringen Maß kommt es auch zur Eliminierung von $\dot{O}H$ und $\dot{O}H + H_2O$ (Spektrum 123). Bei sekundären Nitroverbindungen überwiegt die primäre Abspaltung von $NO_2^{\bullet}$. (Spektrum 124).

Auch Spektren von Aldehyden sind arm an Schlüsselionen. Primäre Hauptabbaureaktionen sind die Abspaltung von Wasser und Äthylen im Zuge komplexer

Umlagerungen, sowie der Verlust von Acetaldehyd-enol im Zuge einer McLaffert Umlagerung :

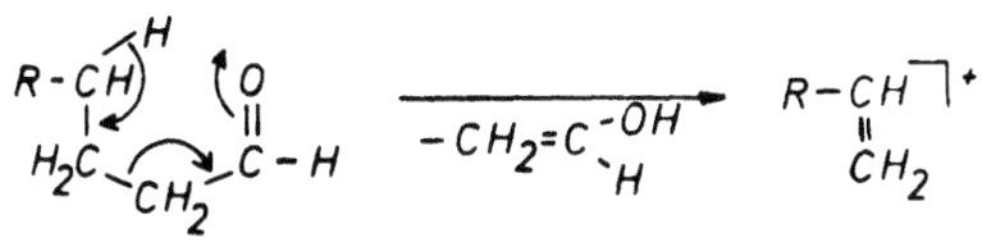

In Folgereaktionen werden aus den Wassereliminierungsprodukten Äthylen und dann kleinere C_nH_{2n}-Moleküle abgespalten, so daß überwiegend $C_nH_{2n-2}^+$ Ionen entstehen (Spektrum 125).

Die Bildung primärer Bruchstücke von Ketonen erfolgt einerseits durch Verlust der an die Carbonylgruppe gebundenen Alkylreste (α Spaltung) und andrerseits durch McLafferty Umlagerung :

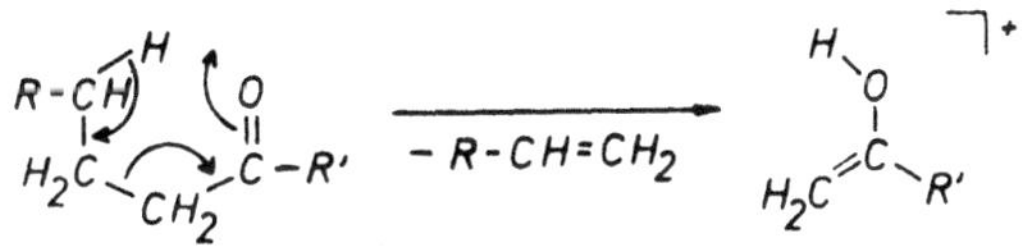

Die α-Spaltprodukte werden durch Eliminierung von CO und C_nH_{2n}-Molekülen weiter zu gesättigten Kohlenwasserstoffionen der Formel $C_nH_{2n+1}^+$ abgebaut (Spektrum 126). Enthält das Keton zwei Alkylreste mit mindestens 3 Kohlenstoffatomen in gerader Kette, so kann die erste McLafferty-Umlagerung von einer zweiten gefolgt werden (Spektrum 127). Oxime erleiden analoge Spaltreaktionen :

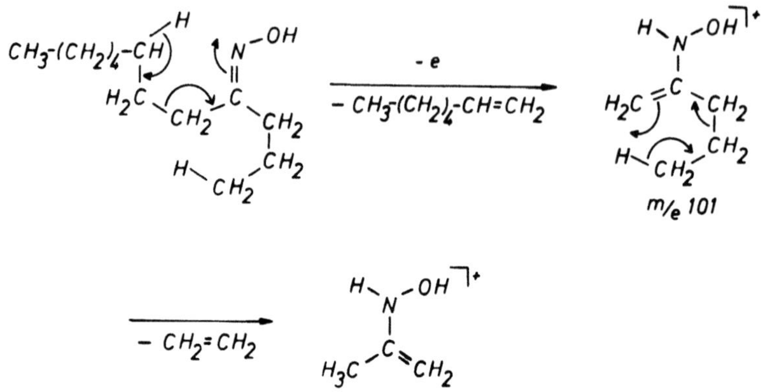

Neben dem McLafferty-Abbau dominiert hier oft eine reziproke Wasserstoff-umlagerung, die die Spaltung einer zur Oximgruppe ß, γ-ständigen Bindung zur Folge hat (Spektrum 128).
In Semicarbazonen ist nach den für Ketone und Oxime typischen Abbaureaktionen (α-Spaltung, McLafferty-Umlagerung, ß, γ-Spaltung) im Zuge von sekundären Abbauschritten die Eliminierung von Teilen des Semicarbazidrestes in Form von HCNO möglich (Spektrum 129).
Die für Carbonylderivate charakteristischen Zerfallsreaktionen werden bei Phenylhydrazonen von der Bildung von Ionen begleitet, die den Phenylhydrazinrest enthalten (Spektrum 130). Recht komplexe Spaltreaktionen laufen in 2,4-Dinitrophenylhydrazonen von Ketonen ab. Sie erfassen vorzugsweise den 2,4-Dinitrophenylhydrazonteil (Spektrum 131).

Während die bisher diskutierten Spektren der Ketonderivate gegenüber den Stammverbindungen eher die Lokalisierung der Carbonylfunktion erschweren, führt die Herstellung eines Äthylenketaldrivates zur Bildung außerordentlich strukturspezifischer Ionen, weil in Äthylenketalen ähnlich wie in Aminen die α-Spaltung überaus begünstigt ist (Spektrum 132).

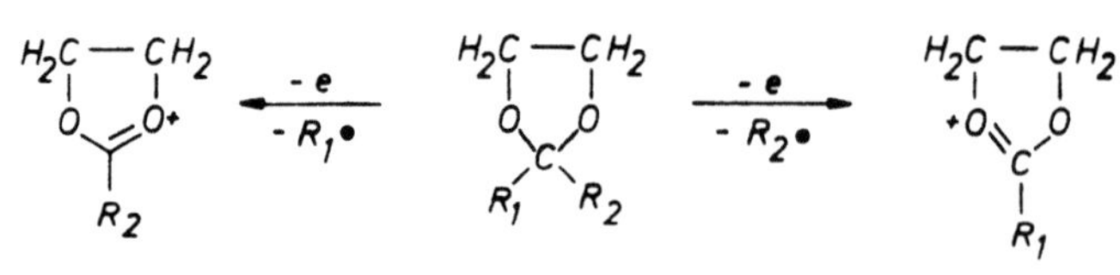

Fettsäuren werden im Zuge einer McLafferty-Umlagerung und ß, γ-Spaltung zu Ionen der Masse 60 und 73 abgebaut. Teilweise kommt es daneben im Zuge komplexer Umlagerungsreaktionen zum Verlust der C Atome 2 und 3, sowie 2, 3 und 4 in Form von Äthyl- bzw. Propylradikalen, so daß weitere Schlüsselionen bei M-29 und M-43 auftreten (Spektrum 133). Analoge Abbaureaktionen sind für Methyl- und Äthylester typisch, in denen zusätzlich Ionen zu finden sind, die der Abspaltung von einem Methoxyl- bzw. einem Äthoxylradikal entsprechen (Spektrum 134 und 135). Wird die Kette im Alkoholteil des Esters nur um ein Kohlenstoffatom verlängert, so tritt die McLafferty-Umlagerung und die ß, γ-Spaltung an Bedeutung zurück. Hauptabbaureaktion in Propylestern der Fettsäuren ist eine doppelte Wasserstoffübertragungsreaktion vom Alkoholteil an den Säureteil ähnlich der Bildung von protonierten Alkoholen bei der Spaltung langkettiger Dialkyläther :

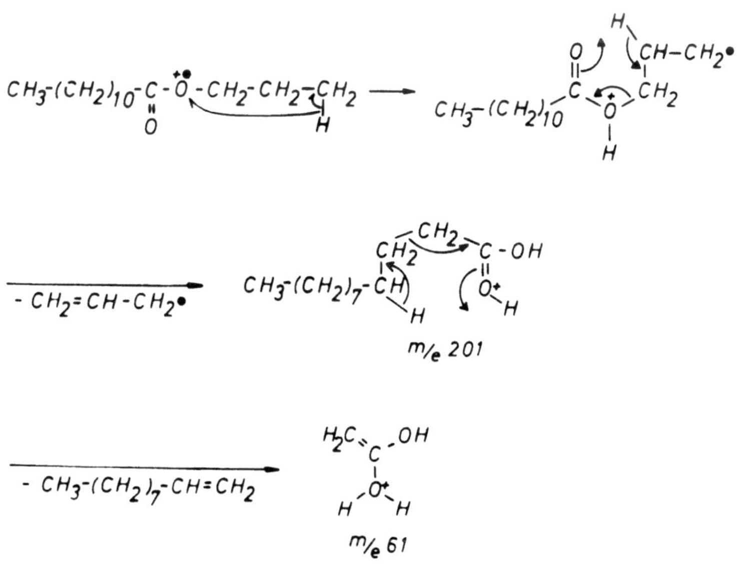

Das primäre Spaltstück zerfällt unter nochmaliger McLafferty-Umlagerung zu einem Ion der Masse 61, das seinerseits unter Verlust von Wasser weiter spaltbar ist (Spektrum 136).

Diese letzte Abbaureaktion findet bei Erhöhung der Zahl der Kohlenstoffatome im Alkoholteil nicht mehr statt. Aus n- und Isobutylestern wird vielmehr durch Wasserstoffübertragung im Zuge einer McLafferty-Umlagerung ein Schlüsselion der Masse 56 gebildet (Spektrum 137 und 138).

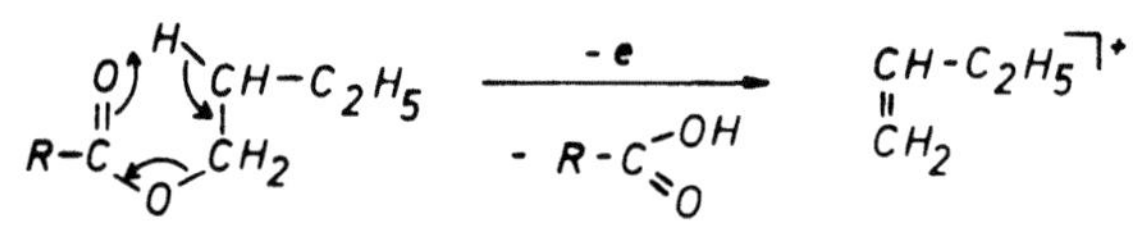

Die Einführung einer Doppelbindung in Methylester von Fettsäuren hat eine bedeutende Verminderung der Neigung zur Bildung der für die Estergruppierung typischen Ionen der Masse 74 und 87 zur Folge, die durch McLafferty-Umlagerung bzw. durch ß, γ-Spaltung entstehen. Bei der McLafferty-Umlagerung kann die Ladung auch vom Olefinteil übernommen werden, so daß im Gegensatz zu gesättigten Methylestern auch M-74 Schlüsselionen auftreten. Bemerkenswert ist die hohe Neigung zur Abspaltung der Alkoholkomponente in Form von Methanol, die ebenfalls keine Parallele bei gesättigten Estern findet (Spektrum 139). Bei Methylestern mit zwei Doppelbindungen laufen ähnliche Reaktionen ab (Spektrum 140).

Methylester hingegen, die aneinandergereiht drei oder mehr CH_2-CH=CH-Gruppierungen enthalten, zeigen Spaltreaktionen, die offensichtlich im wesentlichen von dem Vorhandensein der Doppelbindungen bestimmt sind, so daß typische Ionen entstehen: Einmal erfolgt der Verlust eines C_nH_{2n}-Fragmentes, das formal durch Spaltung der Bindung zwischen dem vom Carboxylende am weitesten entfernten Doppelbindungskohlenstoff und der benachbarten CH_2-Gruppe gebildet wird:

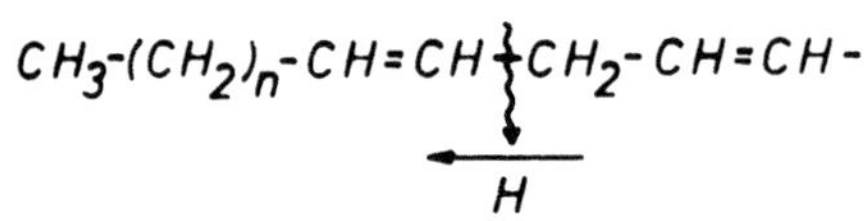

Ein zweites Schlüsselion besteht aus einem Kohlenwasserstoffion, das formal durch folgende Spaltung entsteht (Spektrum 141) :

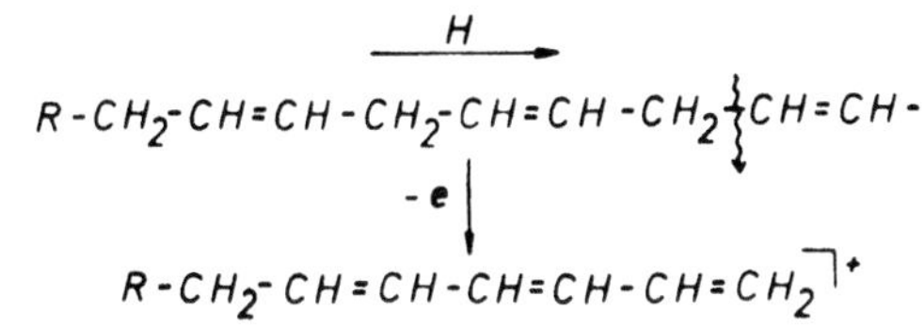

Ist ein niedermolekularer Fettsäureester mit einem langkettigen primären Alkohol verestert, so erfolgt eine neuerliche Änderung in der Richtung des Ablaufs der Hauptspaltungsreaktionen : Ähnlich wie im Falle der Butylester (Spektrum 137 und 138) erfolgt aus dem Alkoholteil Wasserstoffübertragung an den Säureteil unter Verbleib der Ladung auf dem entstehenden Olefinfragment, das noch sämtliche Kohlenstoffatome des ursprünglichen Alkoholteils besitzt. Daneben ist aber auch die Wasserstoffübertragung an das Äthersauerstoffatom möglich, wobei ein um 2 Kohlenstoffatome ärmeres Olefin entsteht :

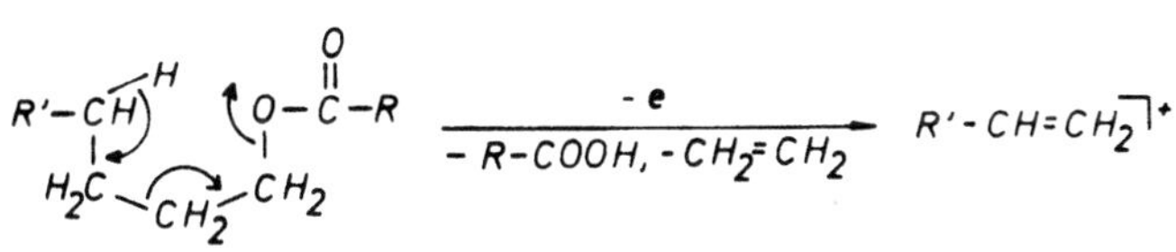

Aus diesem Fragment läßt sich die Länge des Alkoholteiles ermitteln .

Eine weitere Hauptreaktion führt unter doppelter Wasserstoffübertragung vom Alkohol auf den Säureteil zur Bildung einer protonierten Fettsäure.

Dieses Ion erlaubt somit die Bestimmung der Größe des Fettsäurerestes (Spektrum 142) :

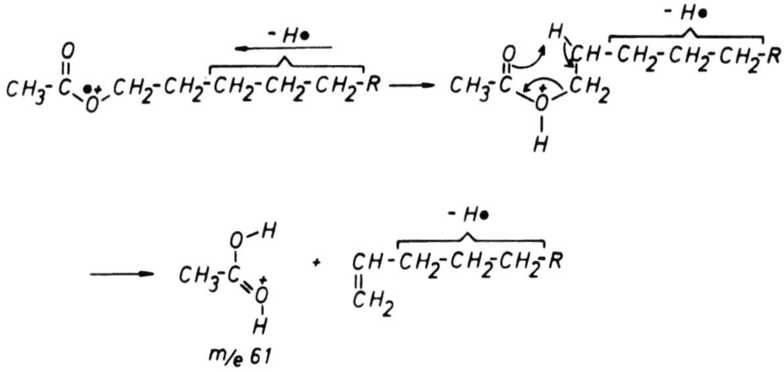

Eine Vergrößerung des Säureteiles bewirkt keine wesentliche Änderung der Hauptspaltreaktionen (Spektrum 143). Dagegen ändert sich das Spaltbild erheblich, wenn der Säureteil mit einem sekundären Alkohol verestert ist : In diesem Fall werden nämlich auch durch α-Spaltung Schlüsselionen gebildet :

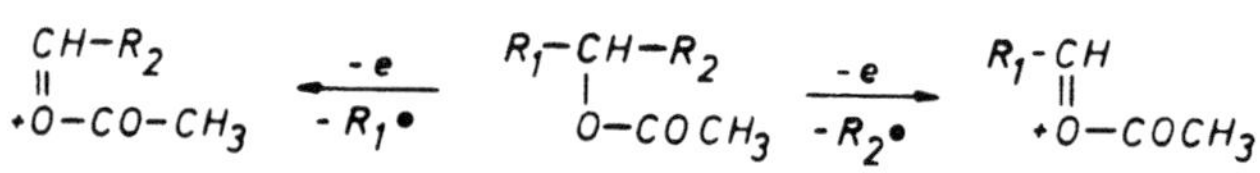

Im Zuge sekundärer Spaltreaktionen kommt es zu einer Eliminierung des Säureteils als RCOOH Molekül (Spektrum 144).

Spektren von am Stickstoff unsubstituierten Säureamiden langkettiger Fettsäureester sind durch Schlüsselionen der Masse 59 und 72 gekennzeichnet, die durch McLafferty-Umlagerung bzw. ß, γ-Spaltung entstehen (Spektrum 145). Analoge Abbaureaktionen sind für Dimethylamide charakteristisch, die Dimethylamingruppierung wird überdies durch ein Schlüsselion der Masse 45 angezeigt (Spektrum 146).

Komplexere Spaltreaktionen laufen in Säureamiden ab, die aus einer niedermolekularen Fettsäure und einem langkettigen aliphatischen Amin zusammengesetzt sind : Hauptspaltstücke entstehen durch die für Amine typische α-Spaltung :

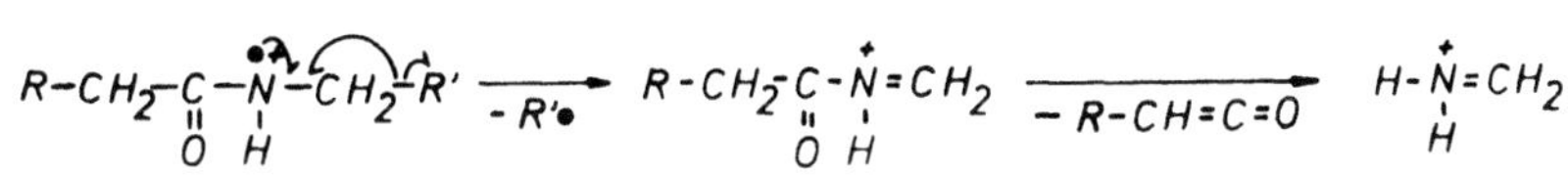

Durch Eliminierung des Säurerestes als Keten wird hieraus ein Aminfragment gebildet.

Das primär gebildete Ion wird allerdings von einem um eine Masseneinheit schwereren Fragment an Intensität übertroffen, das durch Verschiebung eines zusätzlichen Wasserstoffatoms entsteht. (Spektrum 147 und 148) . Charakteristisch ist ferner die Bildung von Spaltstücken durch McLafferty-Umlagerung (Spektrum 149) . Überdies entstehen Ionen durch Spaltung der von der C=O Gruppe ausgehenden Bindungen. Solche Abbaureaktionen treten vor allem in Amiden auf, in denen größere Säurereste mit längerkettigen Aminkomponenten verknüpft sind (Spektrum 149) . Säurehydrazide liegen offenbar in Dampfzustand in einer Form vor, aus der die bevorzugte Abspaltung von $\bullet NH\text{-}NH_2$ erfolgen kann :

Als weiteres Hauptspaltstück entsteht Hydrazin, so daß diese Derivate keinerlei Vorteile zur Identifizierung von Säuren bieten (Spektrum 150).

Nitrile langkettiger Fettsäuren zeigen in ihren Spektren ein Hauption der Masse 97, dem cyclische Struktur zugeordnet wird :

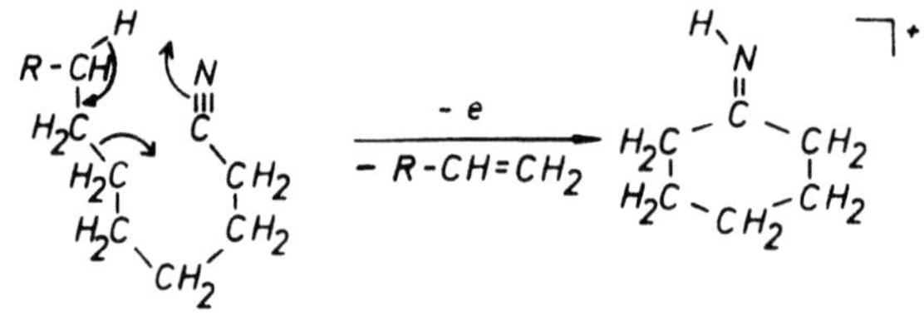

Es wird von einer Reihe homologer Ionen begleitet (Spektrum 151). Überraschenderweise werden Bruchstücke gleicher Masse auch aus Nitrilen gebildet, in denen die Nitrilgruppen nicht am Kettenende sitzt (Spektrum 152), so daß möglicherweise der ursprünglich postulierte Mechanismus zur Bildung dieser Ionen modifiziert werden muß. Hauptspaltprodukte mit Ringstruktur werden offenbar auch aus Isonitrilen gebildet (Spektrum 153).

Tosylsäureester erleiden eine eigenartige Umlagerung, in deren Verlauf aus sekundären Alkoholtosylaten Ketone entstehen. Da die Verbindungen keine Molekülionen zeigen, sind sie für Identifizierungszwecke nur schlecht geeignet (Spektrum 154).

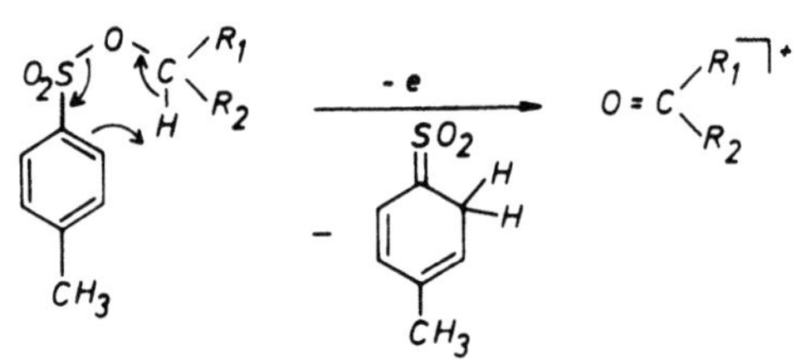

Die Spektren aliphatischer Sulfoxide sind durch Ionen gekennzeichnet, die den Verlust von $\overset{\bullet}{O}H$ anzeigen. Daneben kommt es zur Abspaltung von Alkylresten und zur Bildung von Umlagerungsprodukten unter Wasserstoffwanderung (Spektrum 155):

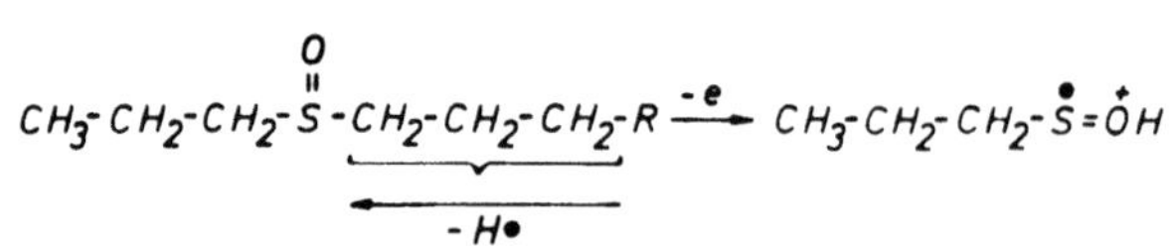

Sulfone werden unter Abspaltung von Alkylresten abgebaut. Bei genügend großen Alkylresten erfolgt allerdings wie bei Säuren vorzugsweise eine doppelte Wasserstoffverschiebung (Spektrum 156) :

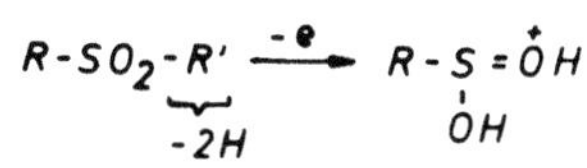

In bifunktionellen aliphatischen Verbindungen beobachtet man meist, daß eine der vorhandenen funktionellen Gruppen die Hauptspaltungsreaktionen einleitet und in der Folge die zweite für Folgereaktionen verantwortlich ist. Allerdings bedingt die Anwesenheit einer zweiten funktionellen Gruppe gelegentlich Spaltreaktionen, die nur durch die gemeinsame Anwesenheit beider funktioneller Gruppen initiiert werden können.

In 2-Hydroxysäuren wird das wichtigste Schlüsselbruchstück durch Abspaltung der Carboxylgruppe gebildet. Folgeabbaureaktionen unter Verlust von Wasser und C_nH_{2n}-Molekülen führen zur Bildung ungesättigter Kohlenwasserstoffionen der Formel $C_nH_{2n-1}^+$. Weitere Schlüsselionen entstehen durch McLafferty Umlagerung bzw. ß, γ-Spaltung (Spektrum 157). In entsprechenden Methylestern laufen analoge Reaktionen ab (Spektrum 158). Wird die 2-ständige Hydroxylgruppe veräthert, so dominiert der Verlust der $COOCH_3$-Gruppe so stark, daß daneben die für Ester typischen Spaltreaktionen (McLafferty-Umlagerung und ß, γ-Spaltung) nicht mehr zum Zuge kommen. (Spektrum 159).

In 2-Ketosäuremethylestern wird das wichtigste Schlüsselion ebenfalls durch Eliminierung der Methoxycarbonylgruppe gebildet. Folgereaktionen unter Verlust von CO führen zur Bildung gesättigter Kohlenwasserstoffionen der Formel $C_nH_{2n+1}^+$ (Spektrum 160).

Die für Ketone typischen Spaltungsreaktionen überwiegen in Ketosäureestern, in denen die Carbonyl- und die Ester-funktion durch mehrere

Methylengruppen getrennt sind : Hauptprimärabbaureaktionen sind die Bildung von McLafferty Umlagerungsprodukten und die Spaltung der von der Carbonylgruppe ausgehenden Bindungen (Spektrum 161).

Für Lactone ist der Verlust der Alkylseitenkette typisch (Spektrum 162) :

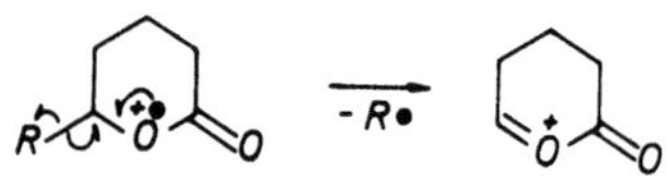

Sind zwei gleiche Gruppen an die Enden einer längeren Kohlenstoffkette gebunden, beobachtet man neben den für die monofunktionellen Verbindungen typischen Reaktionen auch solche, denen die einfach substituierten Verbindungen nicht unterliegen : So wird beispielsweise aus 1,10 Dichlordecan HCl eliminiert, obwohl diese Reaktion in primären Alkylhalogeniden fast kaum eintritt. In der Folge wird dann das zweite Halogenatom ebenfalls als HCl abgespalten. Daneben treten die für monosubstituierte primäre Alkylchloride typischen Ionen der Masse 91/93 und 105/107 in großer Intensität auf (Spektrum 163).

Kohlenwasserstoffketten, die an den Enden Hydroxylgruppen tragen, neigen wie primäre Alkohole sehr stark zur Wasserabspaltung. Diese Reaktion wird gefolgt von der Eliminierung der zweiten funktionellen Gruppe als Wasser oder Formaldehydmolekül. Durch Verlust von C_nH_{2n}-Molekülen entstehen aus dem doppelten Wasserabspaltungsprodukt in weiteren Abbauschritten überwiegend ungesättigte Kohlenwasserstoffionen der Formel $C_nH_{2n-2}^+$ (Spektrum 164).

Tragen die Kettenenden Aminogruppen, so beherrscht im Gegensatz zu einfachen Aminen nicht die α-Spaltung allein die Abbaureaktionen, sondern es erfolgt daneben auch mit hoher Wahrscheinlichkeit ein Bruch der zur funktionellen Gruppe ß,γ-ständigen Bindung, sowie die Eliminierung von $\dot{N}H_2$ und CH_2=NH (Spektrum 165).

Im Gegensatz zu Fettsäuren fehlen in Dicarbonsäuren Molekülionen. Sie zeigen zwar noch die für Fettsäuren typischen Ionen der Masse 60 und 73, doch dominieren Spaltreaktionen, die offenbar zunächst unter Wasserabspaltung zur Bildung cyclischer Ionen führen, aus denen dann im Zuge einer McLafferty-Umlagerung der die zweite Carboxylgruppe enthaltende Rest eliminiert wird :

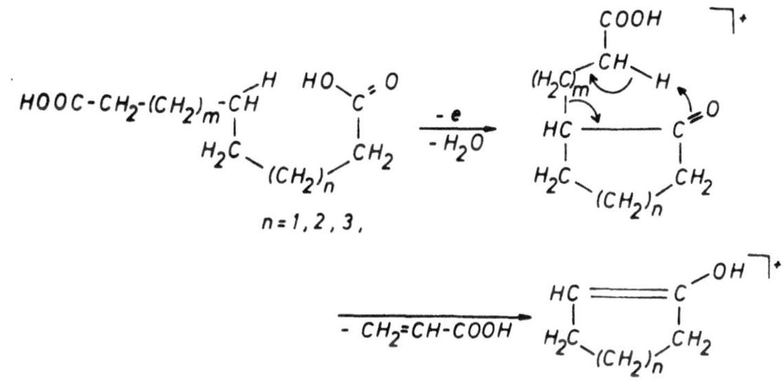

Weitere wichtige Bruchstücke entstehen durch primäre Abspaltung von CO_2, sowie aus dem Wassereliminierungsprodukt durch Verlust eines zweiten Moleküls Wasser oder von CO (Spektrum 166). Aus entsprechenden Methyl- und Äthylestern werden in analogen Reaktionen zwar auch die cyclischen Ionen als Hauptabbauprodukte gebildet, doch entstehen daneben bedeutende Schlüsselionen durch Verlust eines Alkoxyradikals, dem die Eliminierung von Keten folgt. Diese Ionen können ihrerseits durch Abspaltung von einem Molekül Alkohol weiter abgebaut werden (Spektrum 167 und 168).

Im Gegensatz zu den Estern von Dicarbonsäuren sind ihre Diamide nicht zur Bildung cyclischer Ionen befähigt. Neben den für Fettsäureamide charakteristischen Ionen der Masse 44, 59 und 72 wird ein weiteres Schlüsselbruchstück durch Verlust von $\dot{C}H_2-C(=O)-NH_2$ gebildet. Dieser

Prozeß erinnert an den Abbau von Dicarbonsäureestern, der unter Abspaltung eines Alkoxylradikals und von Keten verläuft (Spektrum 169).

Dinitrile sind durch das Fehlen von Molekülionen und leicht erkennbaren Schlüsselionen nur schwer massenspektrometrisch idenfizierbar. Hauptspaltprodukte sind die gleichen Ionen, die beim Abbau von einfachen Nitrilen der Fettsäuren entstehen (Spektrum 170).

Tabellen

Tabelle 1

(Anordnung der Verbindungen nach steigendem Molekulargewicht)

MG	Name der Verbindung	Nr.	Schlüsselionen
28	Luftstickstoff	48	von anderen Gasen : 32, 44
32	Luftsauerstoff	48	von anderen Gasen : 28, 44
32	Methanol	14	31
40	Luftargon	48	von anderen Gasen : 28, 32, 44
41	Acetonitril	38	40
44	Luftkohlendioxid	48	von anderen Gasen : 28, 32
45	Formamid	36	
46	Äthanol	15	31, 45
58	Aceton	30	43, M-15
60	Propanol-(1)	16	31, M-29
60	Propanol-(2)	17	45, M-15
60	Essigsäure	35	43, 45, M-15
61	Nitromethan	44	30, 46
62	Äthylenglycol	22	31, 33, M-29, M-31
72	Petroläther	8	
72	Tetrahydrofuran	26	42, 71
72	Methyl-äthyl-keton	31	43, M-29
73	Dimethyl-formamid	37	30, 44, M-29
74	Butanol-(1)	18	31, 56
74	2-Methyl-propanol-(1)	19	31, 33, 43, M-31
74	Butanol-(2)	20	45, 59, M-29
74	2-Methyl-propanol-(2)	21	31, 59, M-15
76	Äthylenglycol-mono-methyl-äther	23	29, 31, 45, M-31, M-45
76	Schwefelkohlenstoff	46	38, 44
78	Benzol	3	39, 51
78	Dimethylsulfoxid	47	48, 63
79	Pyridin	41	52, M-27
82	Cyclohexen	2	39, 67, 54, M-28
84	Cyclohexan	1	56, M-28
84	Methylenchlorid	10	49, M-35

MG	Name der Verbindung	Nr.	Schlüsselionen	
85	Piperidin	39	44, 56, 84,	M-29
86	Petroläther	8		
86	Methylenchlorid	10	49, 51,	M-35, M-37
87	Morpholin	40	29, 42, 57,	M-30
88	Dioxan	27	28, 58,	M-30
88	Essigsäure-äthylester	32	43, 61,	M-18, M-27
90	Äthylenglycol-mono-äthyl-äther	24	31, 45, 59, 72,	M-18, M-31
92	Toluol	4	39, 65, 91,	M-27
92	Glycerin	25	31, 43, 61	
93	Anilin	42	66,	M-27
98	Ligroin	9		
100	Ligroin	9		
102	Di-isopropyl-äther	28	45, 87	
106	Xylol (Gemisch)	5	39, 51, 91,	M-15
112	Ligroin	9		
114	Ligroin	9		
116	Essigsäure-n-butyl-ester	33	43, 56, 61, 73	
118	Chloroform	11	47, 83	M-35
120	Chloroform	11	47, 83,	M-35, M-37
121	Dimethylanilin	43	77, 120	
122	Chloroform	11	47, 83,	M-35, M-37
123	Nitrobenzol	45	51, 77,	M-46
124	Nonin-(1)	87	81, 95	
130	Trichloräthylen	13	60, 95, 97,	M-70
130	Essigsäure-isoamyl-ester	34	43, 70	
132	Tetralin	6	91, 104,	M-28
132	Trichloräthylen	13	60, 95, 97,	M-35, M-70
134	Trichloräthylen	13	60, 95, 97,	M-35, M-37, M-70, M-72
134	Di-äthylenglycol-dimethyl-äther	29	45, 58, 59, 102,	M-32, M-45
138	Decalin	7	67, 82, 96,	M-42
142	Nonen(2)-ol-(4)	103	58, 71, 86,	M-18, M-43
152	Tetrachlorkohlenstoff	12	47, 82, 117, 119, 121	
154	Tetrachlorkohlenstoff	12	47, 82, 117, 119, 121	

MG	Name der Verbindung	Nr.	Schlüsselionen
156	Tetrachlorkohlenstoff	12	47, 82, 117, 119, 121
158	Tetrachlorkohlenstoff	12	47, 82, 117, 119, 121
164	Azo-isobutyro-nitril	52	41, 68, 80
167	n-Decyl-isocyanid-(1)	153	96, 110, 124, 138
170	n-Dodecan	77	
170	2, 2, 4, 6, 6-Pentamethyl-heptan	81	56, 57, 112, 113, M-15, M-57, M-58
184	n-Dodecanal	125	M-18, M-28, M-44
184	Dodecanon-(4)	127	58, 71, 86, 99, 141, M-43, M-113
185	Dodecylamin-(1)	118	30, 44
185	Dodecylamin-(4)	119	30, 72, 142, M-43
186	Dodecanol-(4)	100	73, M-18, M-43, M-61
187	1-Nitro-decan	123	M-17, M-35, M-47
188	1-Fluor-dodecan	91	61, 75, 89, 140, M-20, M-48
192	1, 10-Dicyano-decan	170	83, 97, M-29, M-40
195	Dodecan-(4)-nitril	152	83, 97, 111
198	Tridecanon-(2)	126	43, 58, 71, M-15, M-58
198	δ-Dodecalacton	162	99, 114, M-18
199	Quecksilber	49	andere Isotope : 200, 201, 202
199	Dodecanon-(4)-oxim	128	73, 86, 101, 114, 156, M-17, M-43
199	Nonanon-(3)-semicarbazon	129	74, 86, 100, 129, 142, M-29, M-57, M-70
199	Dodecansäure-amid	145	59, 72
200	Quecksilber	49	andere Isotope : 199, 201, 202
200	5-Äthyl-undecanol-(5)	102	115, 143, M-18, M-29, M-57, M-85
200	n-Dodecyl-methyl-äther	107	45, M-32, M-60
200	(1-Propyl)-nonyl-methyl-äther	108	45, 87, 157, M-32, M-43
200	Dodecansäure	133	60, 73, 115, 129, 143, M-29, M-43
200	1, 12-Diamino-dodecan	165	30, 44, M-16, M-29
201	Quecksilber	49	andere Isotope : 199, 200, 202
202	Quecksilber	49	andere Isotope: 199, 200, 201
202	Dodecylthiol-(1)	105	47, 61, 89, M-34, M-62
202	Dodecylthiol-(4)	106	47, 89, M-34, M-43, M-113

MG	Name der Verbindung	Nr.	Schlüsselionen
202	Dodecandiol-(1, 12)	164	31, 62, 96, M-18, M-36, M-48
204	1-Chlor-dodecan	92	91, 93, 105
204	4-Chlor-dodecan	93	M-36, M-38
206	1-Chlor-dodecan	92	91, 93, 105
206	4-Chlor-dodecan	93	M-36, M-38
208	Phthalsäure-mono-isopropyl-ester	56	50, 76, 104, 148
210	Pentadecen-(1)	82	M-28
210	trans-Pentadecen-(7)	83	M-28
210	1, 12-Dichlor-dodecan	163	91, 93, 105, M-36, M-64
212	1, 12-Dichlor-dodecan	163	91, 93, 105, M-36, M-38, M-64, M-66
213	n-Dodecyl-dimethyl-amin	121	58
213	(1-Propyl)-nonyl-dimethylamin	122	58, 100, 170, M-43, M-113
214	Dodecansäure-methyl-ester	134	74, 87, 143, M-31, M-43
214	Dodecansäurehydrazid	150	32, 74, M-31
214	5-Keto-dodecansäure	161	84, 87, 112, 115, 127, 130, M-84, M-87
215	4-Nitro-dodecan	124	M-17, M-46
216	n-Dodecyl-methyl-thioäther	113	48, 61, 75, 103, M-48
216	n-Decyl-isopropyl-thioäther	115	47, 76, 89, M-15, M-43, M-76
216	(1-Propyl)-nonyl-methyl-thioäther	116	61, 103, 117, 159, M-43, M-48
216	2-Hydroxy-dodecansäure	157	76, 89, M-18, M-36, M-45
220	Jonol	51	205, M-15
222	Hexadecin-(1)	88	81, 82, 96
223	1-Cyano-tetradecan	151	97, 110, 124
224	2-Heptyl-nonen-(1)	85	125, 140, M-84, M-99
226	8-Methyl-pentadecan	78	98, 126, 127, M-99, M-100, M-128
227	Dodecansäure-dimethylamid	146	45, 72, 87, 100
227	Acetyl-n-dodecyl-amin	147	30, 43, 60, 72, 73
227	Buttersäure-n-decyl-amid	149	30, 88, 100, 101, 184, 199, M-28, M-43
228	Pentadecanol-(7)	101	97, 115, 143, M-18, M-85, M-113
228	n-Dodecyl-n-propyl-äther	110	43, 61, 73, M-60
228	(1-Propyl)-nonyl-n-propyläther	111	73, 115 M-43

MG	Name der Verbindung	Nr.	Schlüsselionen
228	Dodecanon-(4)-äthylenketal	132	115, 185, M-43, M-113
228	Dodecansäure-äthylester	135	88, 101, M-45
228	Essigsäure-n-dodecyl-ester	142	43, 61, 116, M-60, M-88
228	Essigsäure-(1-propyl)-nonyl-ester	144	43, 115, 125, M-43, M-60
228	2-Keto-dodecansäure-methyl-ester	160	M-18, M-32, M-59
228	Dodecan-disäure-diamid	169	44, 59, 72, M-58
230	2-Hydroxy-dodecansäure-methyl-ester	158	90, 103, M-32, M-59
230	Dodecan-disäure	166	60, 73, 84, 98, 112, M-36, M-44, M-64
234	Di-n-hexyl-disulfid	117	43, 85, 117, 150, M-84
241	n-Dodecyl-n-butyl-amin	120	30, 86, 198, M-43, M-155
241	Essigsäure-N-(n-dodecyl-methyl)-amid	148	44, 86, 87, M-15
242	Dodecansäure-n-propyl-ester	136	61, 73, 102, 115, M-41, M-59
244	n-Dodecyl-n-propyl-thioäther	114	47, 61, 76, 89, 117, 131, M-43, M-76
244	2-Methoxy-dodecansäure-methyl-ester	159	45, M-59
248	1-Brom-dodecan	94	135, 137, 149, 151, M-79, M-80
248	4-Brom-dodecan	96	M-79
250	Phthalsäure-di-n-propyl-ester	57	149, 191, 209
250	Phthalsäure-di-isopropyl-ester	58	149, 192, 209
250	1-Brom-dodecan	94	135, 137, 149, 151, M-79, M-80
250	4-Brom-dodecan	96	M-79, M-81
256	Schwefel	50	64, 96, 128, 160, 192, 224
256	Heptadecanol-(1)	99	31, 182 M-18, M-46
256	Dodecansäure-n-butyl-ester	137	56, 60, 73, 116, 129, M-55, M-73
256	Dodecansäure-isobutyl-ester	138	56, 57, 60, 116, M-55, M-57, M-73
258	Dodecanol-(4)-trimethylsilyläther	112	73, 75, 103, 145, 215, M-15, M-43 M-113
258	Dodecan-disäure-dimethyl-ester	167	74, 84, 87, 98, 112, M-31, M-64, M-73, M-92, M-105
260	n-Dodecyl-n-propyl-sulfoxid	155	92, M-17, M-43, M-59
266	Tri-n-butyl-phosphat	55	99, 155, 211, M-55, M-111
268	2, 6, 10, 14-Tetramethyl-pentadecan (Pristan)	79	112, 154, 155, 182, 183, M-15, M-85 M-86, M-113, M-114, M-155, M-156
270	Isovaleriansäure-n-dodecyl-ester	143	103, 158, M-57, M-102

MG	Name der Verbindung	Nr.	Schlüsselionen
274	Dodecanon-(4)-phenylhydrazon	130	77, 92, 93, 108, 133, M-17, M-43, M-98
276	n-Dodecyl-n-propyl-sulfon	156	109, 169, M-17, M-43, M-59
278	Phthalsäure-di-n-butyl-ester	59	149, 205, 223
278	Phthalsäure-di-isobutyl-ester	60	149, 205, 223, M-15
286	Dodecan-disäure-diäthyl-ester	168	84, 88, 98, 101, 112, M-45, M-72, M-87, M-102
292	Linolensäure-methylester	141	59, 74, 87, 108, M-31, M-56, M-69
294	Linolsäure-methylester	140	59, 74, 87, 178, M-31, M-32, M-74 M-84, M-116
296	1-Jod-dodecan	97	M-127
296	4-Jod-dodecan	98	M-127
296	Phytol	104	71, 123, 196, M-18
296	Ölsäure-methylester	139	74, 84, 87, 180, M-32, M-74, M-11[illegible]
322	Nonanon-(3)-2,4-dinitrophenyl-hydrazon	131	73, 125, 152, 181, M-70
332	1-Brom-octadecan	95	135, 137, 149, 151, M-79
334	1-Brom-octadecan	95	135, 137, 149, 151, M-81
350	Amin 220	76	84, 128, 141, 183, 197, 251
354	Di-n-dodecyl-äther	109	168, 169, 187
362	Hexacosin-(13)	89	81, 82, 95. 96, 180, 193, M-112, M-1[illegible]
362	Hexacosin-(11)	90	81, 82, 95, 96, 152, M-70, M-84 M-126, M-140, M-154
368	Trikresylphosphat	68	65, 77, 91, 107, 108, 165, 179
370	Di-2-(äthyl)-hexyl-adipat	63	100, 112, 129, 147, 241, 259
382	Pentadecanol-(8)-tosylester	154	127, 142, 155, M-156
386	Cholesterin	53	M-18, M-33, M-85, M-111, M-131
390	Phthalsäure-di-isooctylester	61	113, 149, 167, 279, M-111
398	Di-isononyl-adipat	64	98, 129, 255, 273, 342
410	Squalen	86	69, 81, 136, 137, 192, 341, M-43 M-69, M-82
418	Gemisch isomerer Phthalsäure-nonyl-ester	62	98, 127, 149, 167, 293, M-56

MG	Name der Verbindung	Nr.	Schlüsselionen
420	Triaconten-(15)	84	M-28
422	Squalan	80	112, 113, 154, 182, 183, 238, 239, 267, 337, M-85, M-155, M-183, M-184, M-239, M-240
446	Polyphenyl-äther PA 5	65	77, 354
538	Polyphenyl-äther PA 6	66	77, 446, 522
	Polyäthylenglycol	69	45, 59, 73, 87, 89, 103, 117, 133, 177
	SE 30	70	73, 147, 207, 221, 281, 341, 355, 429
	OV 1	71	73, 96, 133, 147, 191, 207, 341, 355 429, 503
	OV 101	72	73, 96, 133, 207, 281, 355, 429, 503
	SF 50	73	73, 147, 207, 221, 281, 295, 369
	XE 60	74	73, 138,5, 207, 281, 292, 320, 359, 394, 433
	QF 1	75	59, 77, 81, 137, 159, 215, 237, 293

Tabelle 2 (Schlüsselbruchstücke)

Masse	Spektren Nr.												
28	27	48											
29	23	40											
30	37	44	118	119	120	147	149	165					
31	14	15	16	18	19	21	22	23	24	25	29	69	99
	164												
32	48	150											
33	19	22											
38	46												
39	2	3	4	5									
40	38												
41	52												
42	26	40											
43	19	25	30	31	32	33	34	35	110	117	126	136	142
	144	147											
44	37	39	46	48	118	148	165	169					
45	15	17	20	23	24	28	29	35	69	107	108	146	159
46	44												
47	11	12	105	106	114	115							
48	113												
49	10												
50	56												
51	3	5	10	45									
52	41												
54	2												
56	1	18	33	39	81	137	138						
57	40	81	138										
58	27	29	103	121	122	126	127						
59	20	21	24	29	69	75	140	141	145	169			
60	13	133	137	138	147	166							
61	25	32	33	91	105	110	113	114	116	136	142		
63	47												
64	50												
65	4	68											

Masse	Spektren Nr.												
66	42												
67	2	7											
68	52												
69	86												
70	34												
71	26	103	104	126	127								
72	24	119	145	146	147	169							
73	33	69	70	71	72	73	74	100	110	111	112	128	131
	133	137	147	166									
74	129	134	139	140	141	150	167						
75	91	112	113										
76	56	114	115	157									
77	43	45	65	66	68	75	130						
78	75												
80	52												
81	75	86	87	88	89	90							
82	7	12	88	89	90	164							
83	11	152	170										
84	39	76	139	161	166	167	168						
85	11	117											
86	103	120	127	128	129	148							
87	28	69	108	134	139	140	141	146	148	161	167		
88	135	149	168										
89	29	69	91	105	106	114	115	157					
90	158												
91	4	5	6	68	92	163							
92	130	155											
93	92	130	163										
95	13	87	89	90									
96	7	50	71	88	89	90	153	164					
97	13	101	151	152	170								
98	62	64	78	166	167	168							
99	55	127	162										
100	63	122	129	146	149								

Masse	Spektren Nr.							
101	128	135	149	168				
102	29	136						
103	69	112	113	116	143	158		
104	6	56						
105	92	163						
107	68							
108	68	130	141					
109	156							
110	151	153						
111	152							
112	63	79	80	81	161	166	167	168
113	61	79	80					
114	128	162						
115	101	102	111	132	133	136	144	161
116	137	138	142					
117	12	69	114	116	117			
119	12							
120	43							
121	12							
123	104							
124	151	153						
125	85	131	144					
126	78	128						
127	62	78	154	161				
128	50	76						
129	63	64	129	133	137			
130	161							
131	114							
133	69	71	130					
135	94	95						
136	86							
137	75	86	94	95				
138	153							
138, 5	74							

Masse	Spektren Nr.							
140	85	91						
141	76	127						
142	119	129	154					
143	101	102	133	134				
145	112							
147	63	70	71	73				
148	56							
149	57	58	59	60	61	62	94	95
150	117							
151	94	95						
152	90	131						
154	79							
155	55	79	81	154				
157	108	135						
158	143							
159	75	116						
160	50							
165	68							
167	61	62						
168	109							
169	109	156						
170	122							
177	69							
178	140							
179	68							
180	89	139						
181	131							
182	79	80						
183	76	79	80					
184	149							
185	132							
187	109							
191	57	71						

Masse	Spektren Nr.				
192	50	58			
193	89				
196	104				
197	76				
198	120				
199	49	149			
200	49				
201	49				
202	49				
205	51	59	60		
207	70	71	72	73	74
209	57	58			
211	55				
215	75	112			
221	70	73			
223	59	60			
224	50				
237	75				
238	80				
239	80				
241	63				
251	76				
255	64				
258	63				
267	80				
273	64				
279	61				
281	70	72	73	74	
293	62	75			
295	73				
320	74				
337	80				

Masse	Spektren Nr.		
341	70	71	
342	64		
354	65		
355	70	71	72
359	74		
369	73		
394	74		
429	70	71	72
433	74		
446	66		
503	70	71	72
522	66		

Tabelle 3 (Schlüsseldifferenzen)

Massen-differenzen	Spektren Nr.												
15	5	15	21	30	35	51	60	81	112	113	115	126	148
16	165												
17	123	124	128	130	155	156							
18	24	32	53	99	100	101	102	103	104	125	157	160	162
	164												
20	91												
27	4	32	41	42									
28	1	2	6	82	83	84	125	149					
29	16	20	22	31	37	39	102	129	133	165	170		
30	27	40											
31	19	22	23	24	134	140	141	150	167				
32	29	107	108	139	140	158	160						
33	47	53											
34	105	106											
35	10	11	13	123									
36	93	157	163	164	166								
37	10	11	13										
38	93	163											
40	170												
41	136												
42	7												
43	86	100	103	106	108	111	112	114	115	116	119	120	122
	127	128	130	132	133	134	142	144	149	155	156		
44	125	166											
45	23	29	135	157	168								
46	45	99	124										
47	123												
48	91	113	116	164									
55	55	137	138										
56	62	138	141										
57	81	102	129	143									
58	81	126	169										
59	136	155	156	158	159	160							

Massen-differenz	Spektren Nr.							
60	107	110	142	144				
61	100							
62	105							
64	163	166	167					
66	163							
69	86	141						
70	13	90	129	131				
72	13	168						
73	137	138	167					
74	139	140						
76	114	115						
79	94	95	96					
80	94							
81	94	95	96					
82	86	94						
84	85	90	117	140	161			
85	53	79	80	101	102			
86	79							
87	161	168						
88	142							
92	167							
98	89	130						
99	78	85						
100	78							
102	143	168						
105	167							
111	53	55	61					
112	89							
113	79	89	101	106	112	122	127	132
114	79							
116	139	140						
126	90							
127	97	98						

Massen-differenz	Spektren Nr.		
128	78		
131	53		
140	90		
154	90		
155	79	80	120
156	79	154	
183	80		
184	80		
239	80		
240	80		

Verbindungen

Cyclohexan

C_6H_{12} (84)

1

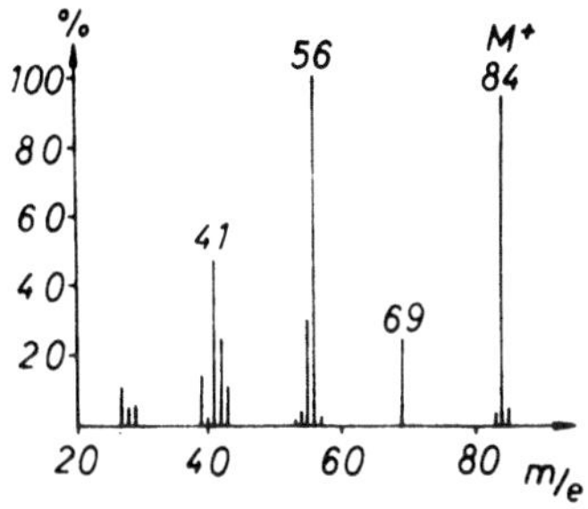

Aufnahmebedingungen :

EB 4 Ionenquelle, Gaseinlaß

Elektronenenergie : 70 eV
Ionenquellentemperatur : 70°

Schlüsselionen :

69 : M-15 $M-CH_3\bullet$

56 : M-28 $M-CH_2=CH_2$

41 : 56-15 $56-CH_3\bullet$

Literatur : S. Meyerson, T. D. Nevitt und P. N. Rylander, in : Advances in Mass Spectrometry (R. M. Elliot, Hrsg.) Band 2, S. 313. Oxford : Pergamon Press. 1963 .

Cyclohexen C_6H_{10} (82)

2

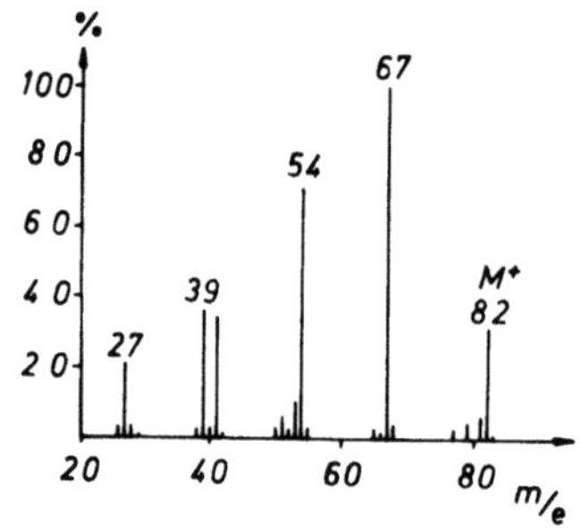

Aufnahmebedingungen :

EB 4 Ionenquelle, Gaseinlaß

Elektronenenergie : 70 eV
Ionenquellentemperatur : 110°

Schlüsselionen :

67 : M - 15 $M - CH_3\bullet$

54 : M - 28 $M - CH_2{=}CH_2$

39 : 54 - 15 $54 - CH_3\bullet$

Literatur : H. Budzikiewicz, J. I. Brauman und C. Djerassi, Tetrahedron 21, 1855 (1965).

Benzol

C_6H_6 (78)

3

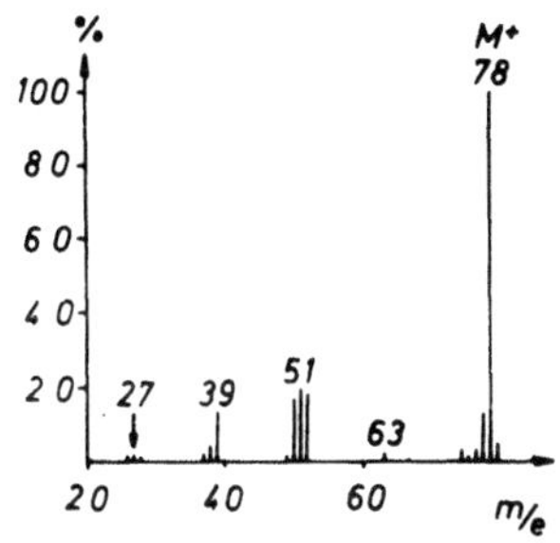

Aufnahmebedingungen :

EB 4 Ionenquelle, Gaseinlaß

Elektronenenergie : 70 eV
Ionenquellentemperatur : 50°

Schlüsselionen :

52 : M - 26 M - CH≡CH

51 : M - 27 M - (CH≡CH + H•) $C_4H_3^+$

39 : $C_6H_6^{++}$ und $C_3H_3^+$

Literatur : J. Momigny, L. Brakier und L. d'Or, Bull. Class. Sci. Acad. Roy. Belg. 48, 1002 (1962).

Toluol

C_7H_8(92)

4

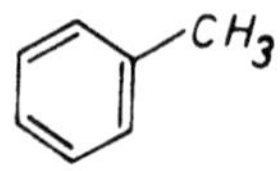

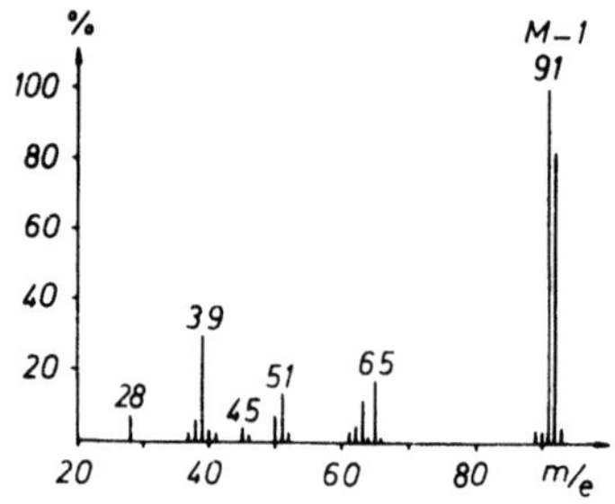

Aufnahmebedingungen :

EB 4 Ionenquelle , Gaseinlaß

Elektronenenergie : 70 eV
Ionenquellentemperatur : 50°

Schlüsselionen :

91 : M - 1 

65 : 91 - 26   91 - (CH≡CH)

39 : $C_3H_3^+$

Literatur : S. Meyerson, J. Am. chem. Soc. 85, 3340 (1963) .

P. N. Rylander, S. Meyerson und H. M. Grubb, J. Am. chem. Soc. 79, 842 (1957) .

Xylolgemisch

C_8H_{10} (106)

5

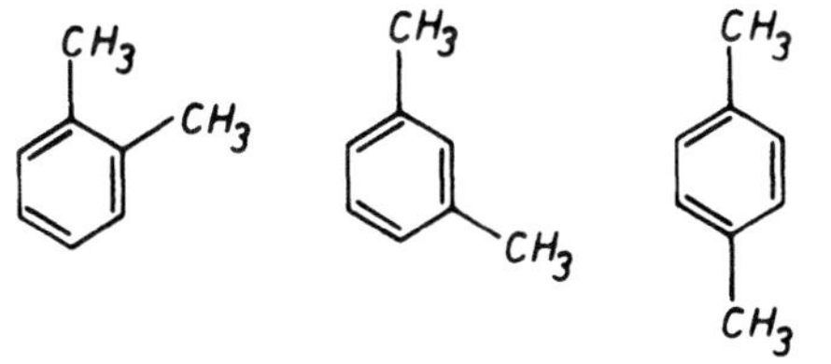

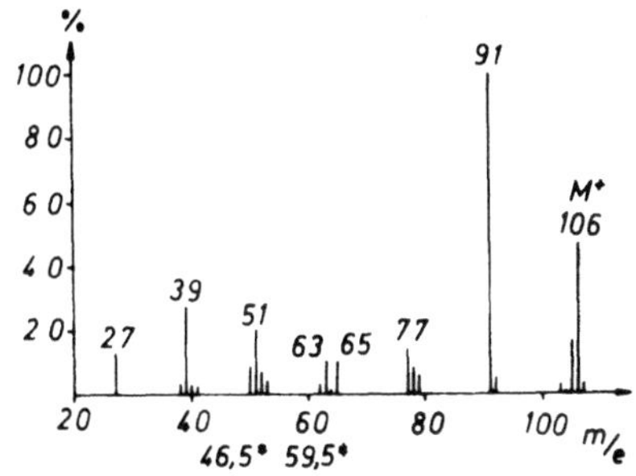

Aufnahmebedingungen :

EB 4 Ionenquelle, Gaseinlaß

Elektronenenergie : 70 eV
Ionenquellentemperatur : 50°

Schlüsselionen :

91 : 

Literatur : S. Meyerson und P. N. Rylander, J. phys. Chem. 62, 2 (1958).
F. Meyer und A. G. Harrison, J. Am. chem. Soc. 86, 4757 (1964).

Tetralin

$C_{10}H_{12}$ (132)

6

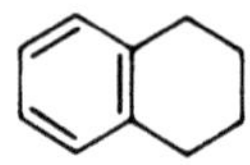

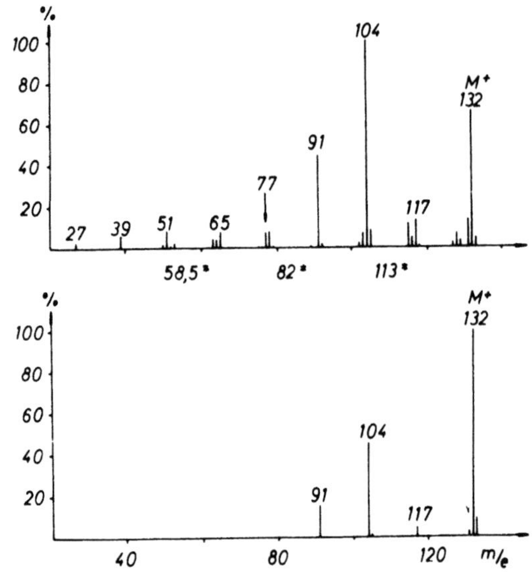

Aufnahmebedingungen :

EB 4 Ionenquelle, Gaseinlaß

Elektronenenergie : 70 eV, 25 eV
Ionenquellentemperatur : 80°

Schlüsselionen :

104 : M - 28 $M - C_2H_4$

91 : M - 41

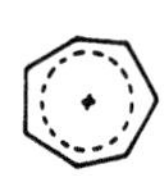

Literatur : H. -F. Grützmacher und M. Puschmann, Chem. Ber. 104, 2079 (1971).

Decalin

$C_{10}H_{18}$(138)

7

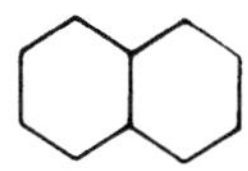

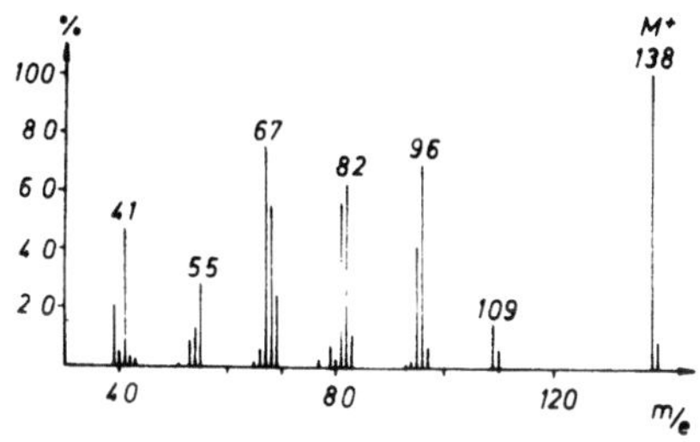

Aufnahmebedingungen :

EB 4 Ionenquelle , Gaseinlaß

Elektronenenergie : 70 eV
Ionenquellentemperatur : 50°

Schlüsselionen :

96: M-42 M- C_3H_6

82: M-56 M- C_4H_8

Literatur: L. d'Or, J. Momigny und P. Natalis, in : Advances in Mass Spectrometry (R. M. Elliot, Hrsg.), Band 2, S. 370. Oxford : Pergamon Press. 1963.

P. Natalis, in : Mass Spectrometry (R. I. Reed, Hrsg.), S. 379 London : Academic Press. 1965.

Petroläther C_6H_{14} (86), C_5H_{12} (72), C_5H_{10} (70)

Gemisch von Kohlenwasserstoffen der Summenformeln C_6H_{14}, C_5H_{12} und C_5H_{10}

8

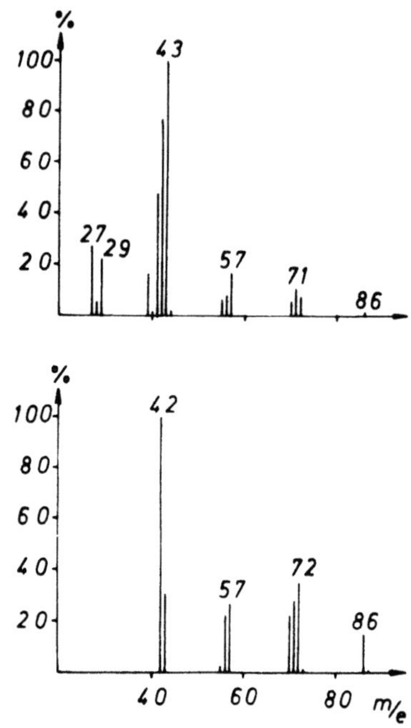

Aufnahmebedingungen :

EB 4 Ionenquelle, Gaseinlaß

Elektronenenergie : 70 eV, 14 eV
Ionenquellentemperatur : 50°

Schlüsselionen : gesättigte und ungesättigte Kohlenwasserstoffionen der Summenformeln $C_nH_{2n+1}^+$, $C_nH_{2n}^+$ und $C_nH_{2n-1}^+$.

Ligroin C_8H_{18} (114), C_8H_{16}(112), C_7H_{16}(100), C_7H_{14}(98)

Gemisch von Kohlenwasserstoffen der Summenformeln C_8H_{18}, C_8H_{16}, C_7H_{16} und C_7H_{14}

9

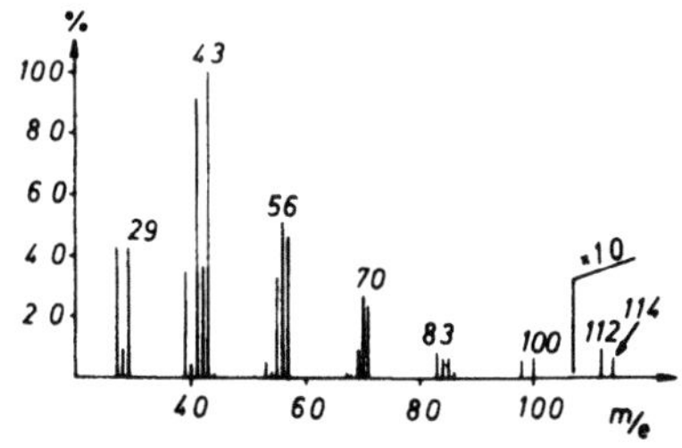

Aufnahmebedingungen :

EB 4 Ionenquelle, Gaseinlaß

Elektronenenergie : 70 eV
Ionenquellentemperatur : 50°

Schlüsselionen : gesättigte und ungesättigte Kohlenwasserstoffionen der Summenformeln $C_nH_{2n+1}^+$, $C_nH_{2n}^+$, $C_nH_{2n-1}^+$.

Methylenchlorid

CH_2Cl_2 (84, 86, 88)

10

$Cl-CH_2-Cl$

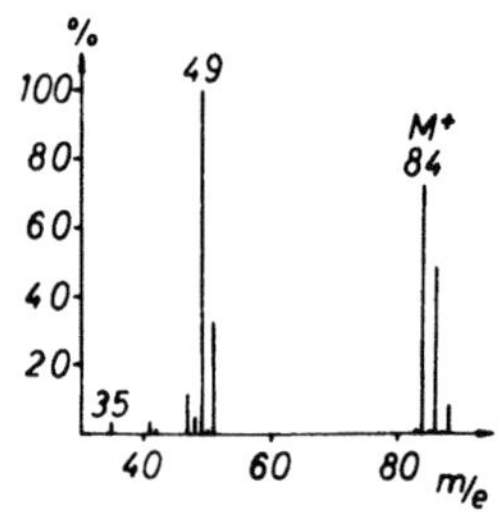

Aufnahmebedingungen :

EB 4 Ionenquelle, Gaseinlaß

Elektronenenergie : 70 eV
Ionenquellentemperatur : 50°

Schlüsselionen :

49/51 M-35/37 M-Cl• CH_2Cl^+

35/37 Cl^+

Chloroform $CHCl_3$(118/120/122/124)

11

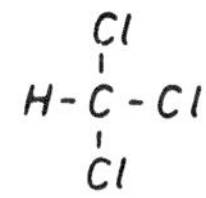

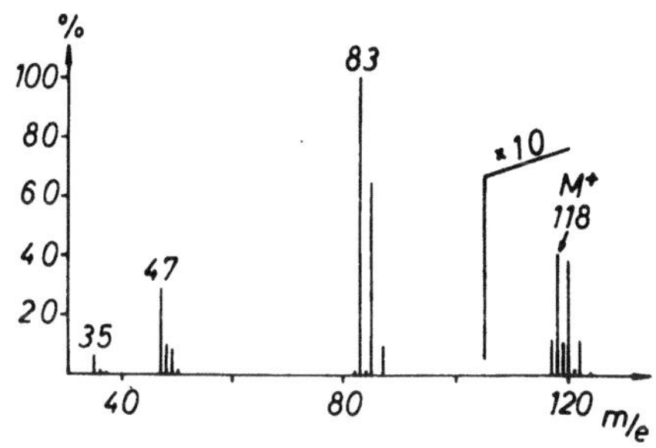

Aufnahmebedingungen :

EB 4 Ionenquelle, Gaseinlaß

Elektronenenergie : 70 eV
Ionenquellentemperatur : 90°

Schlüsselionen :

83 : M-35/37 M-Cl•

47 : 83-36/38 83-HCl

35/37 : Cl^+

Tetrachlorkohlenstoff

CCl_4 (152, 154, 156, 158, 160)

12

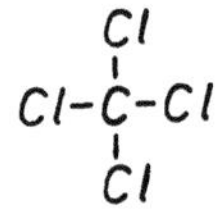

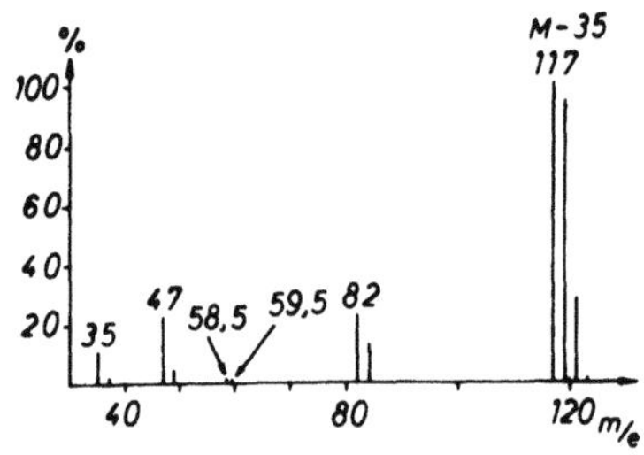

Aufnahmebedingungen :

EB 4 Ionenquelle, Gaseinlaß

Elektronenenergie : 70 eV
Ionenquellentemperatur : 50°

Schlüsselionen :

117/119/121/123 : M-35/37 M-Cl•

82/84/86 : M-70/72/74 M-Cl_2

47/49 : CCl^+

35 : Cl^+

Trichloräthylen

C_2HCl_3 (130/132/134/136)

$CHCl=CCl_2$

13

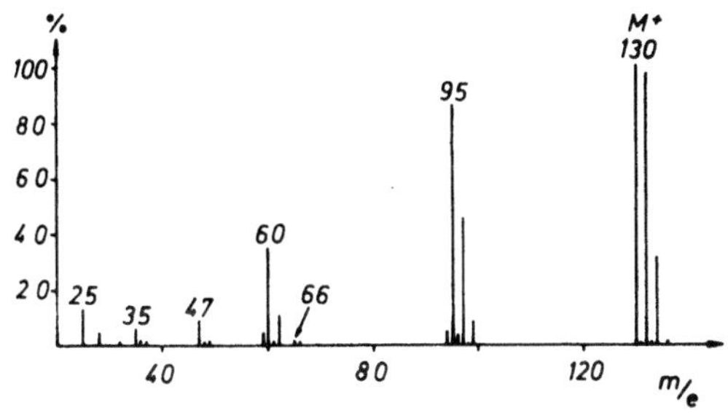

Aufnahmebedingungen :

EB 4 Ionenquelle , Gaseinlaß

Elektronenenergie: 70 eV
Ionenquellentemperatur : 110°

Schlüsselionen :

95/97/99 :	M - 35/37	M - Cl•
60/62 :	M - 70	M - Cl_2
47 :	CCl^+	
35/37 :	Cl^+	

Methanol

CH_4O (32)

14

CH_3-OH

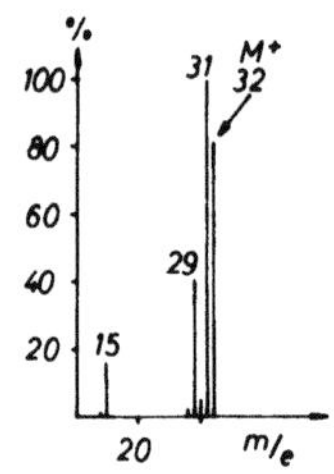

Aufnahmebedingungen :

EB 4 Ionenquelle, Gaseinlaß

Elektronenenergie : 70 eV
Ionenquellentemperatur : 60°

Schlüsselionen :

31: M-1 $CH_2=\overset{+}{O}H$

29: 31-2 $H\overset{+}{C}=O$

Literatur : C. S. Cummings und W. Bleakney, Phys. Rev. 58, 787 (1940).

R. A. Friedel, J. L. Shultz und A. G. Sharkey Jr., Anal. Chem. 28, 926 (1956).

Äthanol

C_2H_6O (46)

15

CH_3-CH_2-OH

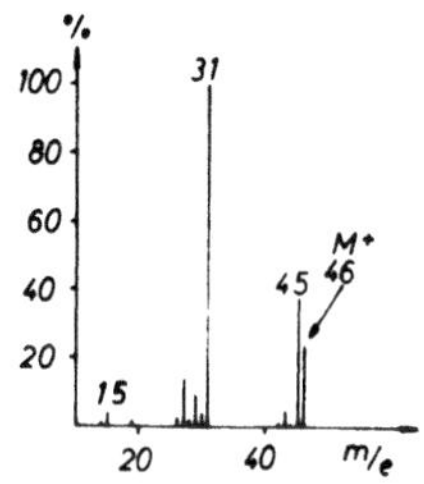

Aufnahmebedingungen :

EB 4 Ionenquelle, Gaseinlaß

Elektronenenergie : 70 eV
Ionenquellentemperatur : 50°

Schlüsselionen :

45: M-1 $CH_3-CH=\overset{+}{O}H$

31: M-15 $CH_2=\overset{+}{O}H$

Literatur : C. S. Cummings und W. Bleakney, Phys. Rev. 58, 787 (1940).

J. G. Burr, J. Am. chem. Soc. 79, 751 (1957).

R. A. Friedel, J. L. Shultz und A. G. Sharkey Jr., Anal. Chem. 28, 926 (1956).

Propanol -(1) (n-Propanol) C_3H_8O (60)

16

$CH_3-CH_2-CH_2-OH$

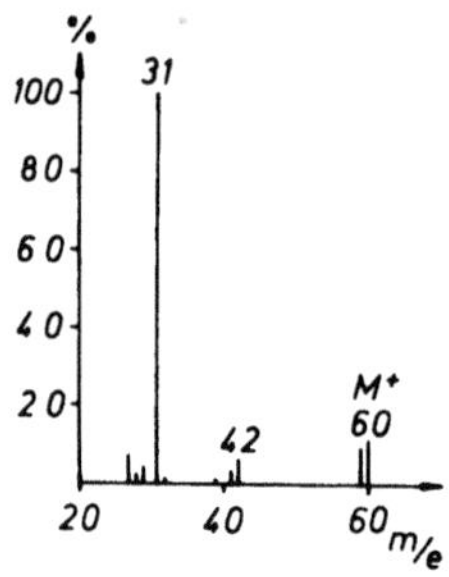

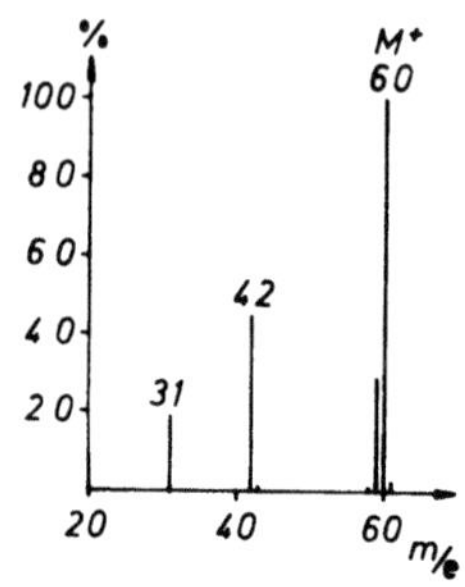

Aufnahmebedingungen :

EB 4 Ionenquelle, Gaseinlaß

Elektronenenergie : 70 eV, 18 eV
Ionenquellentemperatur : 70°

Schlüsselionen :

42 : M - 18 M - H_2O

31 : $CH_2=\overset{+}{O}H$

Literatur : F. E. Condon, H. L. McMurry und V. Thomton, J. Chem. Phys. 19, 1010 (1951).

R. A. Friedel, J. L. Shultz und A. G. Sharkey Jr., Anal. Chem. 28, 926 (1956).

Propanol-(2) (Iso-propylalkohol) C_3H_8O (60)

17

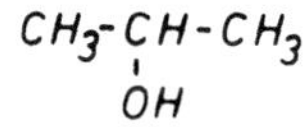

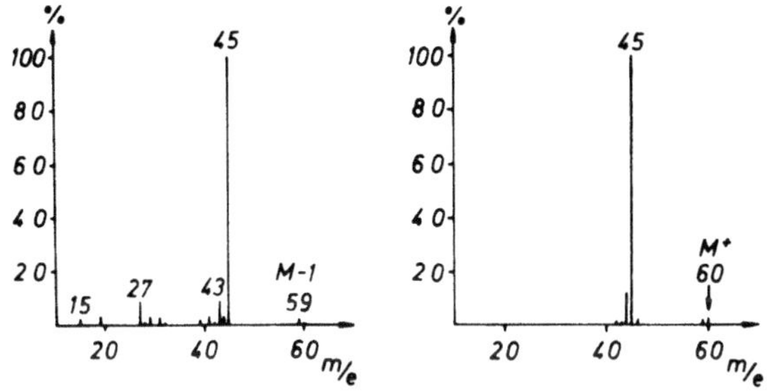

Aufnahmebedingungen :

EB 4 Ionenquelle, Gaseinlaß

Elektronenenergie : 70 eV, 18 eV
Ionenquellentemperatur : 110°

Schlüsselionen :

59 : M-1 $CH_3-C(=\overset{+}{O}H)-CH_3$

45 : $CH_3-CH=\overset{+}{O}H$

Literatur : F. E. Condon, J. Am. chem. Soc. 73, 4675 (1951).

L. Friedman und J. Turkevich, J. Am. chem. Soc. 74, 1666 (1952).

Butanol-(1) (n-Butanol) $C_4H_{10}O$ (74)

18

$CH_3-(CH_2)_2-CH_2-OH$

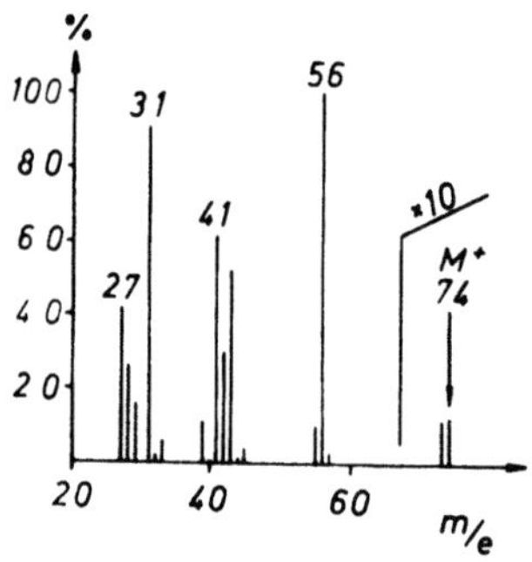

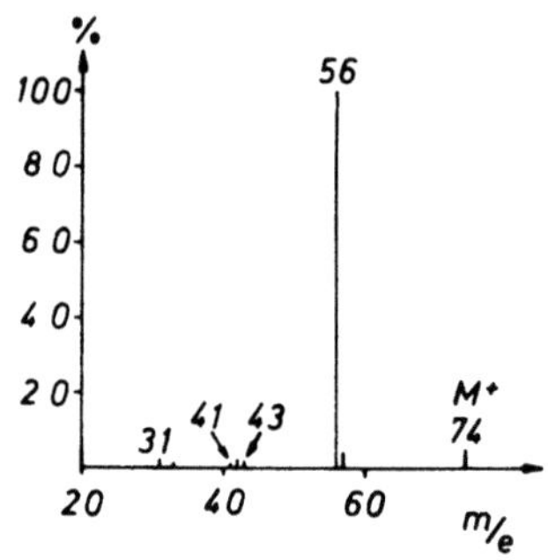

Aufnahmebedingungen :

EB 4 Ionenquelle, Gaseinlaß

Elektronenenergie : 70 eV, 18 eV
Ionenquellentemperatur : 95°

Schlüsselionen :

M-1 : M-H• $CH_3-(CH_2)_2-CH=\overset{+}{O}H$

56 : $M-H_2O$

31 : $CH_2=\overset{+}{O}H$

Literatur : R. A. Friedel, J. L. Shultz und A.G.Sharkey Jr., Anal. Chem. 28, 926 (1956).

W. H. McFadden, M. Lounsbury und A. L. Wahrhaftig, Can. J. Chem. 36, 990 (1958).

2-Methylpropanol-(1) (Iso-butylalkohol) $C_4H_{10}O$ (74)

19

$$CH_3-\underset{\displaystyle CH_3}{\underset{|}{C}H}-CH_2-OH$$

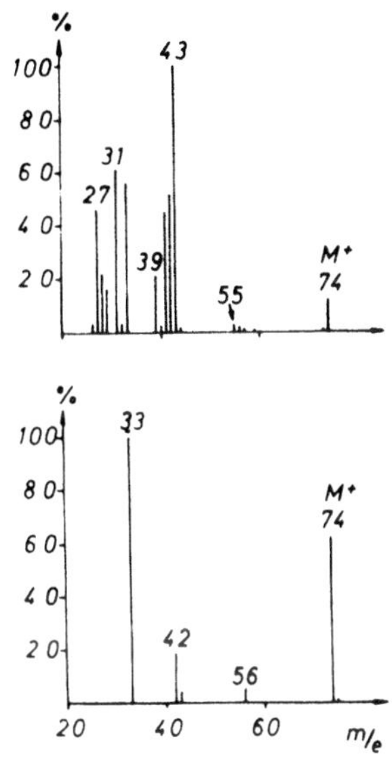

Aufnahmebedingungen :

EB 4 Ionenquelle, Gaseinlaß

Elektronenenergie : 70 eV, 12,5 eV
Ionenquellentemperatur : 70°

Schlüsselionen :

43 : M-31 M- $\bullet CH_2-OH$

31 : $CH_2=\overset{+}{O}H$

Literatur : R. A. Friedel, J. L. Shultz und A. G. Sharkey Jr., Anal. Chem. 28, 926 (1956).

Butanol-(2)

$C_4H_{10}O$ (74)

20

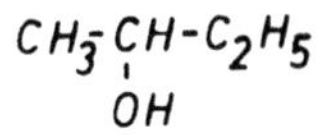

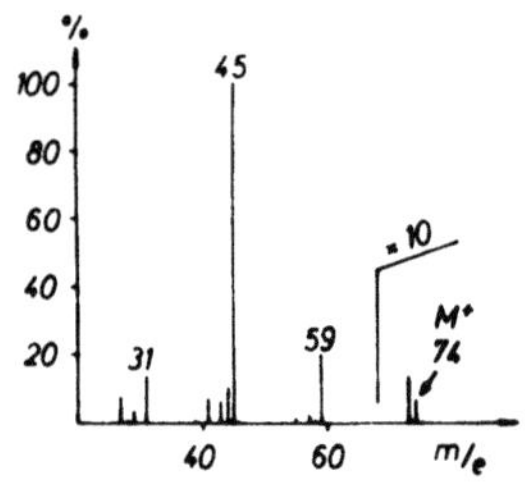

Aufnahmebedingungen :

EB 4 Ionenquelle, Gaseinlaß

Elektronenenergie : 70 eV
Ionenquellentemperatur : 50°

Schlüsselionen :

73: M-1 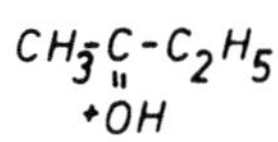

59: M-15 $C_2H_5-CH=\overset{+}{O}H$

45: M-29 $CH_3-CH=\overset{+}{O}H$

31: 59-28 $CH_2=\overset{+}{O}H$

Literatur : R. A. Friedel, J. L. Shultz und A. G. Sharkey Jr., Anal. Chem. 28, 926 (1956).

2-Methyl-propanol-(2) (tert. Butylalkohol) $C_4H_{10}O$ (74)

21

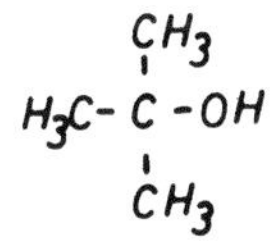

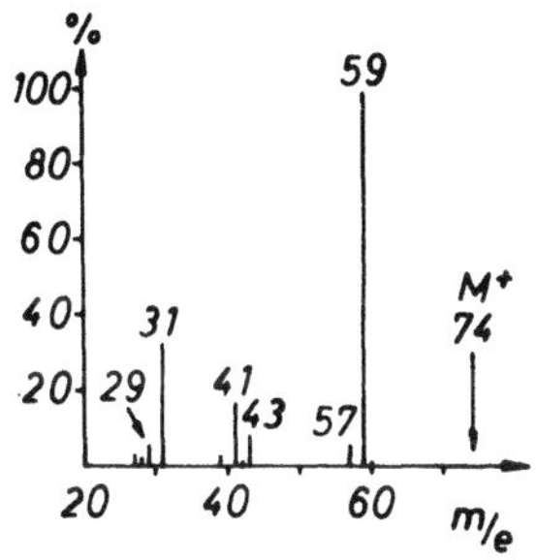

Aufnahmebedingungen :

EB 4 Ionenquelle, Gaseinlaß

Elektronenenergie : 70 eV
Ionenquellentemperatur : 100°

Schlüooclioncn :

59: M-15 $M-CH_3\bullet$

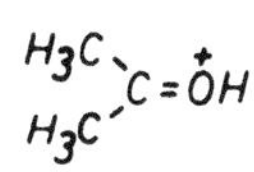

31: 59-28 $CH_2=\overset{+}{O}H$

Literatur : R. A. Friedel, J. L. Shultz und A. G. Sharkey Jr., Anal. Chem. 28, 926 (1956).

Äthylenglycol $C_2H_6O_2$ (62)

22

$HO-H_2C-CH_2-OH$

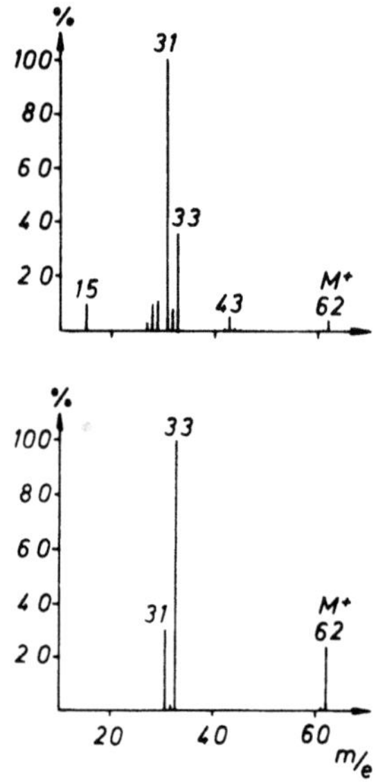

Aufnahmebedingungen :

EB 4 Ionenquelle, Gaseinlaß
Elektronenenergie : 70 eV, 12,5 eV
Ionenquellentemperatur : 70°

Schlüsselionen :

33 : M-29 M-CHO•

31 : M-31 $CH_2=\overset{+}{O}H$

Äthylenglycol-mono-methyläther $C_3H_8O_2$ (76)

$HO-CH_2-CH_2-O-CH_3$

23

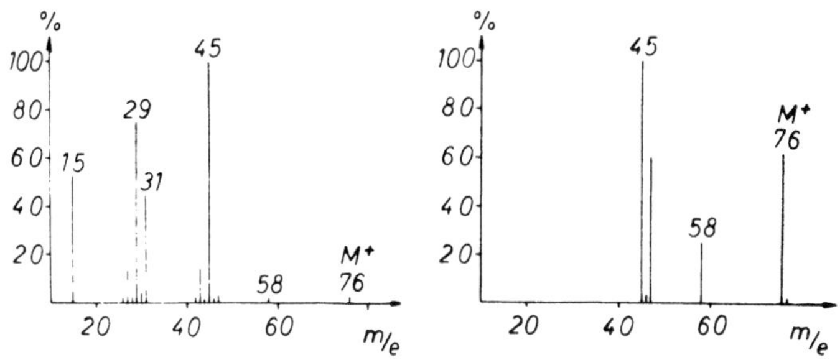

Aufnahmebedingungen :

EB 4 Ionenquelle, Gaseinlaß
Elektronenenergie : 70 eV, 19eV
Ionenquellentemperatur : 85°

Schlüsselionen :

58 : M - 18 $M - H_2O$

45 : $CH_3\overset{+}{O}=CH_2$

31 : $CH_2=\overset{+}{O}H$

Äthylenglycol-mono-äthyläther

$C_4H_{10}O_2$ (90)

24

$HO-CH_2-CH_2-O-CH_2-CH_3$

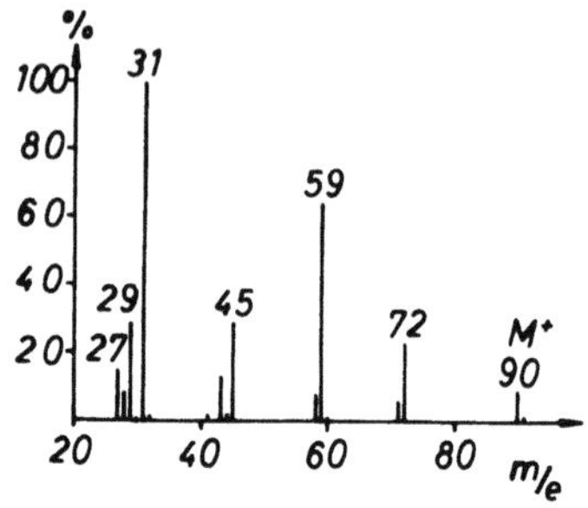

Aufnahmebedingungen :

EB 4 Ionenquelle, Gaseinlaß

Elektronenenergie : 70 eV
Ionenquellentemperatur : 70°

Schlüsselionen :

72 : M-18 $M-H_2O$

59 : $CH_3-CH_2-\overset{+}{O}=CH_2$

31 : $CH_2=\overset{+}{O}H$

Glycerin

$C_3H_8O_3$ (92)

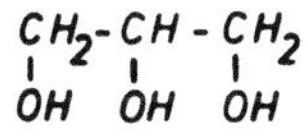

25

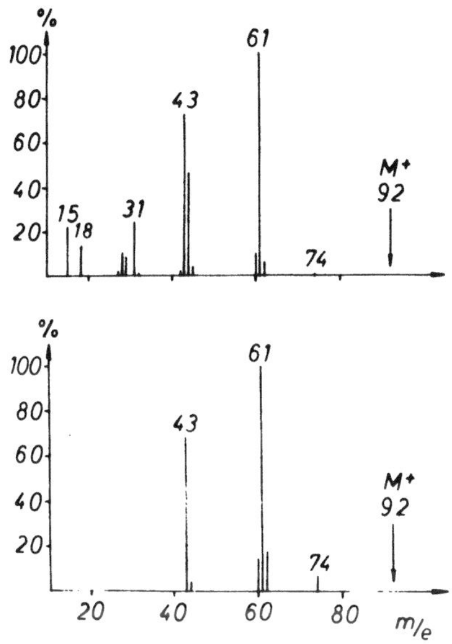

Aufnahmebedingungen :

EB 4 Ionenquelle, Gaseinlaß

Elektronenenergie : 70 eV , 15 eV
Ionenquellentemperatur : 85°

Schlüsselionen :

74 : M-18 $M-H_2O$

61 : M-31 $H_2C(OH)-CH{=}\overset{+}{O}H$

43 : 61-18

31 : $CH_2{=}\overset{+}{O}H$

Literatur : F. W. McLafferty, Anal. Chem. 28, 306 (1956) .

Tetrahydrofuran

C_4H_8O (72)

26

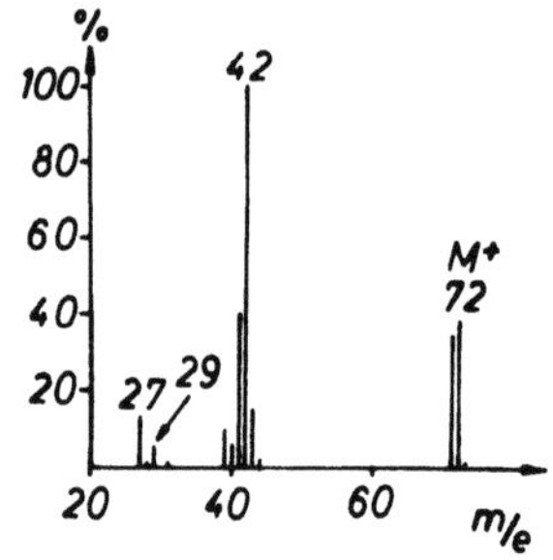

Aufnahmebedingungen :

EB 4 Ionenquelle, Gaseinlaß

Elektronenenergie : 70 eV
Ionenquellentemperatur : 100°

Schlüsselionen :

71 : M - 1 

42 : M - 30 M - CH_2=O

Literatur : A. M. Duffield, H. Budzikiewicz und C. Djerassi, J. Am. chem. Soc. 87, 2920 (1965).

Dioxan

$C_4H_8O_2$ (88)

27

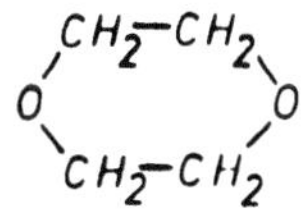

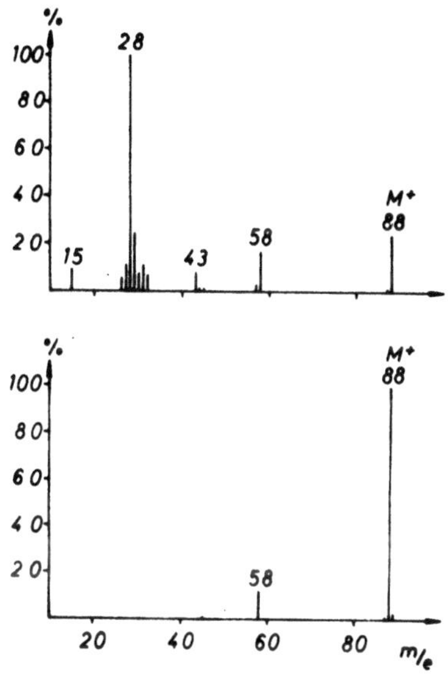

Aufnahmebedingungen :

EB 4 Ionenquelle, Gaseinlaß

Elektronenenergie : 70 eV, 16 eV
Ionenquellentemperatur : 70°

Schlüsselionen :

58: M - 30 M - CH_2=O

Literatur : J. Collin, Bull. Soc. chim. Belges 69, 586 (1960).

J. H. Beynon, in : Mass Spectrometry and its Application to Organic Chemistry, S. 368. Amsterdam : Elsevier 1960.

Di-iso-propyl-äther

$C_6H_{14}O$ (102)

28

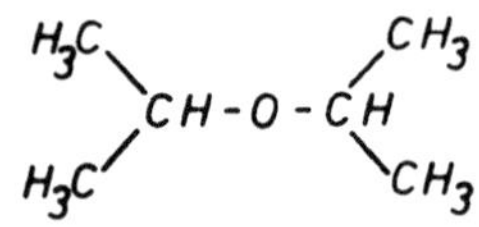

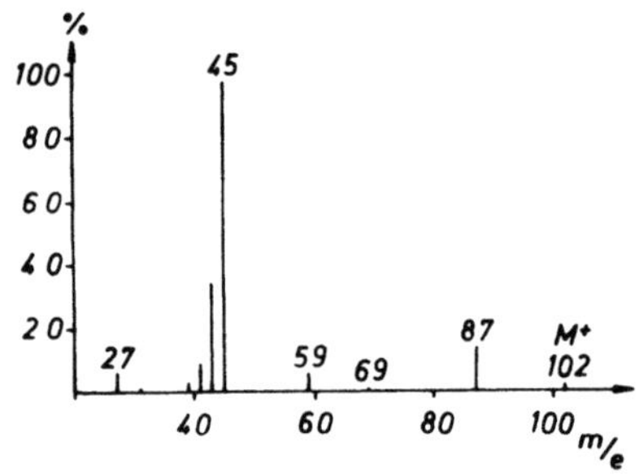

Aufnahmebedingungen :

EB 4 Ionenquelle, Gaseinlaß

Elektronenenergie : 70 eV
Ionenquellentemperatur : 50°

Schlüsselionen :

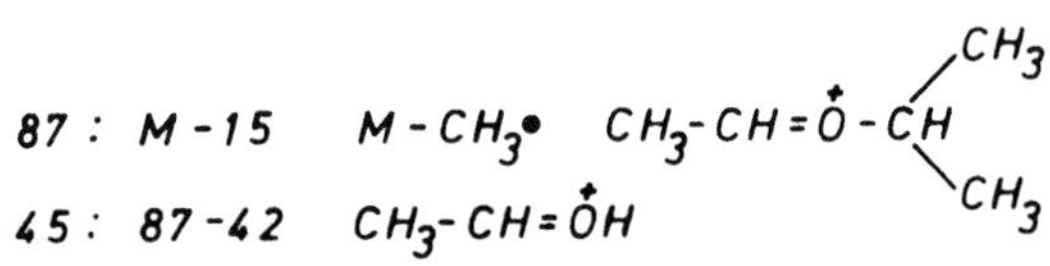

Literatur : F. W. McLafferty, Anal. Chem. 29, 1782 (1957).
C. Djerassi und C. Fenselau, J. Am. chem. Soc. 87, 5747 (1965).

Diäthylenglycoldimethyläther (Diglyme) $C_6H_{14}O_3$(134)

29

$CH_3-O-CH_2-CH_2-O-CH_2-CH_2-O-CH_3$

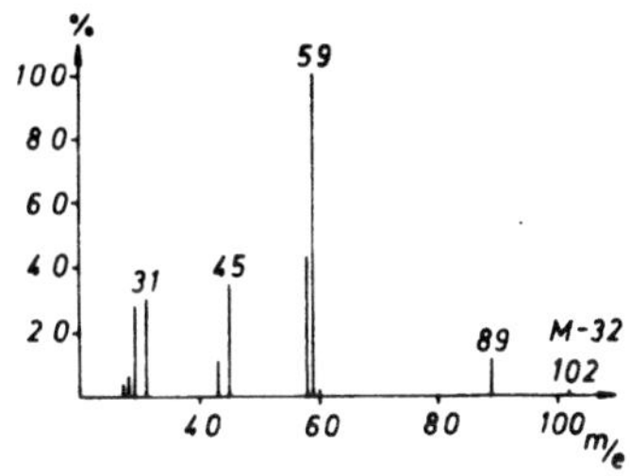

Aufnahmebedingungen :

EB 4 Ionenquelle, Gaseinlaß

Elektronenenergie : 70 eV
Ionenquellentemperatur : 70°

Schlüsselionen :

102 : M - 32 M - CH_3-OH

89 : M - 45 $CH_3-O-CH_2-CH_2-\overset{+}{O}=CH_2$

59 : 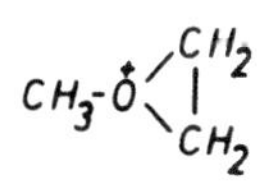

58 : $[CH_3-O-CH=CH_2]^{+}$

45 : $CH_3-\overset{+}{O}=CH_2$

Aceton

C_3H_6O (58)

30

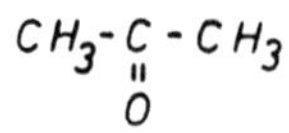

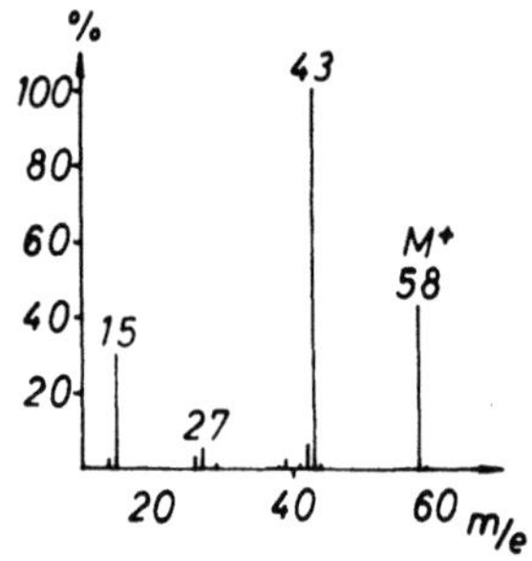

Aufnahmebedingungen :

EB 4 Ionenquelle, Gaseinlaß

Elektronenenergie : 70 eV
Ionenquellentemperatur : 90°

Schlüsselionen :

43 : M - 15 $M - CH_3$•

Literatur : A. G. Sharkey Jr., J. L. Shultz und R. A. Friedel, Anal. Chem. 28, 934 (1956).

Butanon-2 (Methyl-äthyl-keton) C_4H_8O (72)

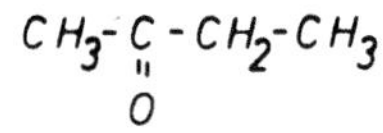

31

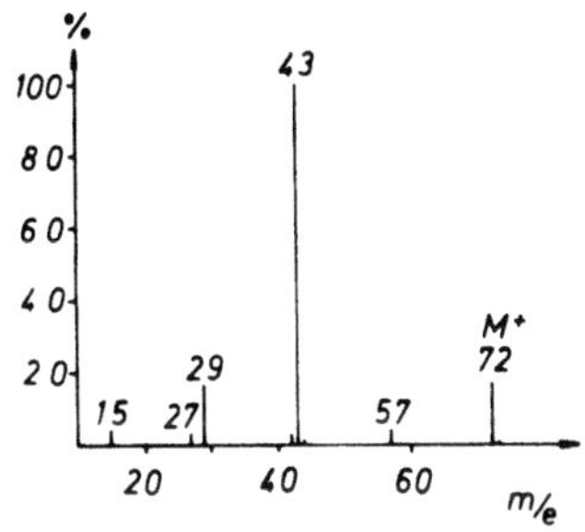

Aufnahmebedingungen :

EB 4 Ionenquelle, Gaseinlaß
Elektronenenergie : 70 eV
Ionenquellentemperatur : 60°

Schlüsselionen :

57 : M-15 $M-CH_3\bullet$

43 : $CH_3\overset{+}{C}=O$

Literatur : A. G. Sharkey Jr., J. L. Shultz und R. A. Friedel, Anal. Chem. 28, 934 (1956).

Essigsäure-äthylester (Äthyl-acetat) $C_4H_8O_2$ (88)

32

$CH_3-C(=O)-O-CH_2-CH_3$

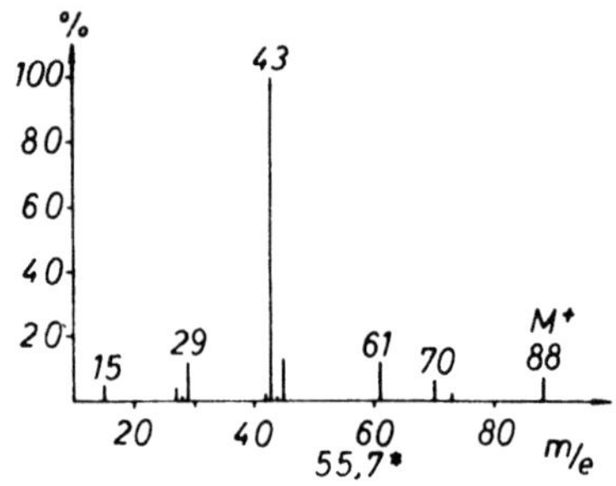

Aufnahmebedingungen :

EB 4 Ionenquelle, Gaseinlaß

Elektronenenergie : 70 eV
Ionenquellentemperatur : 70°

Schlüsselionen :

70 : M - 18 M - H_2O

61 : $CH_3-C(=\overset{+}{O}H)-OH$

43 : CH_3-CO^+

Literatur : A. G. Sharkey Jr., J. L. Shultz und R. A. Friedel, Anal. Chem. 31, 87 (1959).

Essigsäure-n-butylester (n-Butyl-acetat) $C_6H_{12}O_2$ (116)

33

$CH_3-C(=O)-O-(CH_2)_3-CH_3$

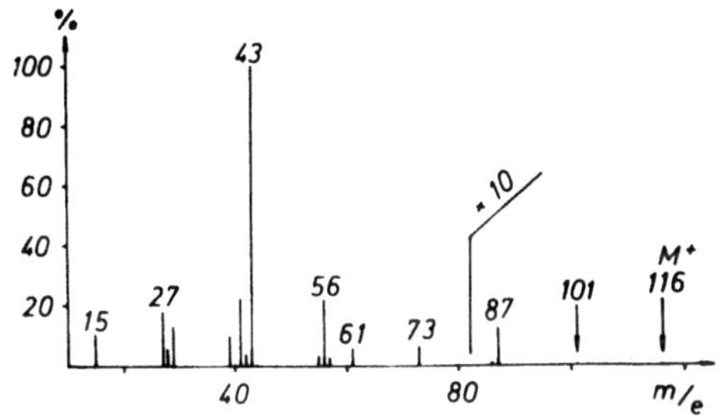

Aufnahmebedingungen :

EB 4 Ionenquelle , Gaseinlaß

Elektronenenergie : 70 eV

Ionenquellentemperatur : 70°

Schlüsselionen:

87: M-29 $M-C_2H_5\bullet$

73: M-43 $M-CH_3CO\bullet$

61: $CH_3-C(\overset{+}{O}H)OH$

56: $C_4H_8^+$

43: $CH_3\overset{+}{C}O$

Literatur : A. G. Sharkey Jr., J. L. Shultz und R. A. Friedel, Anal. Chem. 31, 87 (1959).

Essigsäure-isoamylester

$C_7H_{14}O_2$ (130)

34

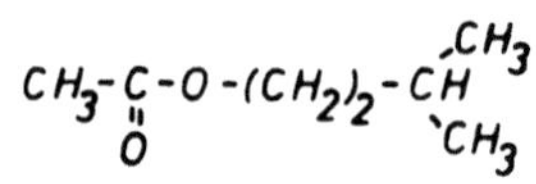

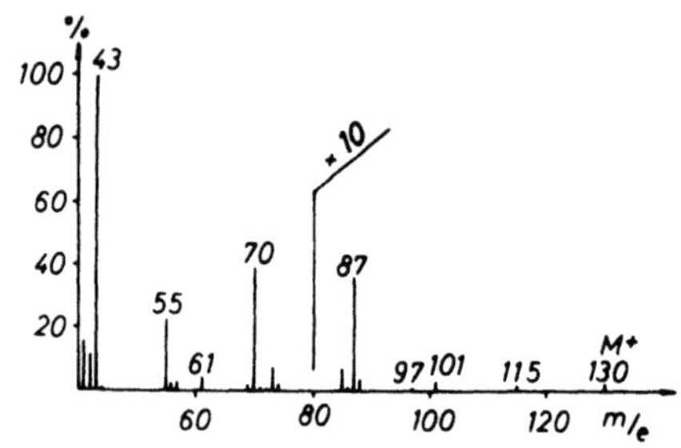

Aufnahmebedingungen :

EB 4 Ionenquelle, Gaseinlaß

Elektronenenergie : 70 eV
Ionenquellentemperatur : 50°

Schlüsselionen :

115 : M-15 $M-CH_3\bullet$

87 : M-43 $M-C_3H_7\bullet$

70 : $C_5H_{10}^+$

61 : $CH_3-C(\overset{+}{O}H)OH$

55 : 70-15 $70-CH_3\bullet$

43 : $CH_3-\overset{+}{C}=O$

Literatur : A. G. Sharkey Jr., J. L. Shultz und R. A. Friedel, Anal. Chem. 31, 87 (1959).

Essigsäure

$C_2H_4O_2$ (60)

35

CH_3-COOH

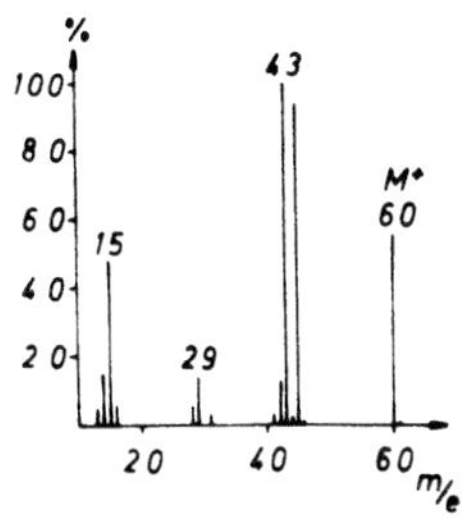

Aufnahmebedingungen :

EB 4 Ionenquelle , Gaseinlaß

Elektronenenergie : 70 eV
Ionenquellentemperatur : 50°

Schlüsselionen :

45: $O=\overset{+}{C}-OH$

43: $CH_3-\overset{+}{C}=O$

Literatur : G. P. Happ und D. W. Stewart, J. Am. chem. Soc. 74 , 4404 (1952) .

Formamid

CH_3NO (45)

36

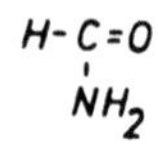

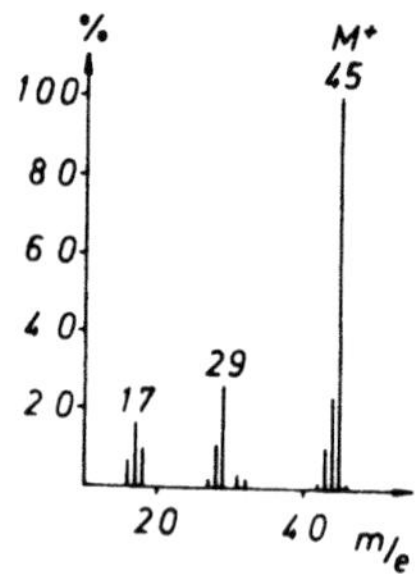

Aufnahmebedingungen :

EB 4 Ionenquelle, Gaseinlaß

Elektronenenergie : 70 eV
Ionenquellentemperatur : 60°

Schlüsselionen :

44 : M-1 $H_2N-\overset{+}{C}=O$

29 : M-16 M- $\bullet NH_2$

Literatur : J. A. Gilpin, Anal. Chem. 31, 935 (1959).

Dimethylformamid

C_3H_7NO (73)

37

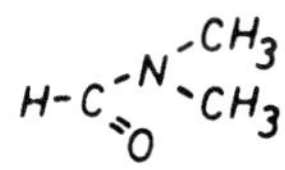

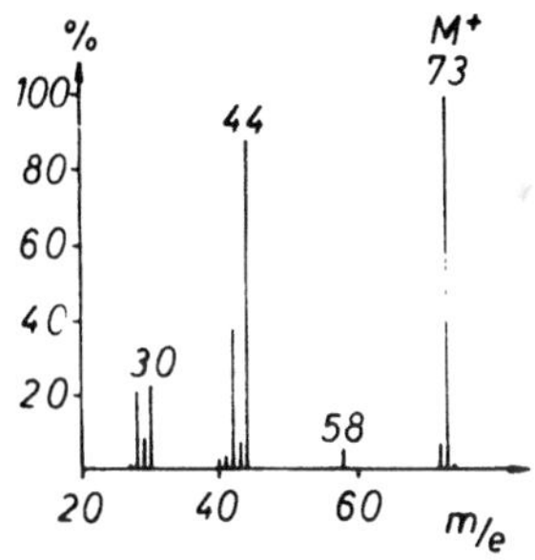

Aufnahmebedingungen :

EB 4 Ionenquelle, Gaseinlaß

Elektronenenergie : 70 eV
Ionenquellentemperatur : 70°

Schlüsselionen :

58 : M-15 M-CH_3•

44 : M-29 M-CHO•

30 : 58-28 58-CO

Literatur : J. A. Gilpin , Anal. Chem. 31 , 935 (1959) .

Acetonitril

C_2H_3N (41)

38

CH_3-CN

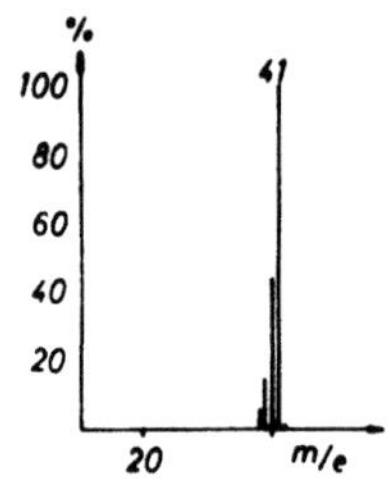

Aufnahmebedingungen :

EB 4 Ionenquelle , Gaseinlaß

Elektronenenergie : 70 eV
Ionenquellentemperatur : 50°

Schlüsselionen :

40: M-1 M-H•

Literatur : F. W. McLafferty , Anal. Chem. 34 , 26 (1962) .

Piperidin

$C_5H_{10}N$ (85)

39

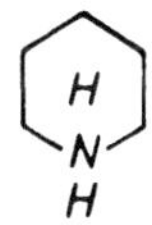

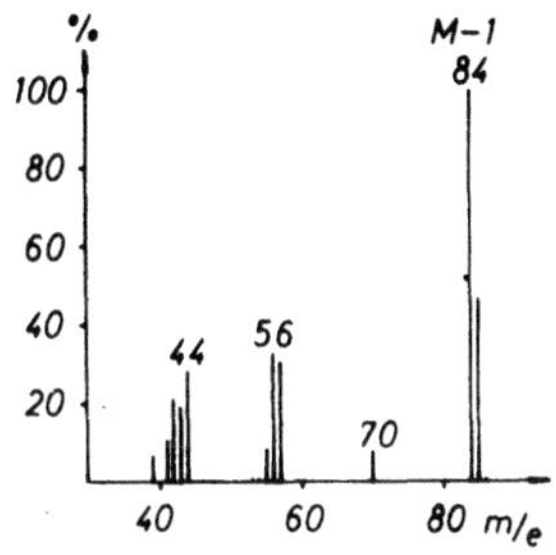

Aufnahmebedingungen :

EB 4 Ionenquelle, Gaseinlaß

Elektronenenergie : 70 eV
Ionenquellentemperatur : 80°

Schlüsselionen :

84: M-1 M-H•

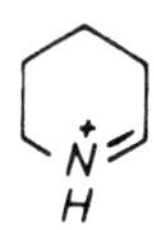

70: M-15 M-CH_3•

Literatur : A. M. Duffield, H. Budzikiewicz, D. H. Williams und C. Djerassi, J. Am. chem. Soc. 87, 810 (1965) .

Morpholin C_4H_9NO (87)

40

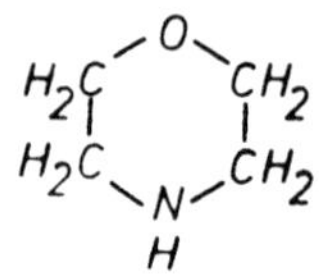

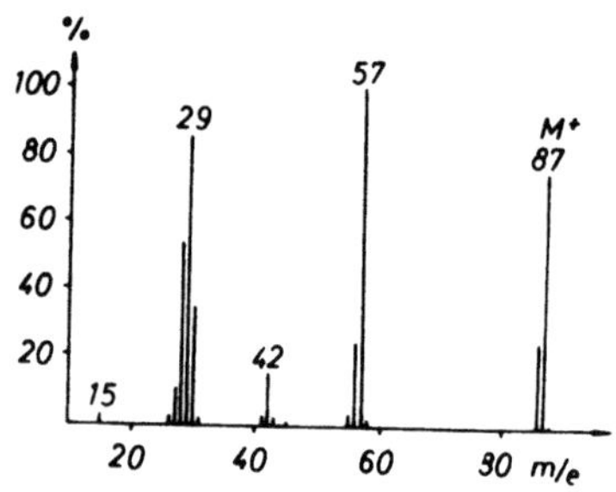

Aufnahmebedingungen :

EB 4 Ionenquelle, Gaseinlaß

Elektronenenergie : 70 eV
Ionenquellentemperatur : 70°

Schlüsselionen :

57: M - 30 M - $CH_2=O$

42: M - 45 M - $\bullet CH_2-CH_2-OH$

Literatur : J. H. Beynon, in : Mass Spectrometry and its Application to Organic Chemistry, S. 394. Amsterdam : Elsevier. 1960.

Pyridin

C_5H_5N (79)

41

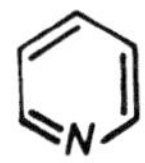

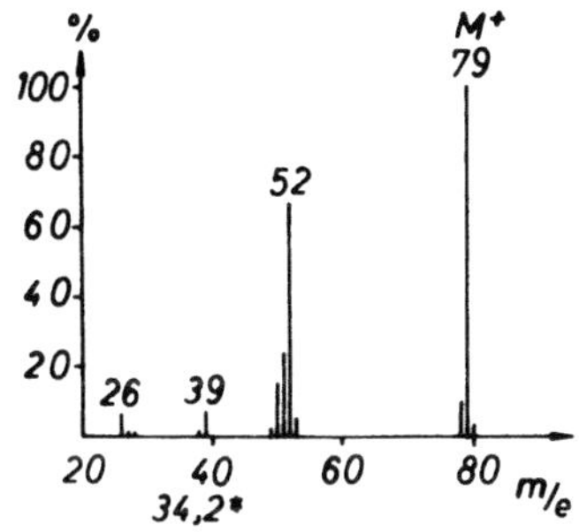

Aufnahmebedingungen :

EB 4 Ionenquelle, Gaseinlaß
Elektronenenergie : 70 eV
Ionenquellentemperatur : 60°

Schlüsselionen :

52 : M - 27 M - HCN

39 : $C_3H_3^+$

Literatur : D. H. Williams und J.-Ronayne, Chem. Commun. 3, 1129 (1967)

Anilin

C_6H_7N (93)

42

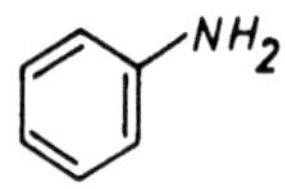

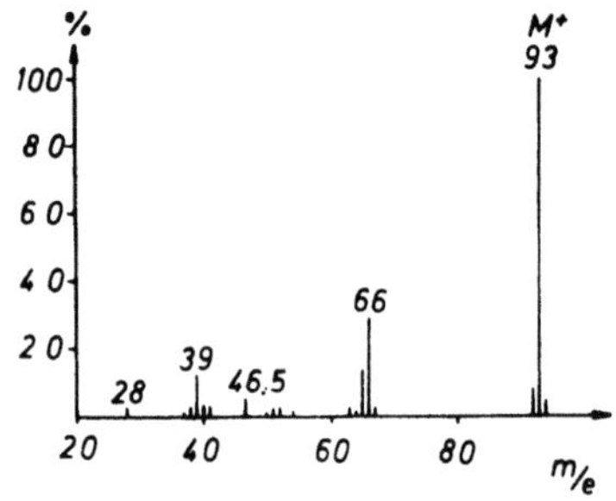

Aufnahmebedingungen :

EB 4 Ionenquelle, Gaseinlaß

Elektronenenergie : 70 eV
Ionenquellentemperatur : 50°

Schlüsselionen :

66 : M - 27 M - HCN

46,5 : M^{++}

39 : $C_3H_3^+$

Literatur : P. N. Rylander, S. Meyerson, E. L. Eliel und J. D. McCollum, J. Am. chem. Soc. 85, 2723 (1963).

N, N-Dimethylanilin

$C_8H_{11}N$ (121)

43

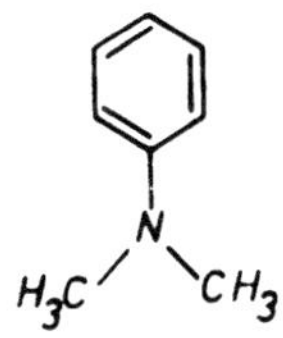

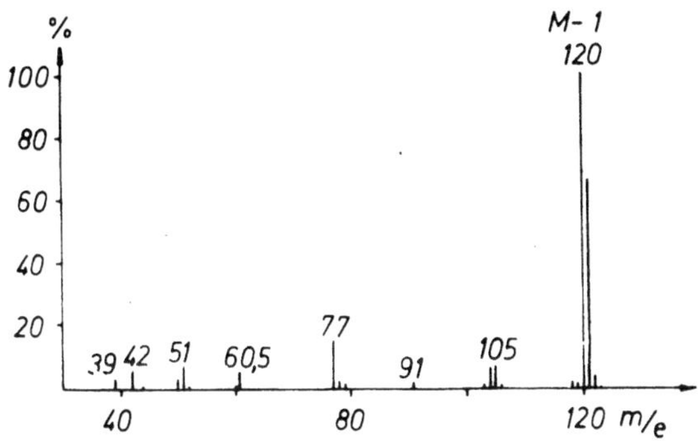

Aufnahmebedingungen :

EB 4 Ionenquelle, Gaseinlaß

Elektronenenergie : 70 eV
Ionenquellentemperatur : 70°

Schlüsselionen :

120: M-1 M-H•

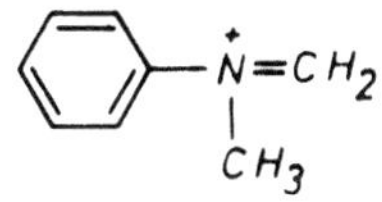

77: $C_6H_5^+$

60,5: M^{++}

Nitromethan

CH_3NO_2 (61)

44

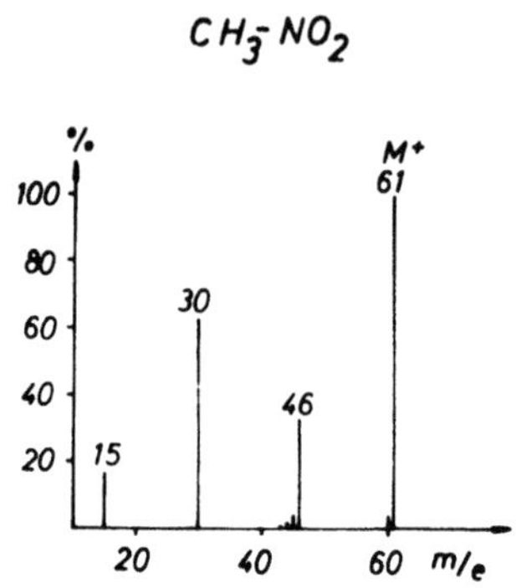

Aufnahmebedingungen :

EB 4 Ionenquelle, Gaseinlaß

Elektronenenergie : 70 eV
Ionenquellentemperatur : 50°

Schlüsselionen :

46: NO_2^+

30: NO^+

Literatur : R. T. Aplin, M. Fischer, D. Becher, H. Budzikiewicz und C. Djerassi, J. Am. chem. Soc. 87, 4888 (1965).

N. M. M. Nibbering, Th. J. de Boer und H. J. Hofman, Rec. trav. chim. 84, 481 (1965).

Nitrobenzol

$C_6H_5NO_2$ (123)

45

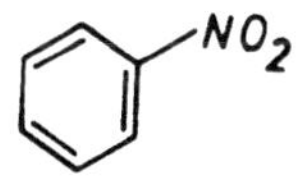

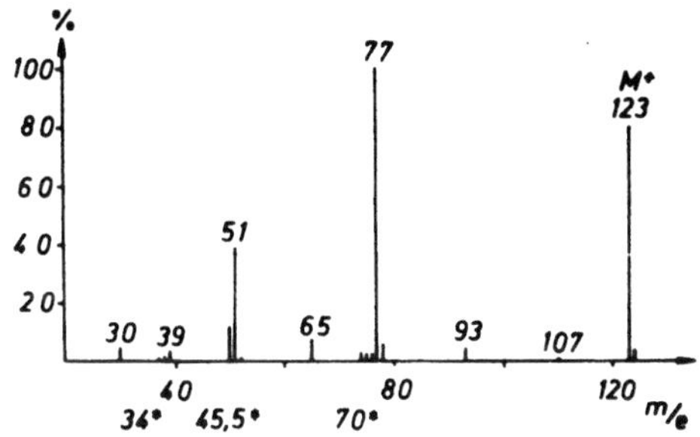

Aufnahmebedingungen :

EB 4 Ionenquelle, Gaseinlaß

Elektronenenergie : 70 eV
Ionenquellentemperatur : 70°

Schlüsselionen :

93 : M - 30 M - NO•

77 : M - 46 M - NO_2•

65 : M - 58 M - (NO• + CO)

51 : 77 - 26 77 - CH≡CH

30 : NO^+

Literatur : J. Momigny, Bull. Soc. Roy. Sci. Liège 25, 93 (1956).

J. H. Beynon, R. A. Saunders und A. E. Williams, Ind. chim. belge 1964, 311.

Schwefelkohlenstoff

CS_2 (76/78)

46

$$S=C=S$$

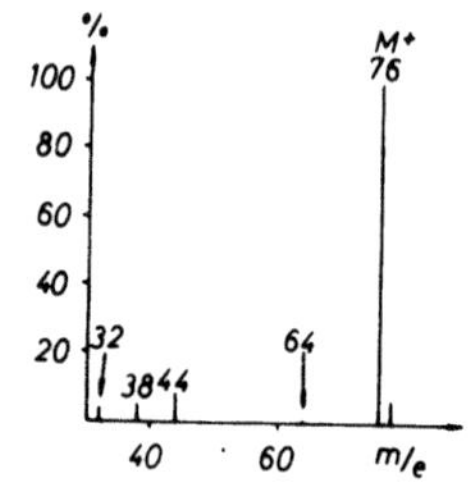

Aufnahmebedingungen :

EB 4 Ionenquelle, Gaseinlaß

Elektronenenergie : 70 eV
Ionenquellentemperatur : 50°

Schlüsselionen :

44: $\overset{+}{C}=S$

38: CS_2^{++}

32: S^+

Dimethylsulfoxid C_2H_6OS (78, 80)

47

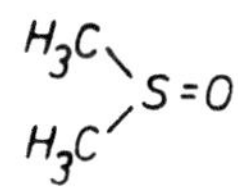

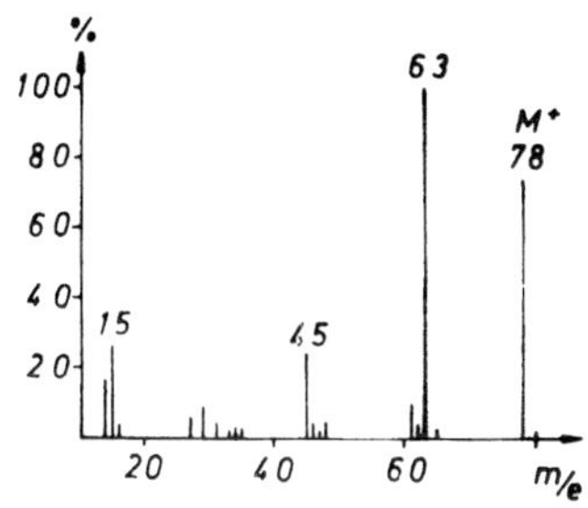

Aufnahmebedingungen :

EB 4 Ionenquelle, Gaseinlaß

Elektronenenergie : 70 eV
Ionenquellentemperatur : 80°

Schlüsselionen :

63/65: M-15 M-CH_3• $CH_3\overset{+}{S}$=O
45/47: 63/65 - 18 (H_2O)
45: H-C=$\overset{+}{S}$

Literatur : J. H. Bowie, D. H. Williams, S. -O. Lawesson, J. Ø. Madsen, C. Nolde und G. Schroll, Tetrahedron 22, 3515 (1966).

Luft

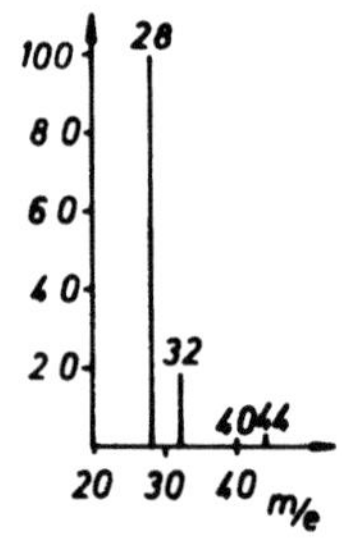

Aufnahmebedingungen :

EB 4 Ionenquelle, Gaseinlaß

Elektronenenergie : 70 eV
Ionenquellentemperatur : 70°

Schlüsselionen :

28: N_2

32: O_2

40: Ar

44: CO_2

Quecksilber

Hg (198/ 199/ 200/ 201/ 202/203)

49

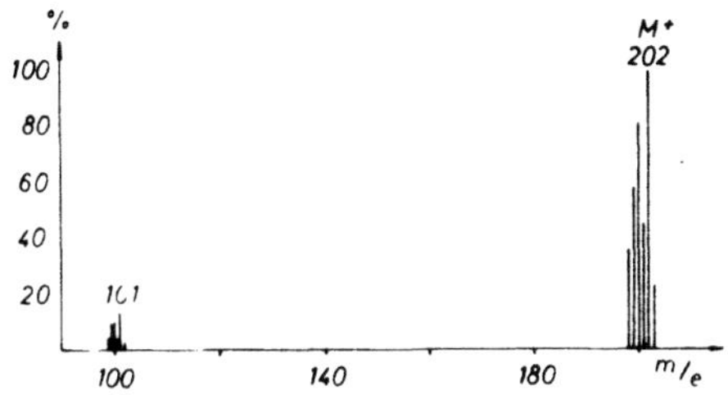

Aufnahmebedingungen :

EB 4 Ionenquelle, Direkteinführung

Elektronenenergie : 70 eV
Ionenquellentemperatur : 90°
Probenverdampfungstemperatur : 20°

Schlüsselionen : Molekülionen bei Masse 200, sowie doppelt positiv geladene Molekülionen bei Masse 100 .

Schwefel

S_8 (256 und Isotope)

50

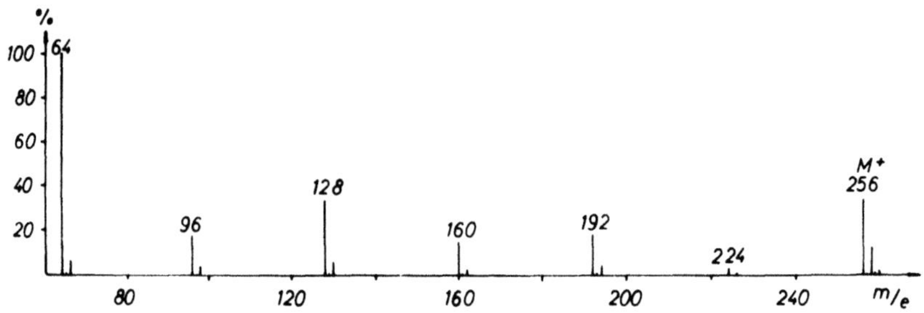

Aufnahmebedingungen :

EB 4 Ionenquelle, Direkteinführung

Elektronenenergie : 70 eV
Ionenquellentemperatur : 70°
Probenverdampfungstemperatur : 20°

Schlüsselionen :		
	224 und Isotope :	S_7
	192 und Isotope :	S_6
	160 und Isotope :	S_5
	128 und Isotope :	S_4
	96 und Isotope :	S_3
	64 und Isotope :	S_2

Jonol

$C_{15}H_{24}O$ (220)

51

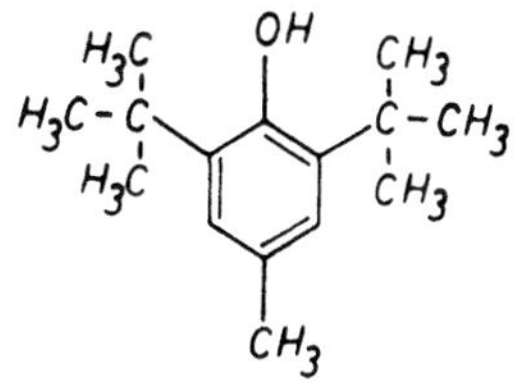

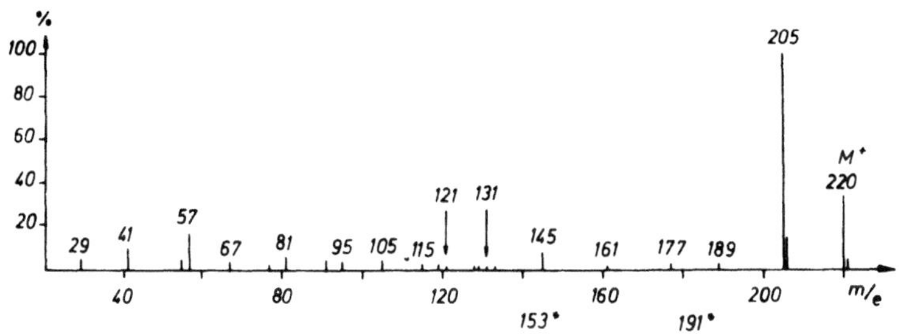

Aufnahmebedingungen :

EB 4 Ionenquelle, Direkteinführung

Elektronenenergie : 70 eV
Ionenquellentemperatur : 100°
Probenverdampfungstemperatur : 20°

Schlüsselionen :

205: M-15 M- CH_3•

57: 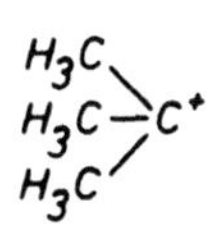

Azo-isobutyro-nitril

$C_8H_{12}N_4$ (164)

52

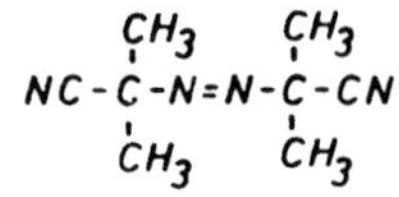

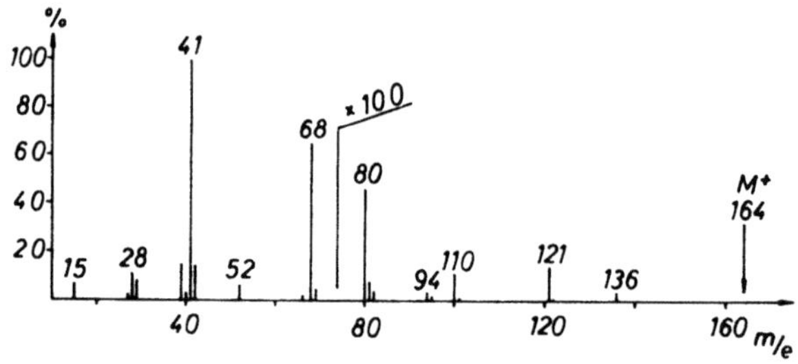

Aufnahmebedingungen :

EB 4 Ionenquelle, Direkteinführung

Elektronenenergie : 70 eV
Ionenquellentemperatur : 90°
Probenverdampfungstemperatur : 20°

Schlüsselionen :

136 : M-28 $M-N_2$

121 : 136-15 $136-CH_3\bullet$

110 : 136-26 $136-\bullet CN$

80 : 121-41 $121-CH_3CN$

68 : 136-68 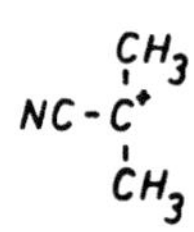

41 : CH_3CN^+

Cholesterin

$C_{27}H_{46}O$ (386)

53

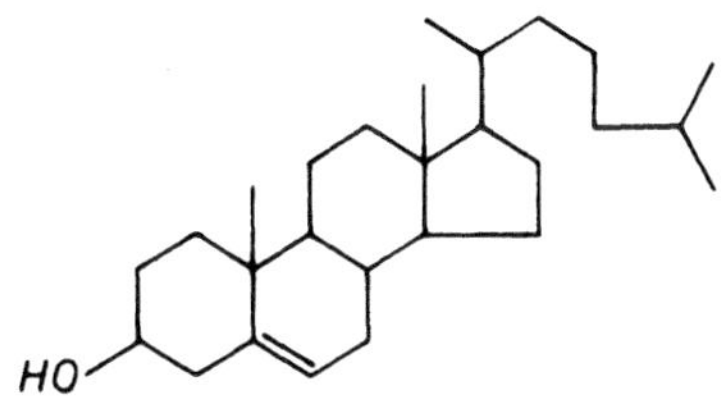

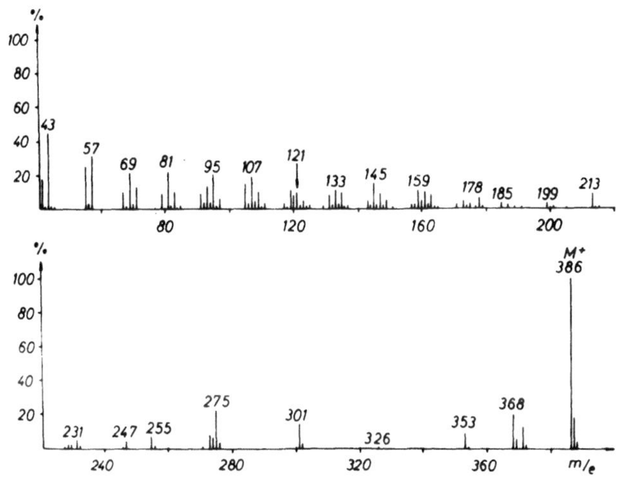

Aufnahmebedingungen :

EB 4 Ionenquelle , Direkteinführung

Elektronenenergie: 70 eV
Ionenquellentemperatur : 100°
Probenverdampfungstemperatur : 80°

Schlüsselionen :

368: M-18 M-H_2O

353: M-33 M-(H_2O+CH_3•)

301: M-85 M-C_3 bis C_7

275: M-111 M-C_1 bis C_7

255: M-131 M-(H_2O+C_8H_{17}•)

Literatur : R. Ryhage und E. Stenhagen, J. Lipid Res. 1, 361 (1961).

M. Spiteller-Friedmann und G. Spiteller, J. Org. Mass Spectrom. 2, 901 (1969).

B. A. Knights, J. Gaschromatography 5, 273 (1967).

Hahnfett (Merck)

54

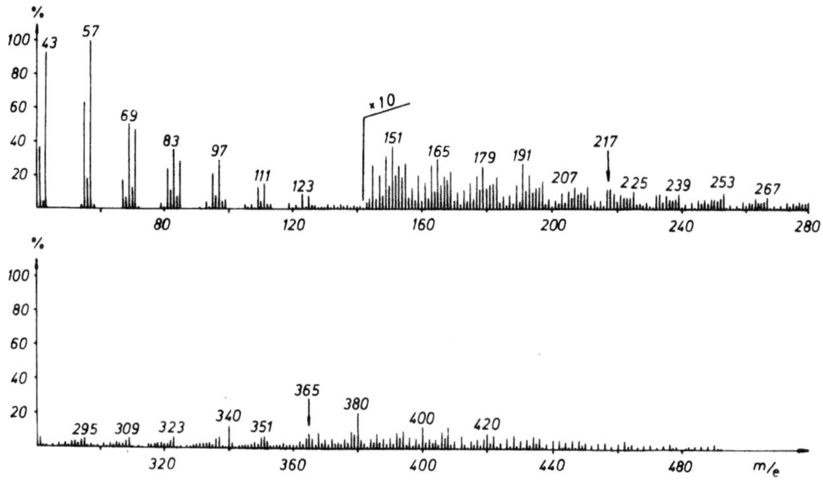

Aufnahmebedingungen :

EB 4 Ionenquelle, Direkteinführung

Elektronenenergie : 70 eV
Ionenquellentemperatur : 100°
Probenverdampfungstemperatur : 110°

Schlüsselionen : Gesättigte und ungesättigte Kohlenwasserstoffionen der Summenformeln $C_nH_{2n+1}^+$ und $C_nH_{2n-1}^+$

Literatur : G. Spiteller, in : Massenspektrometrie (H. Kienitz, Hrsg.), S. 553. Weinheim : Verlag Chemie. 1968.

Tri-n-butylphosphat

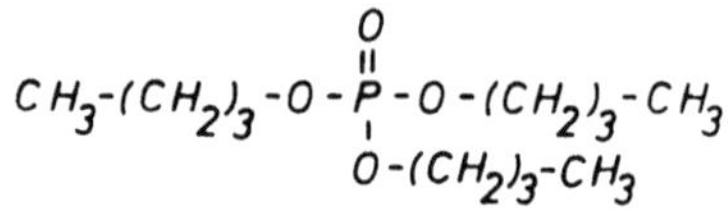

$C_{12}H_{27}O_4P$ (266)

55

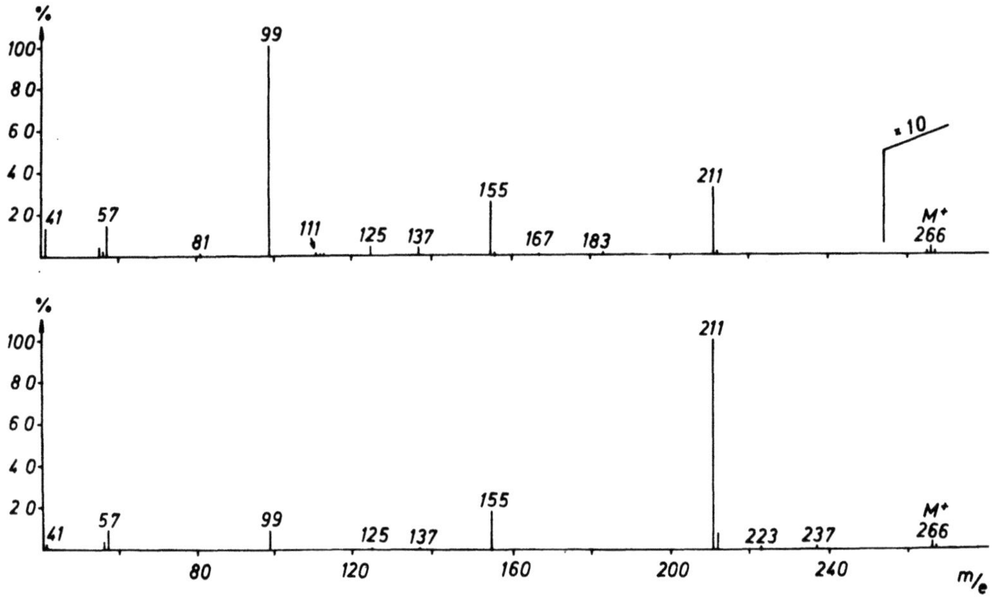

Aufnahmebedingungen :

EB 4 Ionenquelle, Direkteinführung

Elektronenenergie : 70 eV, 13 eV
Ionenquellentemperatur : 100°
Probenverdampfungstemperatur : 20°

Schlüsselionen :

211: M - 55 M - C_4H_7•

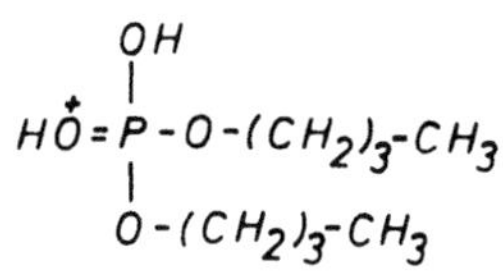

155: 211 - 56 211 - C_4H_8

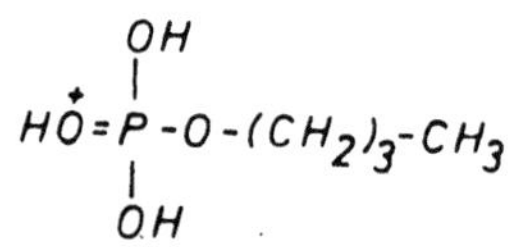

99: 155 - 56 155 - C_4H_8

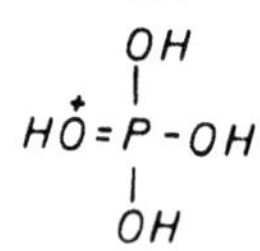

Literatur : K. Biemann, in: Mass Spectrometry, Organic Chemical Applications, S. 173. New York : McGraw-Hill. 1962.

Phthalsäure-mono-isopropyl-ester $C_{11}H_{12}O_4$ (208)

56

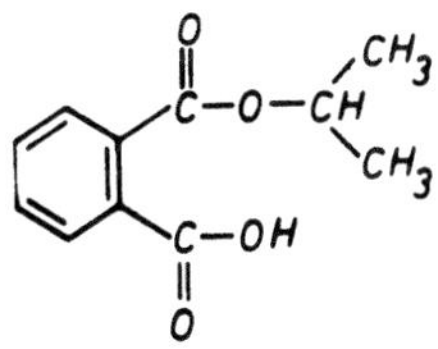

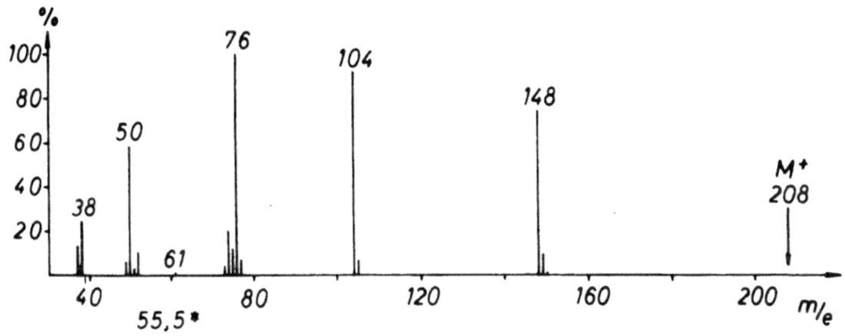

Aufnahmebedingungen :

EB 4 Ionenquelle, Direkteinführung

Elektronenenergie : 70 eV
Ionenquellentemperatur : 60°
Probenverdampfungstemperatur : 40°

Schlüsselionen :

148 : M - 60

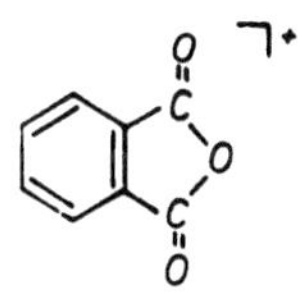

104 : 148 - 44 148 - CO_2

76 : 104 - 28 104 - CO

50 : 76 - 26 76 - CH≡CH

Phthalsäure-di-n-propylester $C_{14}H_{18}O_4$(250)

57

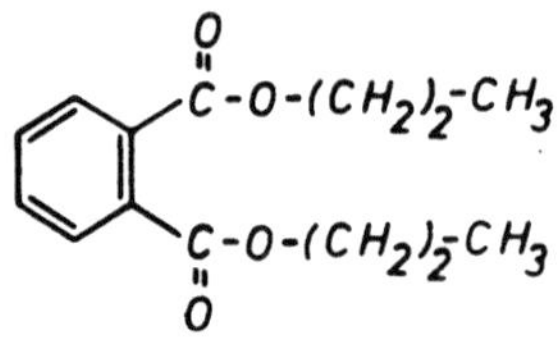

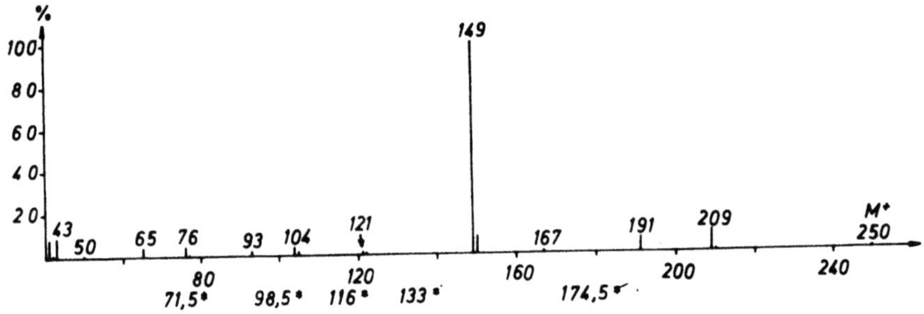

Aufnahmebedingungen :

EB 4 Ionenquelle, Direkteinführung

Elektronenenergie : 70 eV
Ionenquellentemperatur : 70°
Probenverdampfungstemperatur : 20°

Schlüsselionen :

209 : M - 41 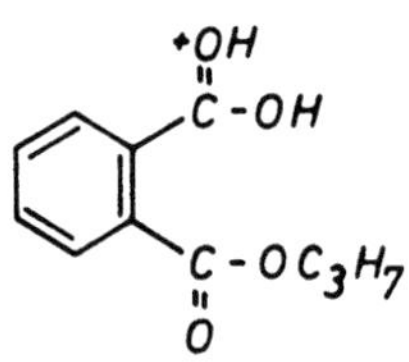

167 : 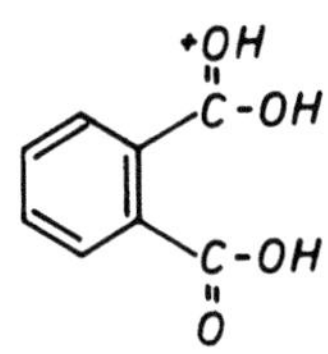

191 : 209 - 18 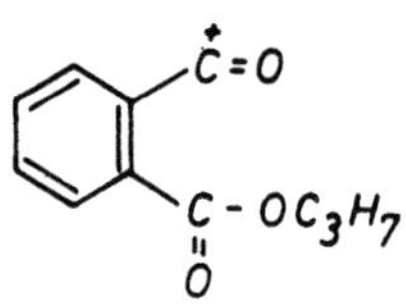

149 : 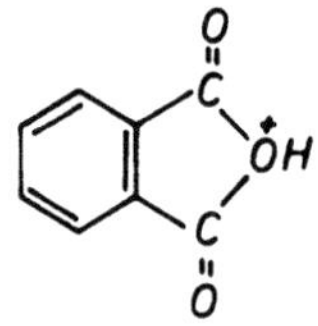

Literatur : F. W. McLafferty und R. S. Gohlke, Anal. Chem. 31, 2076 (1959).
E. M. Emery, Anal. Chem. 32, 1495 (1960).
C. Djerassi und C. Fenselau, J. Am. chem. Soc. 87, 5756 (1965).

Phthalsäure-di-isopropylester $C_{14}H_{18}O_4$ (250)

58

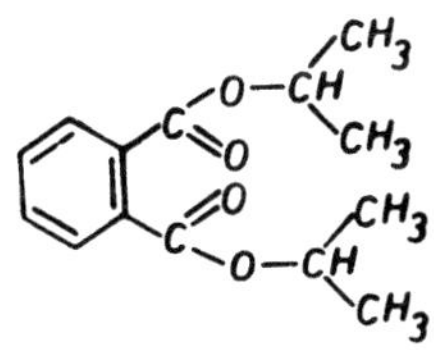

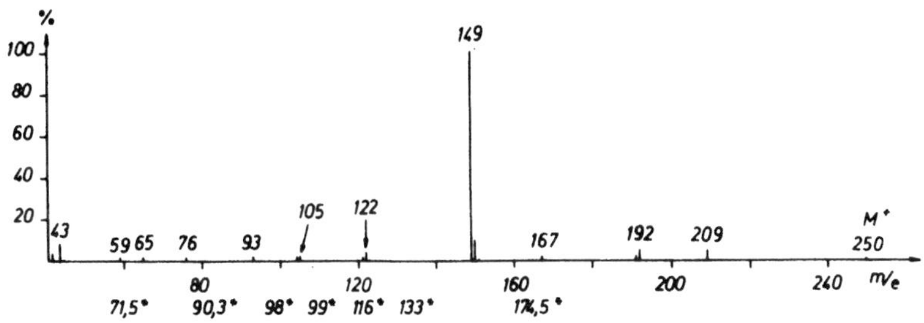

Aufnahmebedingungen :

EB 4 Ionenquelle, Direkteinführung

Elektronenenergie : 70 eV
Ionenquellentemperatur : 70°
Probenverdampfungstemperatur : 20°

Schlüsselionen :

209 : M-41

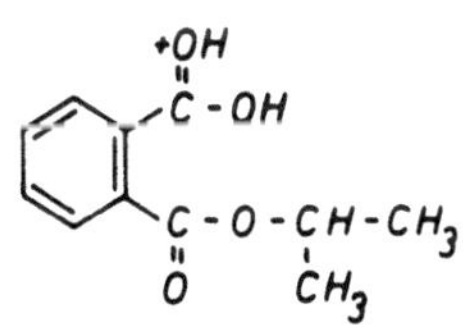

149 :

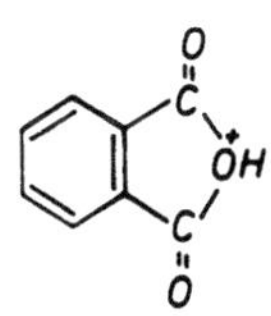

Literatur : F. W. McLafferty und R. S. Gohlke, Anal. Chem. 31, 2076 (1959).

E. M. Emery, Anal. Chem. 32, 1495 (1960).

C. Djerassi und C. Fenselau, J. Am. chem. Soc. 87, 5756 (1965).

Phthalsäure-di-n-butylester

$C_{16}H_{22}O_4$(278)

59

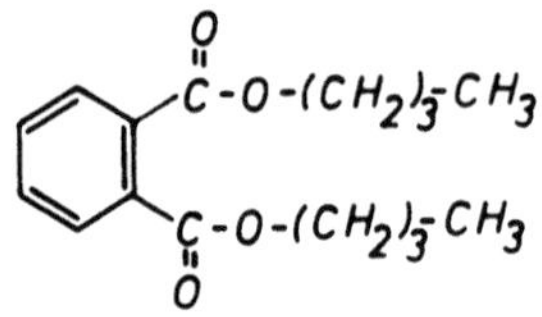

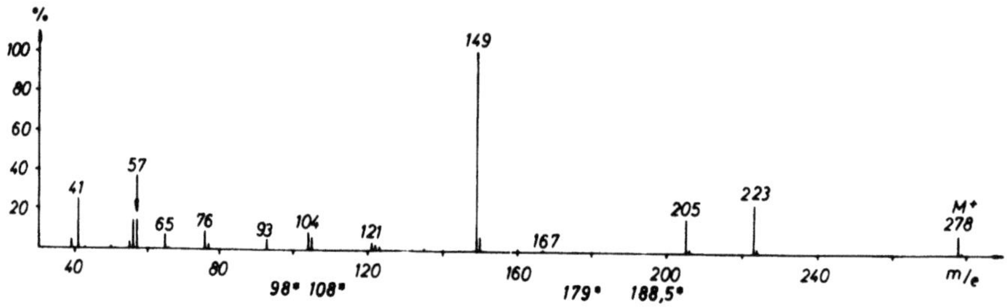

Aufnahmebedingungen :

EB 4 Ionenquelle, Direkteinführung

Elektronenenergie 70 eV
Ionenquellentemperatur : 70°
Probenverdampfungstemperatur : 20°

Schlüsselionen :

223: M-55

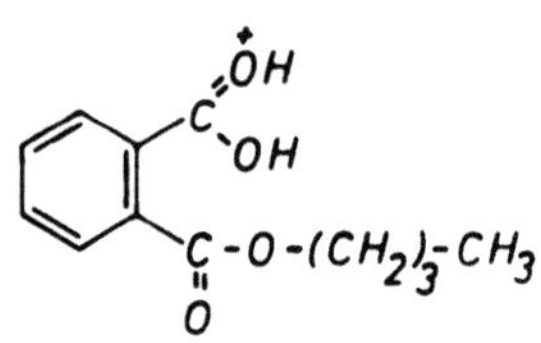

205:

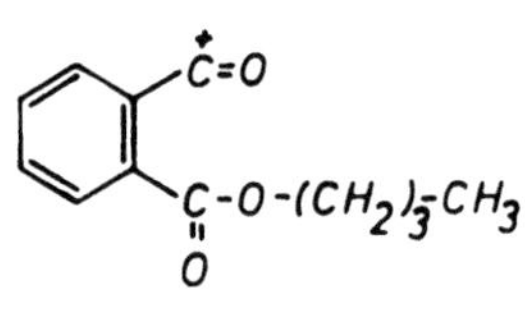

149:

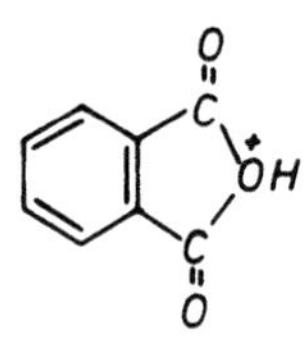

Literatur : F. W. McLafferty und R. S. Gohlke, Anal. Chem. 32, 1495 (1960).
C. Djerassi und C. Fenselau, J. Am. chem. Soc. 87, 5756 (1965).
E. M. Emery, Anal. Chem. 32, 1495 (1960).

Phthalsäure-di-isobutylester $C_{16}H_{22}O_4$ (278)

60

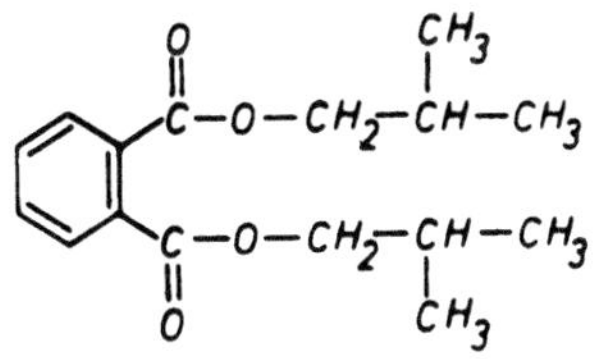

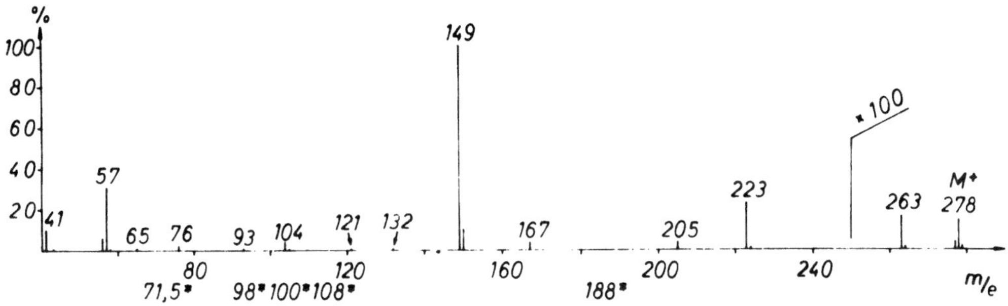

Aufnahmebedingungen :

EB 4 Ionenquelle, Direkteinführung

Elektronenenergie : 70 eV
Ionenquellentemperatur : 70°
Probenverdampfungstemperatur : 20°

Schlüsselionen :

263 : M - 15 M - CH_3•

205 :

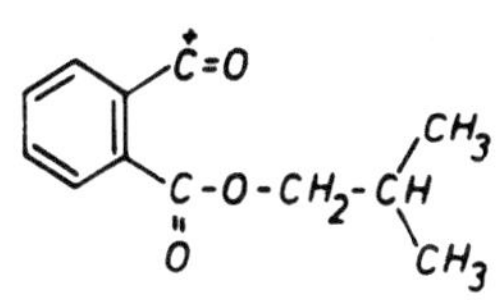

223 : M - 55

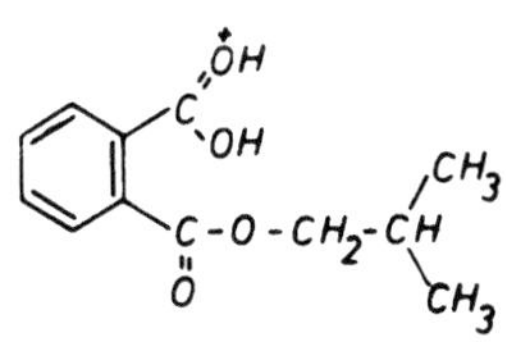

149 :

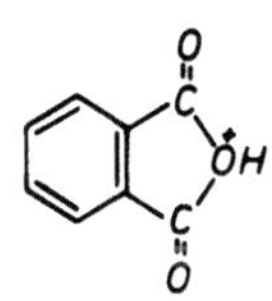

Literatur : F. W. McLafferty und R. S. Gohlke, Anal. Chem. 31, 2076 (1959).
E. M. Emery, Anal. Chem. 32, 1495 (1960).
C. Djerassi und C. Fenselau, J. Am. chem. Soc. 87, 5756 (1965).

Phthalsäure-di-iso-octylester

$C_{24}H_{38}O_4$ (390)

61

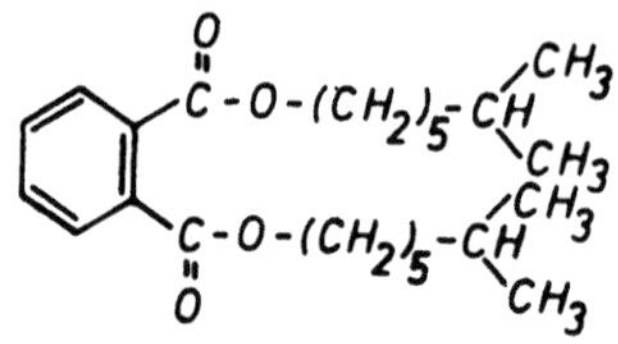

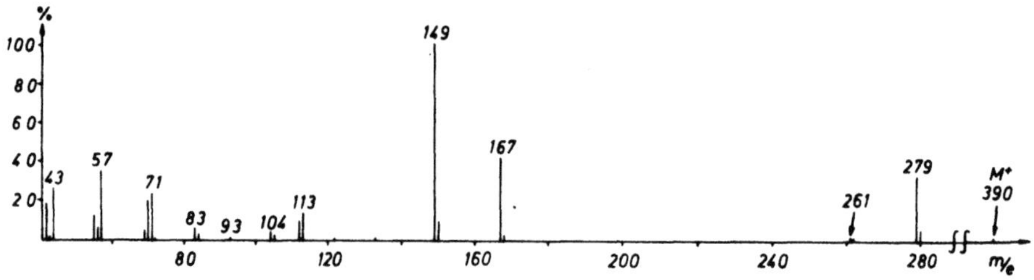

Aufnahmebedingungen :

EB 4 Ionenquelle, Direkteinführung

Elektronenenergie : 70 eV
Ionenquellentemperatur : 70°
Probenverdampfungstemperatur : 35°

Schlüsselionen :

279: M-111

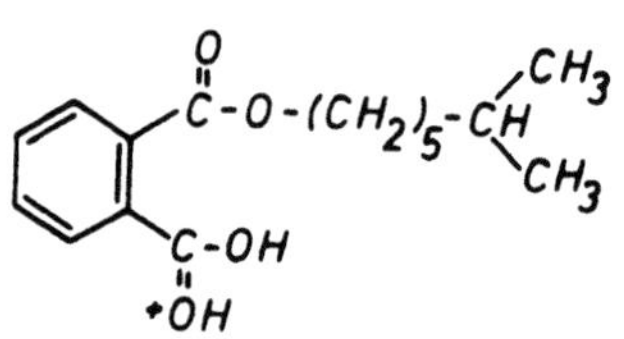

149:

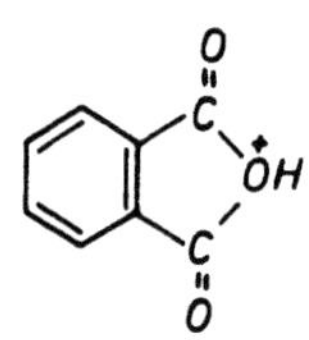

167:

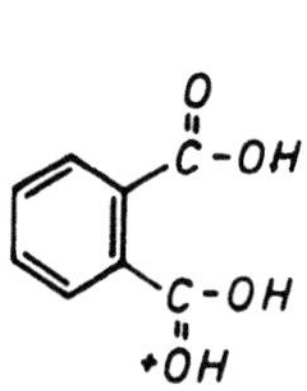

113: $C_8H_{17}^+$

Literatur : K. Biemann, in : Mass Spectrometry, Organic Chemical Applications, S. 170. New York : McGraw-Hill . 1962

C. Djerassi und C. Fenselau, J. Am. chem. Soc. 87 , 5756 (1965) .

Gemisch isomerer Phthalsäure-di-nonylester (DJNP) $C_{26}H_{42}O_4$ (418)

62

z.B.:

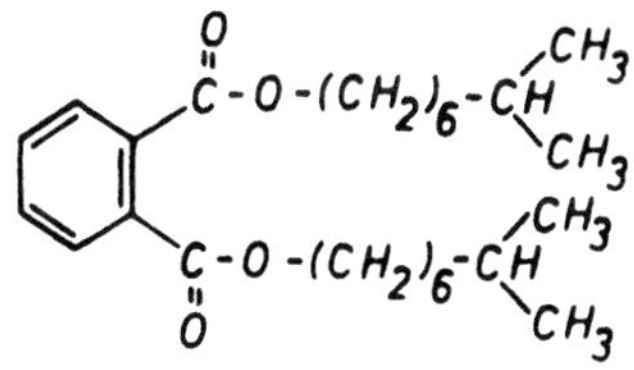

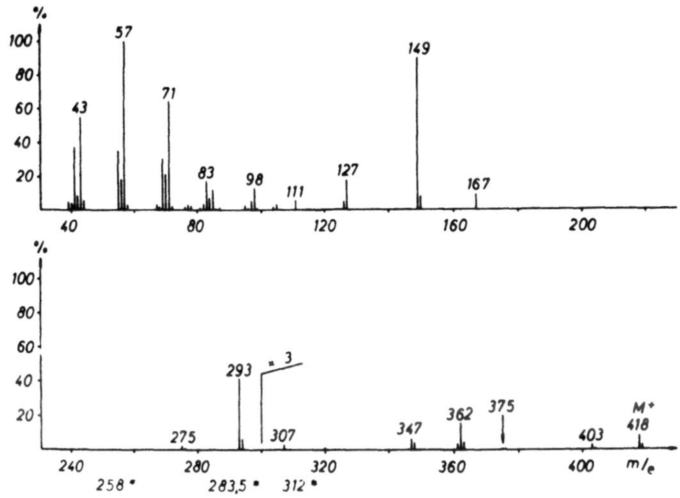

Aufnahmebedingungen :

EB 4 Ionenquelle, Direkteinführung

Elektronenenergie : 70 eV
Ionenquellentemperatur : 70°
Probenverdampfungstemperatur : 20°

362: M-56 M-C_4H_8

293: M-125

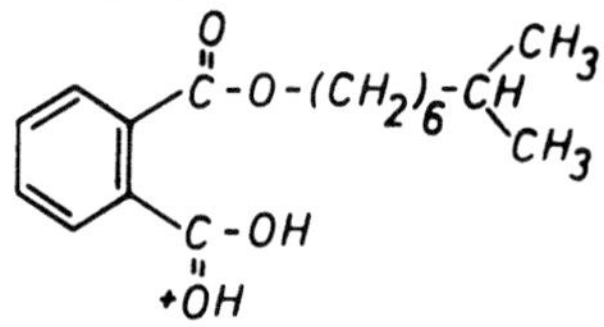

167:

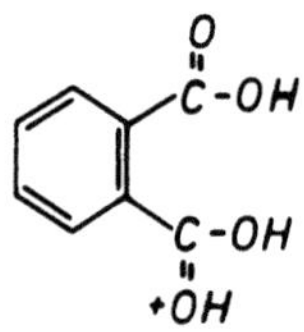

149:

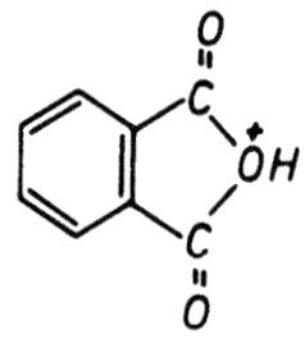

127: $C_9H_{19}^+$

98: $C_7H_{14}^+$

Literatur : K. Biemann, in : Mass Spectrometry, Organic Chemical Applications, S. 170. New York : McGraw-Hill.1962.

C. Djerassi und C. Fenselau, J. Am. chem. Soc. 87, 5756 (1965).

Di-2-(äthyl)-hexyladipat (DOA) $C_{22}H_{42}O_4$ (370)

63

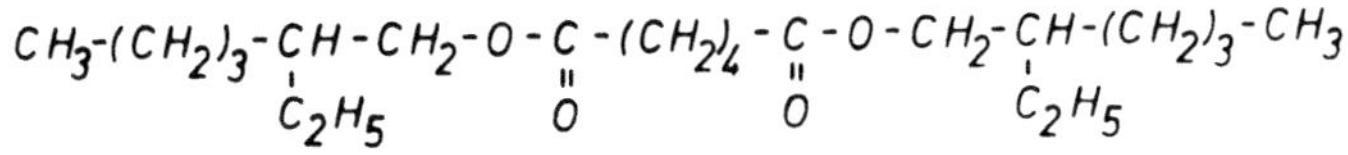

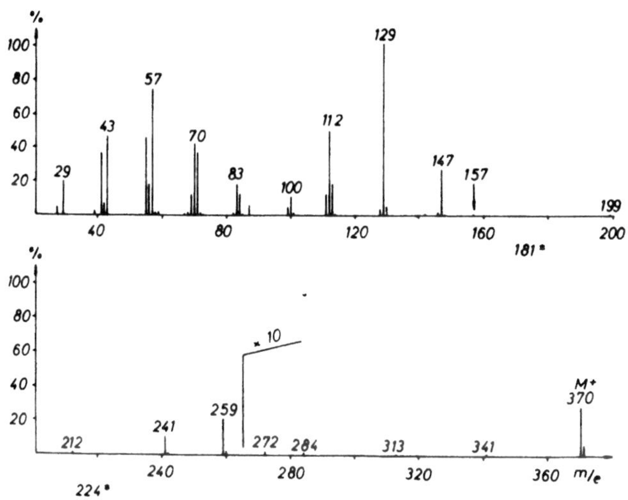

Aufnahmebedingungen :

EB 4 Ionenquelle, Direkteinführung

Elektronenenergie : 70 eV
Ionenquellentemperatur : 80°
Probenverdampfungstemperatur : 30°

Schlüsselionen :

259: M-111 M-C_8H_{15}•

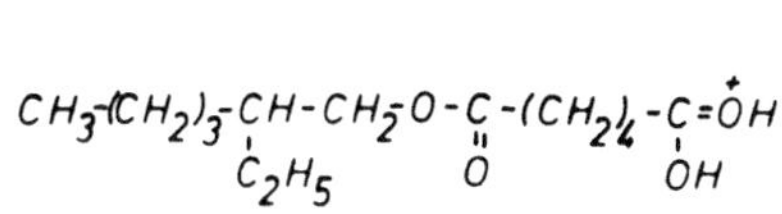

241: 259-18 259 H_2O

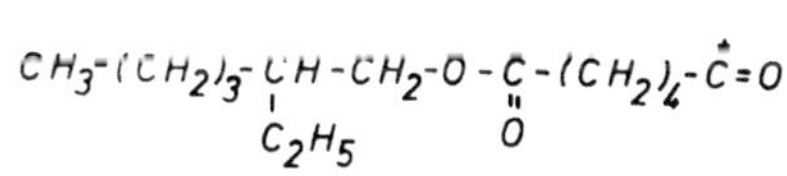

147: 259-112

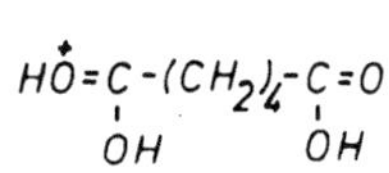

129: 241-112

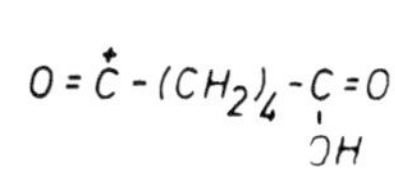

112: C_8H_{16} :

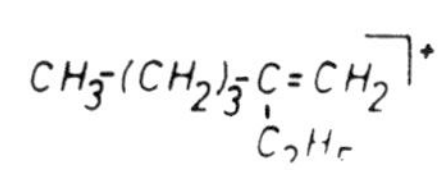

Di-iso-nonyl-adipat (DINA) $C_{24}H_{46}O_4$ (398)

64

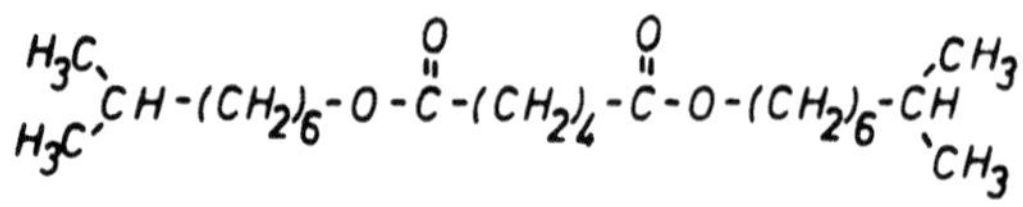

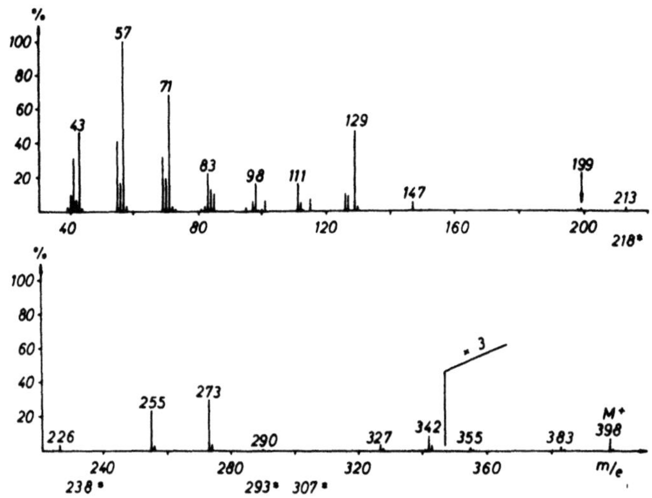

Aufnahmebedingungen :

EB 4 Ionenquelle, Direkteinführung

Elektronenenergie : 70 eV
Ionenquellentemperatur : 120°
Probenverdampfungstemperatur : 150°

Schlüsselionen :

383: M-15 $M-CH_3^{\bullet}$

355: M-43 $M-C_3H_7^{\bullet}$

342: M-56 $M-C_4H_8$

273: M-125 $M-C_9H_{17}^{\bullet}$ $CH_3-CH(CH_3)-(CH_2)_6-O-C(=O)-(CH_2)_4-C(=\overset{+}{O}H)OH$

255: M-143 $M-C_9H_{19}O^{\bullet}$ $CH_3-CH(CH_3)-(CH_2)_6-O-C(=O)-(CH_2)_4-\overset{+}{C}=O$

147: 273-126 $H\overset{+}{O}=C(OH)-(CH_2)_4-C(OH)=O$

129: 255-126 $O=\overset{+}{C}-(CH_2)_4-C(OH)=O$

98: $C_7H_{14}^{+}$ $[CH_3-CH(CH_3)-(CH_2)_2-CH=CH_2]^{+}$

Polyphenyläther PA 5

(Hewlett-Packard)

$C_{30}H_{22}O_4$(446)

65

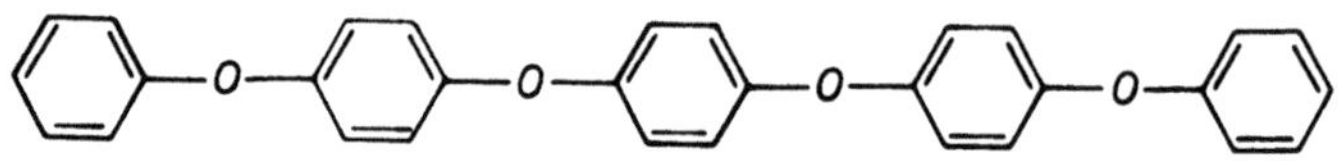

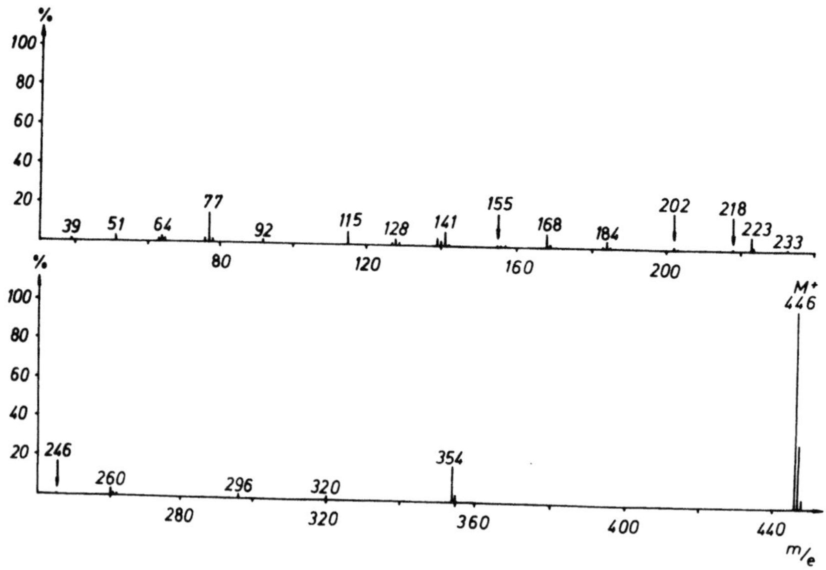

Aufnahmebedingungen :

EB 4 Ionenquelle, Direkteinführung

Elektronenenergie : 70 eV
Ionenquellentemperatur : 150 °
Probenverdampfungstemperatur : 110°

Schlüsselionen :

354:

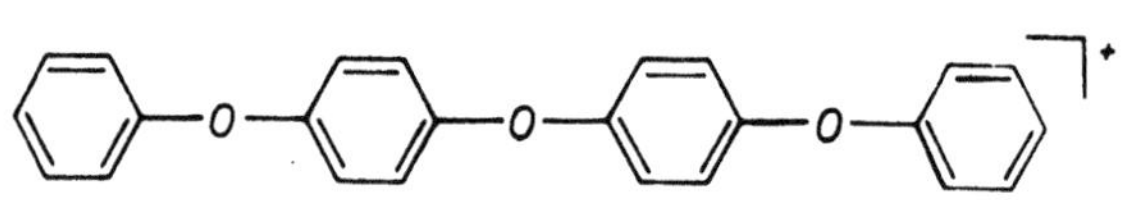

77: $C_6H_5^+$

Polyphenyläther PA 6 $C_{36}H_{26}O_5$ (538)

(Analabs., Hamden, Conn.)

66

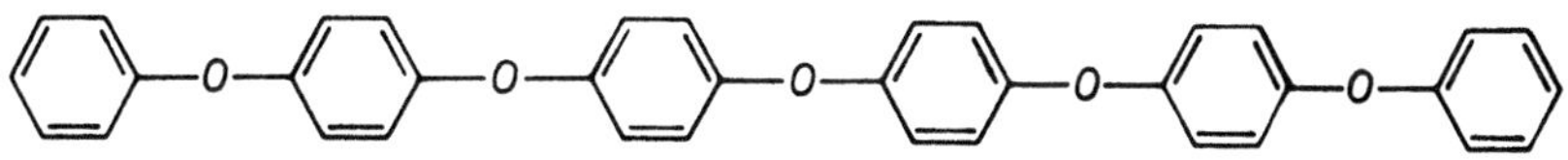

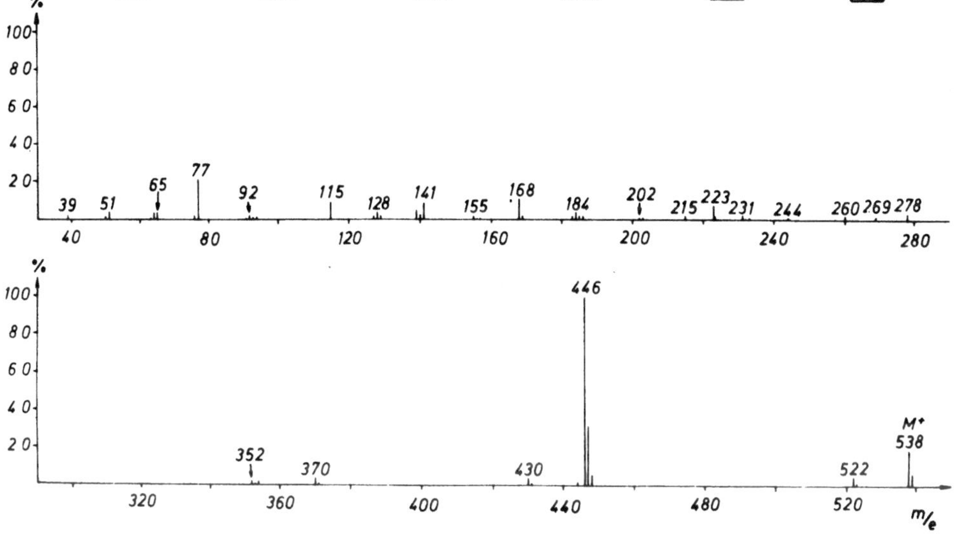

Aufnahmebedingungen :

EB 4 Ionenquelle , Direkteinführung

Elektronenenergie : 70 eV
Ionenquellentemperatur : 100°
Probenverdampfungstemperatur : 150°

Schlüsselionen :

446:

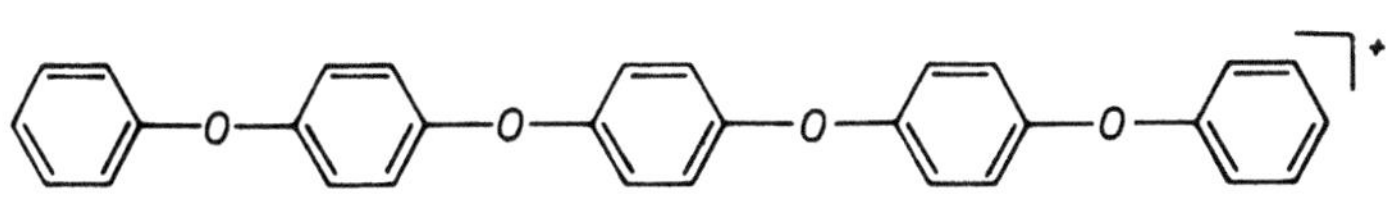

168: 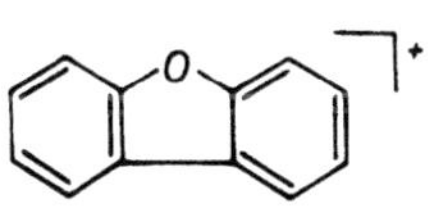 77: $C_6H_5^+$

522:

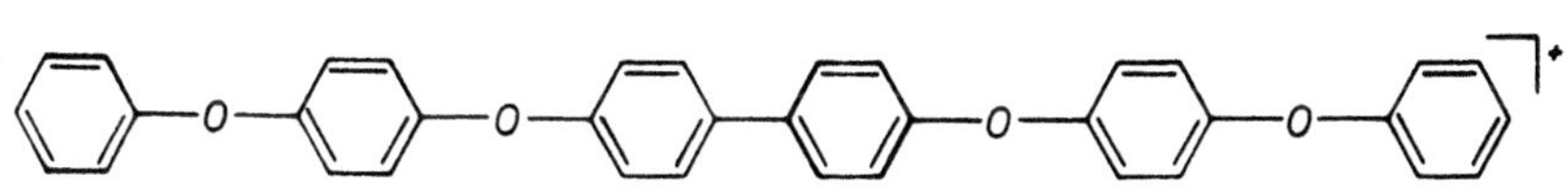

Apiezon L

(Schuchhard)

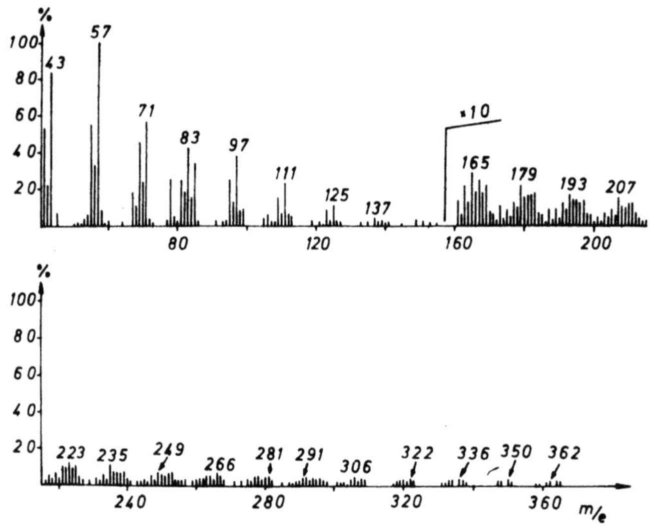

<u>Aufnahmebedingungen</u> :

EB 4 Ionenquelle , Direkteinführung

Elektronenenergie : 70 eV
Ionenquellentemperatur : 120°
Probenverdampfungstemperatur : 250°

Trikresylphosphat $C_{21}H_{21}O_4P$ (368)

(Merck)

68

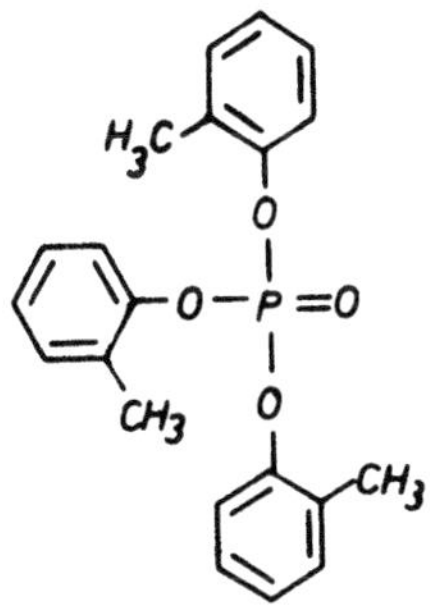

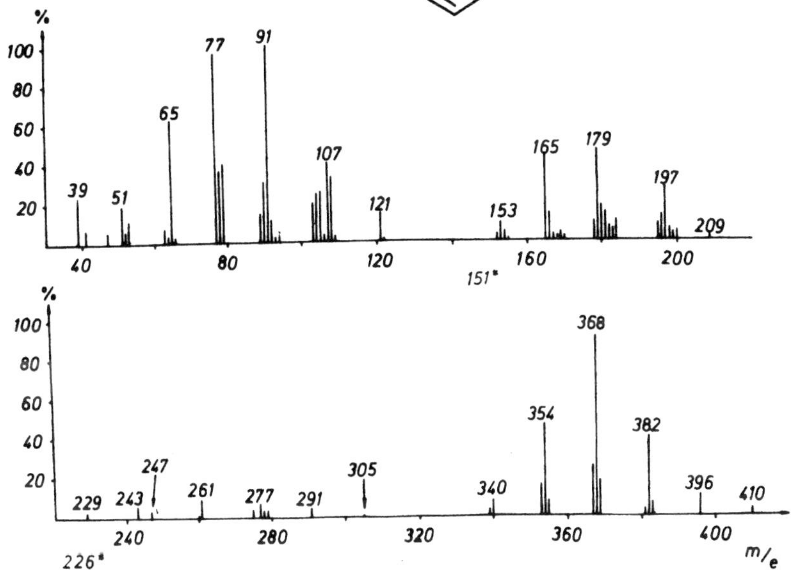

Aufnahmebedingungen :

EB 4 Ionenquelle, Direkteinführung
Elektronenenergie : 70 eV
Ionenquellentemperatur : 80°
Probenverdampfungstemperatur : 40°

Schlüsselionen :

261: M-107 M- 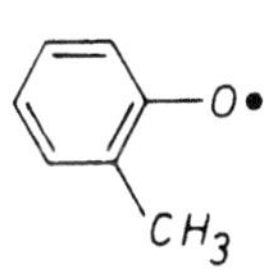

179: $C_{14}H_{11}^+$ 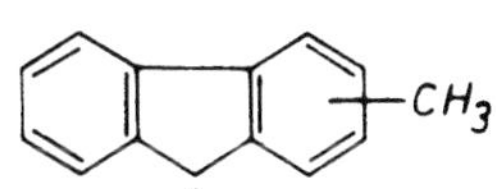

197: $C_{14}H_{13}O^+$ 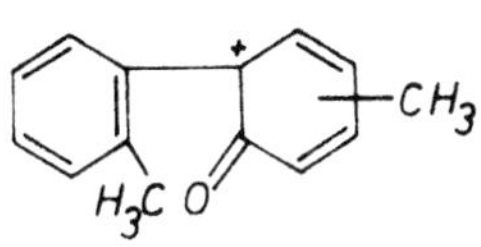

165: $C_{13}H_9^+$ 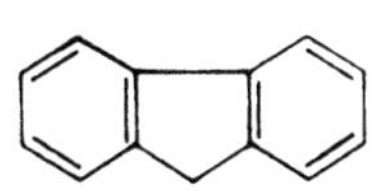

Polyäthylenglycol 4000

$HO-(C_2H_4O)_n-H$

(Merck)

$-O-CH_2-CH_2-O-CH_2-CH_2-O-CH_2-CH_2-$

69

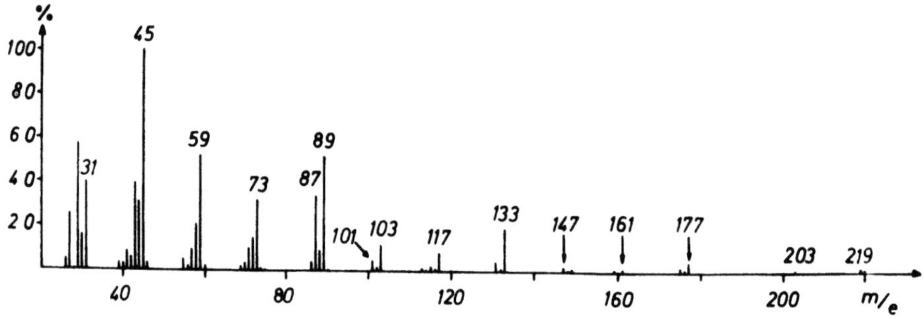

Aufnahmebedingungen :

EB 4 Ionenquelle, Direkteinführung

Elektronenenergie : 70 eV
Ionenquellentemperatur : 150°
Probenverdampfungstemperatur : 270°

Schlüsselionen :

177 : 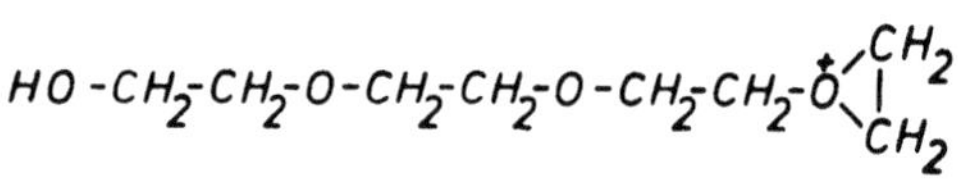

133 : 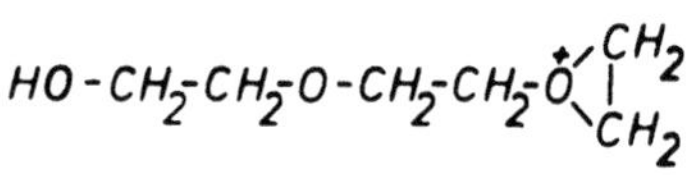

117 : 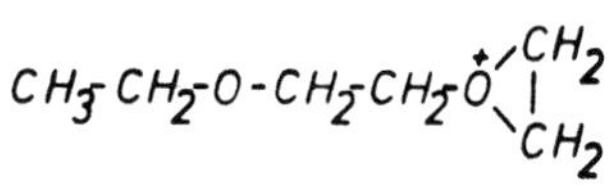

103 : $CH_3-CH_2-O-CH_2-CH_2-\overset{+}{O}=CH_2$

89 : 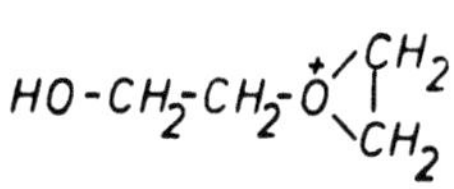

73 : 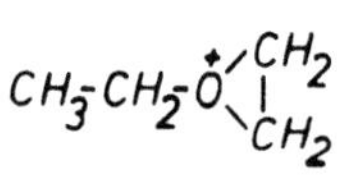

59 : $CH_3-CH_2-\overset{+}{O}=CH_2$

45 : 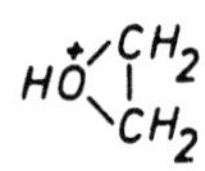

31 : $CH_2=\overset{+}{O}H$

SE 30 :

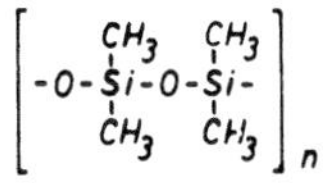

70

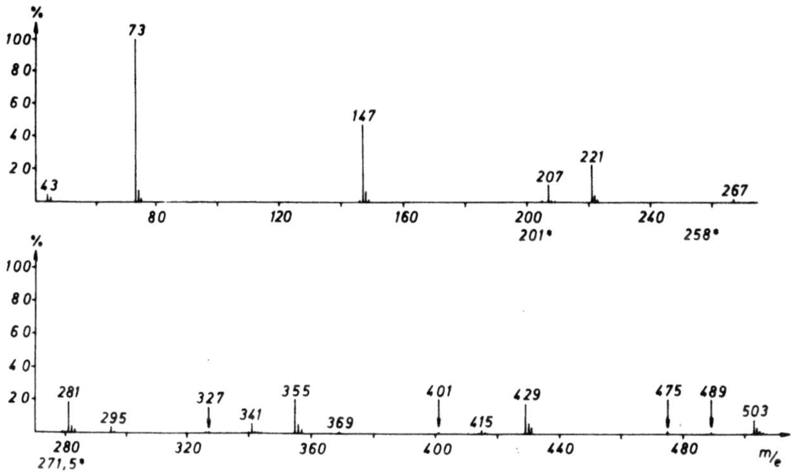

Aufnahmebedingungen :

EB 4 Ionenquelle, Direkteinführung

Elektronenenergie : 70 eV
Ionenquellentemperatur : 120°
Probenverdampfungstemperatur : 100°

Schlüsselionen :

221: 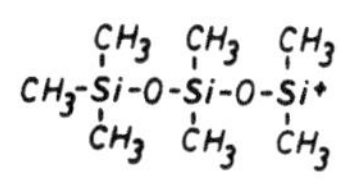

429: 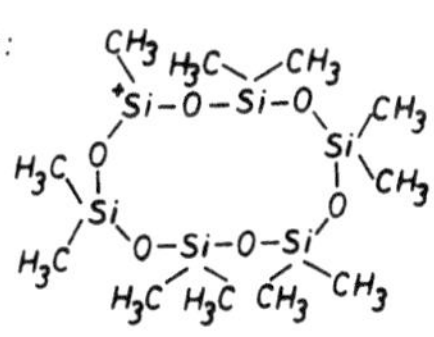

341: 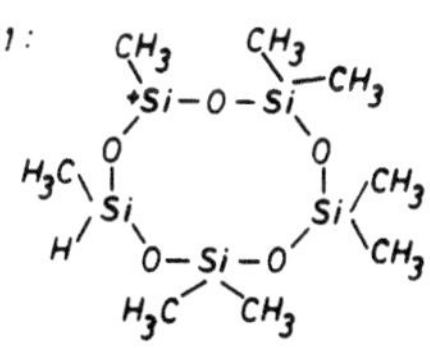

207: 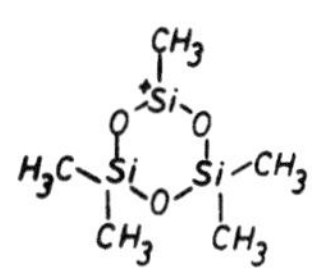

355: 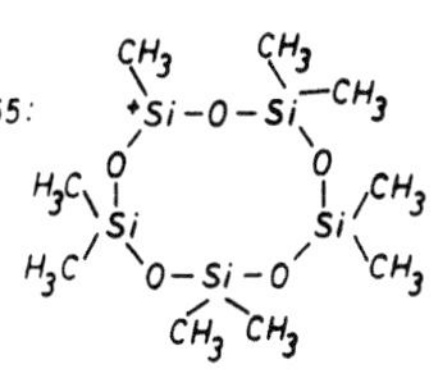

281: 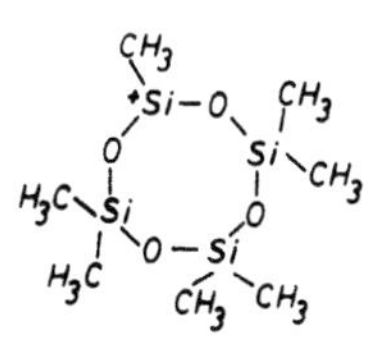

147: 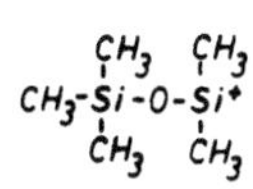

73: 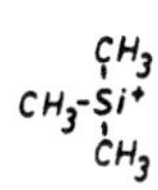

Literatur : K. Biemann, in: Mass Spectrometry, Organic Chemical Applications, S. 172. New York :McGraw-Hill. 1962

OV 1 :

(Applied Science Laboratories)

71

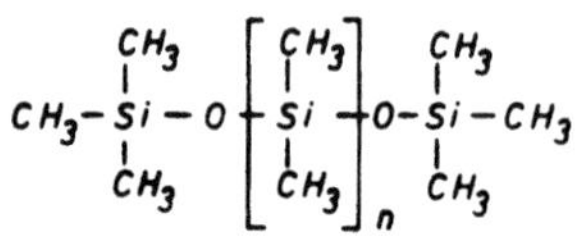

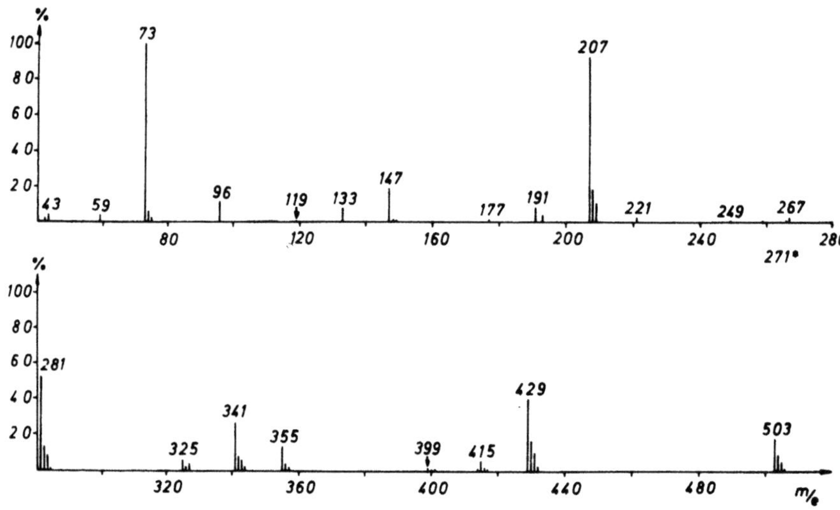

Aufnahmebedingungen :

EB 4 Ionenquelle, Direkteinführung

Elektronenenergie : 70 eV
Ionenquellentemperatur : 120°
Probenverdampfungstemperatur : 120°

Schlüsselionen :

503:

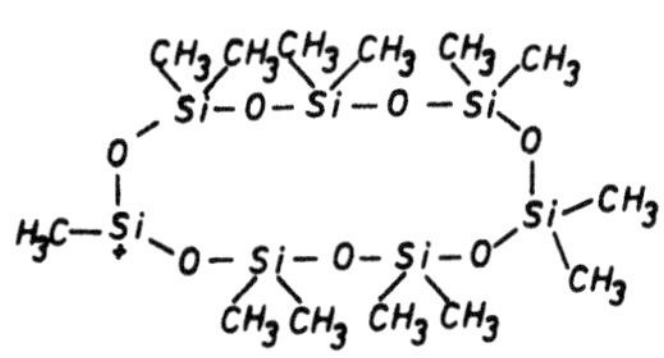

355:

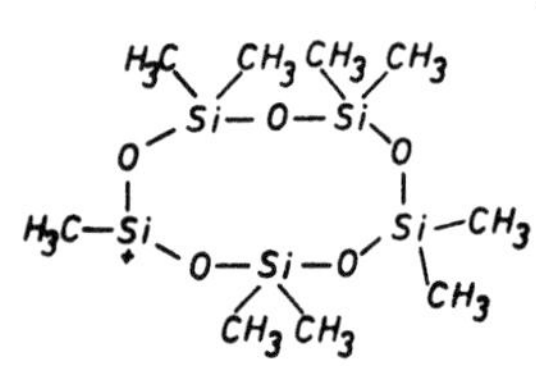

429:

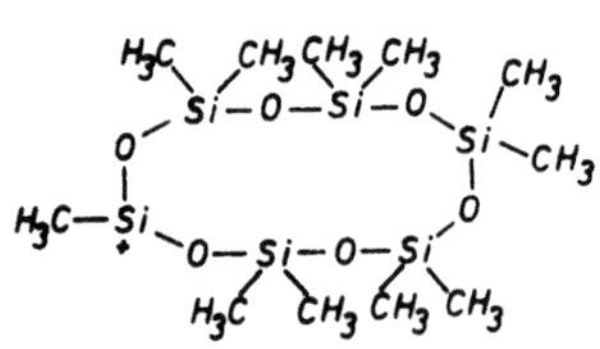

341:

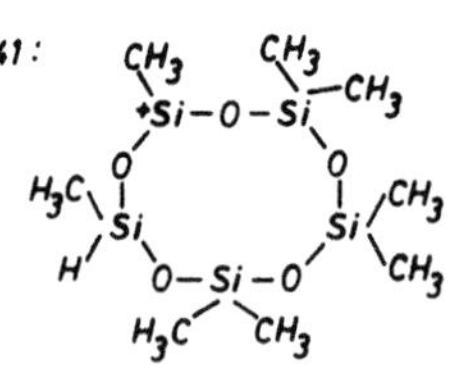

OV 1:

281: 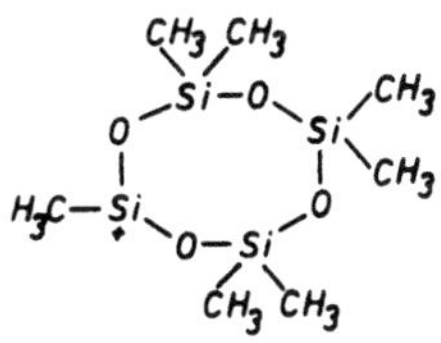

207: 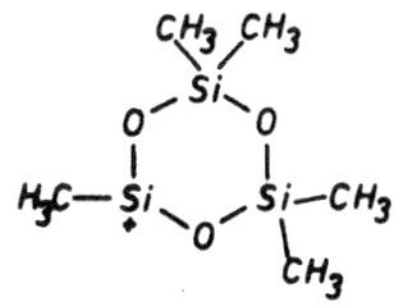

147: 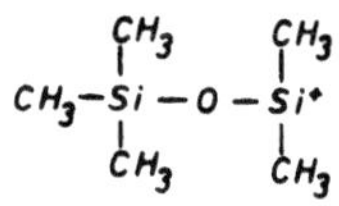

73: 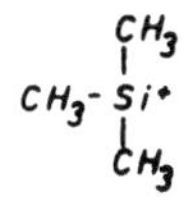

Literatur : K. Biemann, in : Mass Spectrometry, Organic Chemical Applications, S. 172. New York : McGraw-Hill.1962 .

OV 101 :

(Ohio Valley Speciality Chemical Inc., Marietta, Ohio)

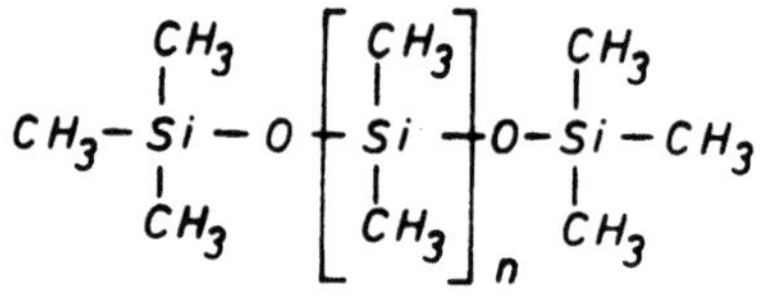

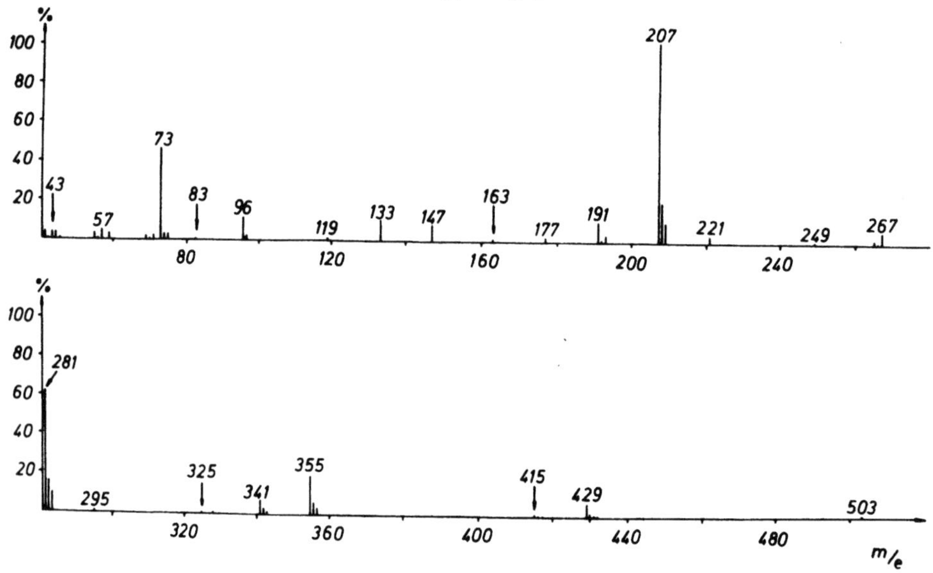

Aufnahmebedingungen :

EB 4 Ionenquelle, Direkteinführung

Elektronenenergie : 70 eV
Ionenquellentemperatur : 150°
Probenverdampfungstemperatur : 200°

OV 101 :

Schlüsselionen :

503:

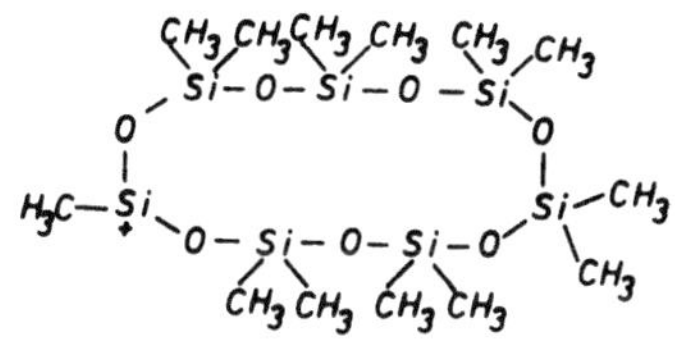

429:

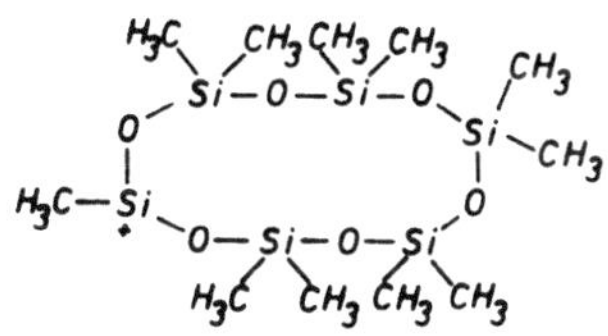

355:

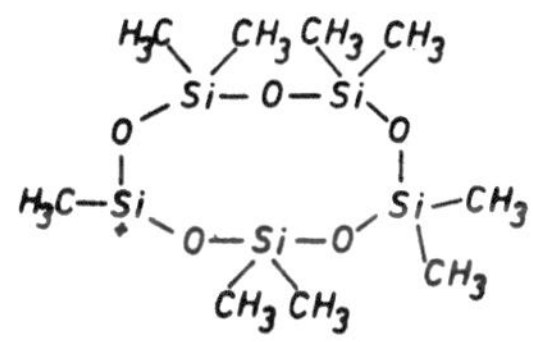

281:

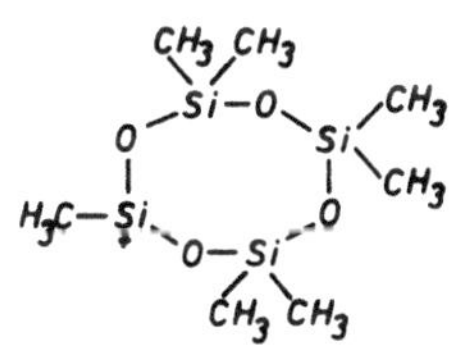

207:

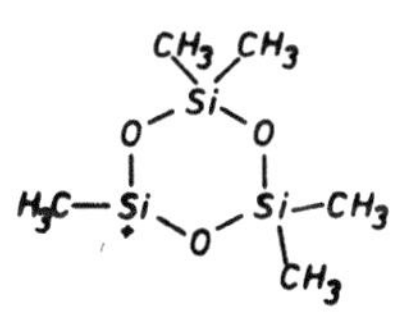

73:

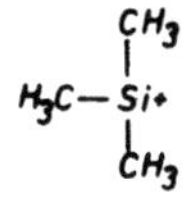

S F 50

(Hewlett-Packard)

vorwiegend :

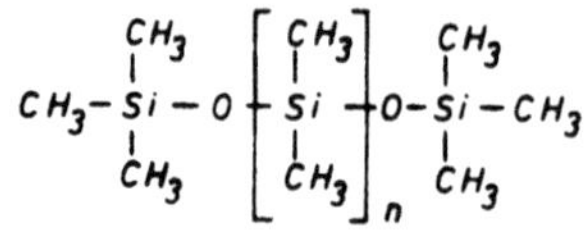

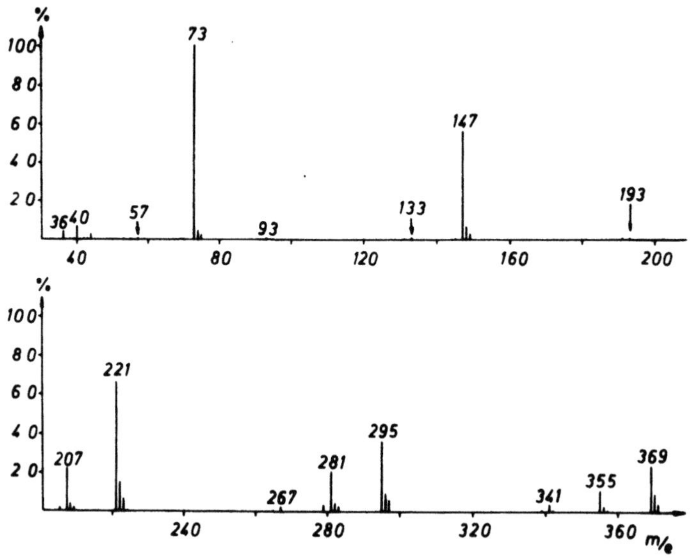

Aufnahmebedingungen :

EB 4 Ionenquelle, Direkteinführung
Elektronenenergie : 70 eV
Ionenquellentemperatur : 150°
Probenverdampfungstemperatur : 110°

Schlüsselionen :

369: 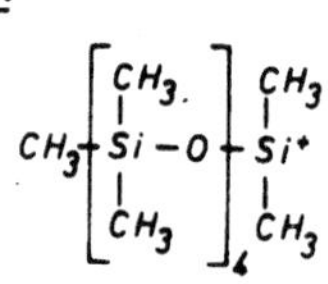

221: 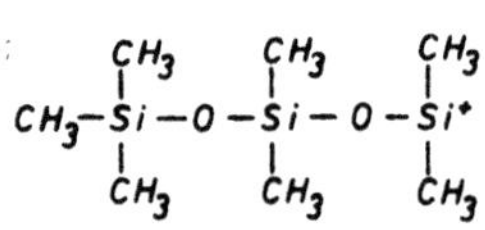

295: 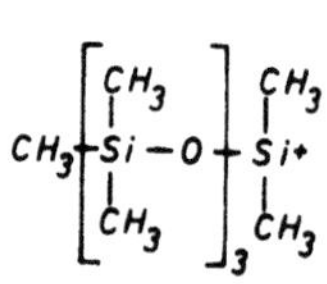

147: 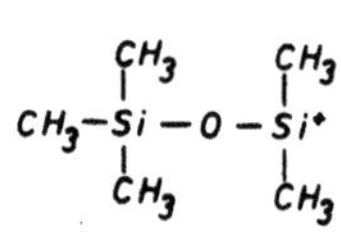

73: 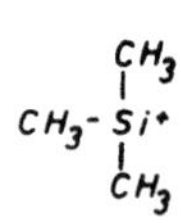

XE 60

(Hewlett-Packard)

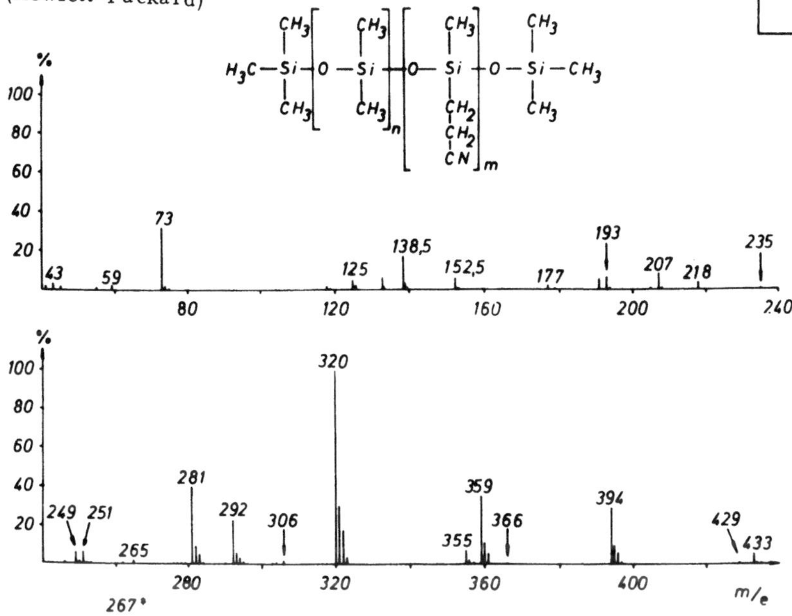

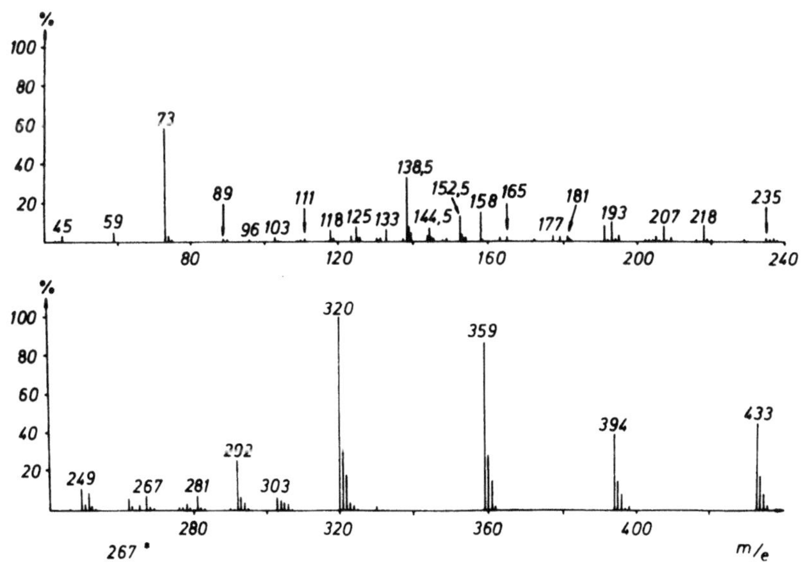

Aufnahmebedingungen :

EB 4 Ionenquelle, Direkteinführung

Elektronenenergie : 70 eV
Ionenquellentemperatur : 70°
Probenverdampfungstemperatur : 20°, 50°

Schlüsselionen :

433: 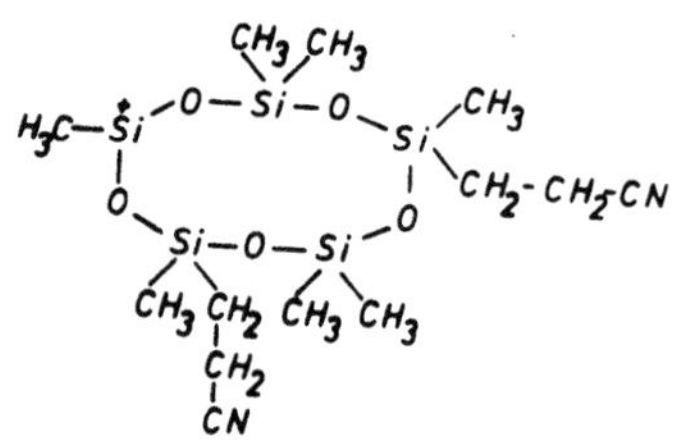

320: 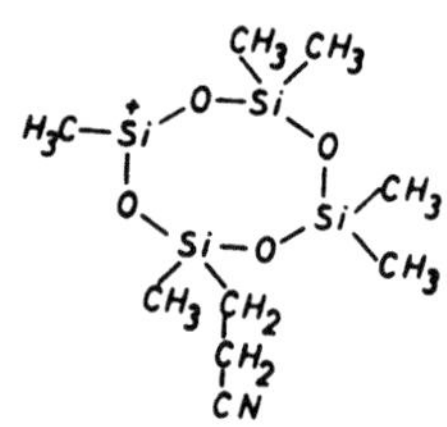

394: 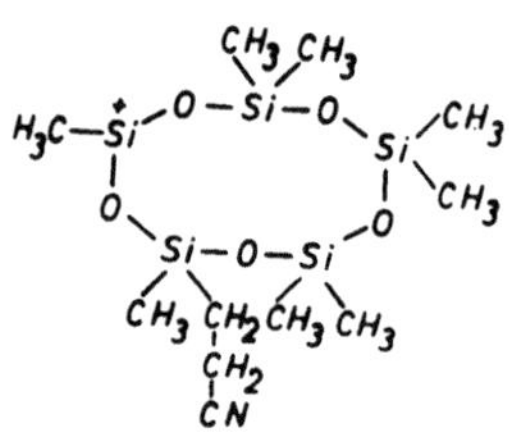

292: 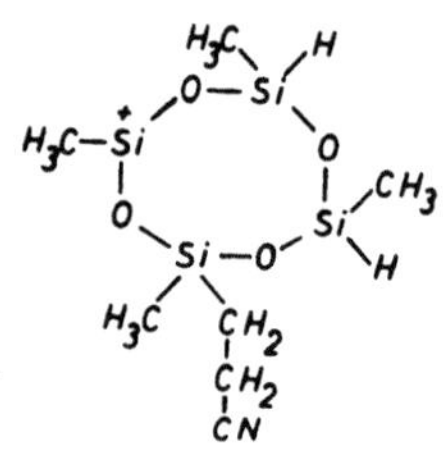

359: 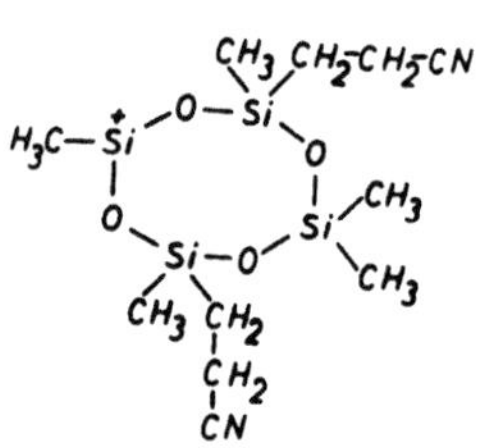

281: 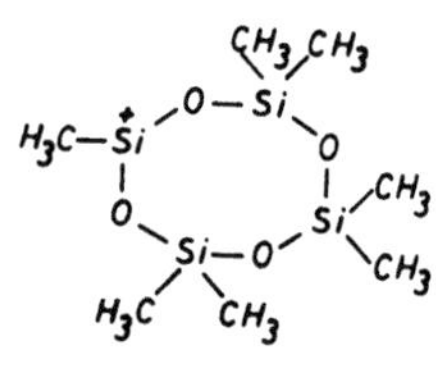

73: 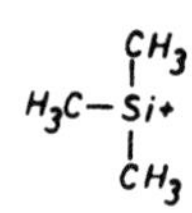

QF$_1$ (Fluoro)

(Hewlett Packard)

QF$_1$:

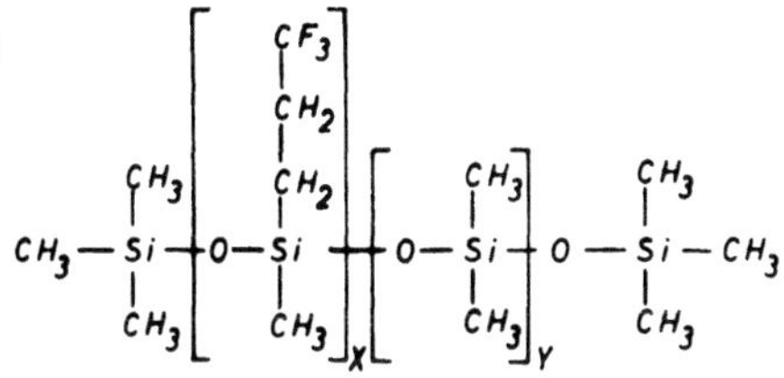

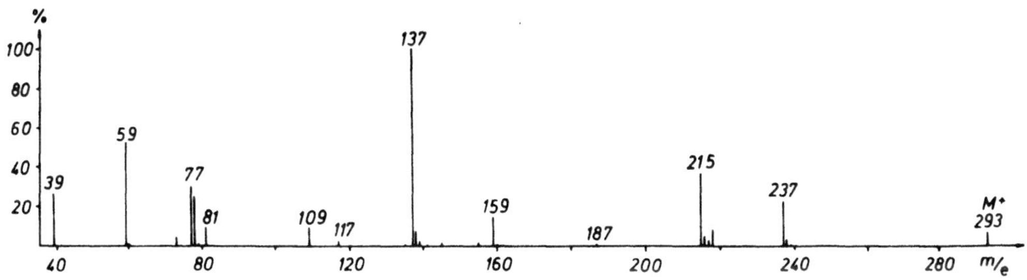

Aufnahmebedingungen :

EB 4 Ionenquelle, Direkteinführung

Elektronenenergie : 70 eV

Ionenquellentemperatur : 150°

Probenverdampfungstemperatur : 220°

Schlüsselionen :

293: 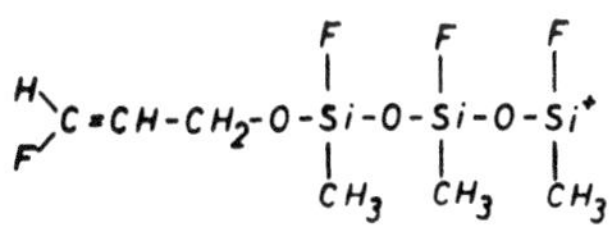

81: 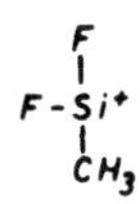

237: $C_3H_9O_2Si_3F_4$: 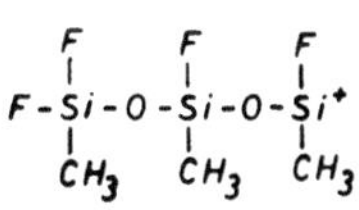

77: $C_3H_3F_2^+$

215: $C_5H_{10}O_2Si_2F_3$: 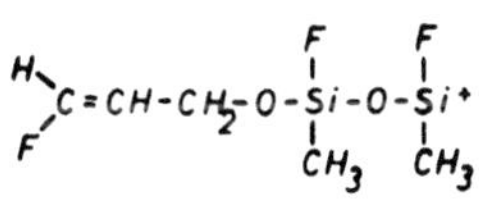

59: $C_3H_4F^+$: 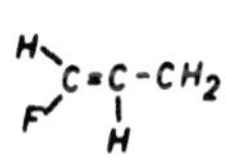

159: $C_2H_6OSi_2F_3$: 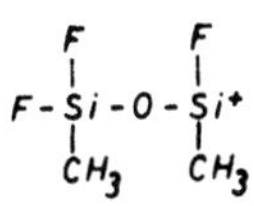

137: $C_4H_7OSiF_2$: 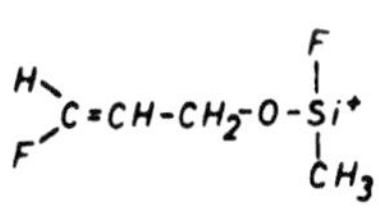

Amin 220 $C_{22}H_{42}N_2O$ (350)

(Applied Science Laboratories)

76

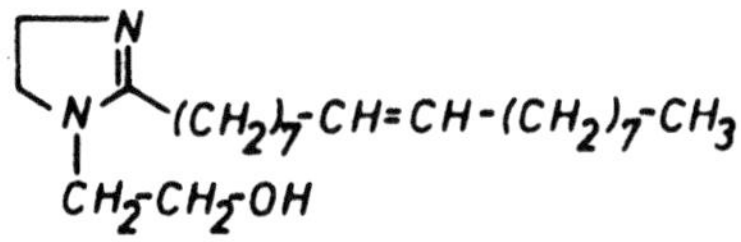

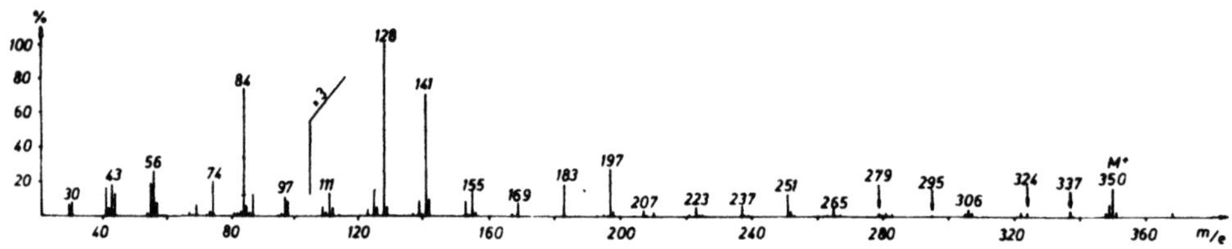

Aufnahmebedingungen :

EB 4 Ionenquelle, Direkteinführung

Elektronenenergie : 70 eV
Ionenquellentemperatur : 80°
Probenverdampfungstemperatur : 90°

Schlüsselionen :

251: $C_{15}H_{27}N_2O$:

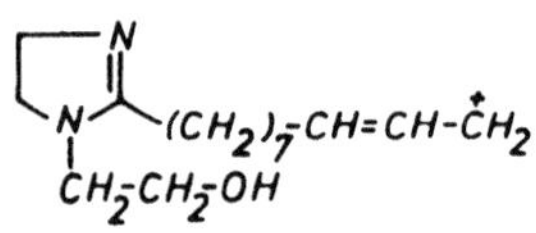

141:

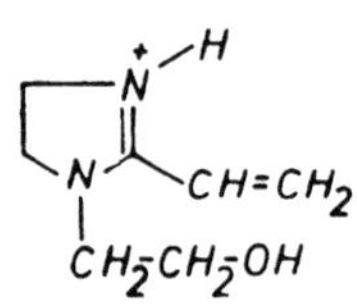

197:

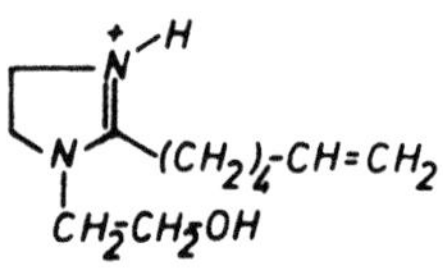

128:

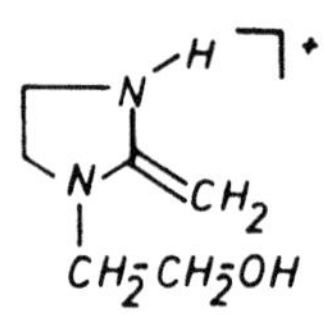

183:

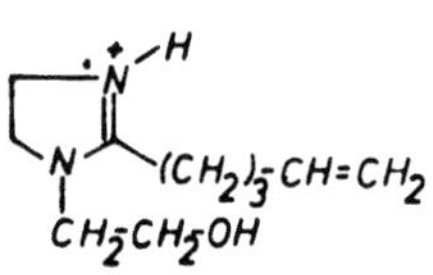

84: 128-44 :

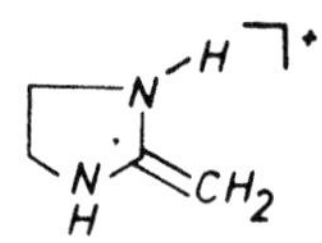

74: C_3H_8NO

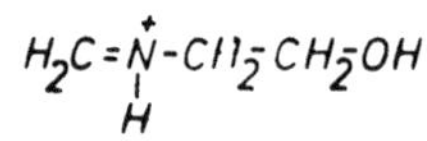

n-Dodecan $C_{12}H_{26}$ (170)

77

$CH_3-(CH_2)_{10}-CH_3$

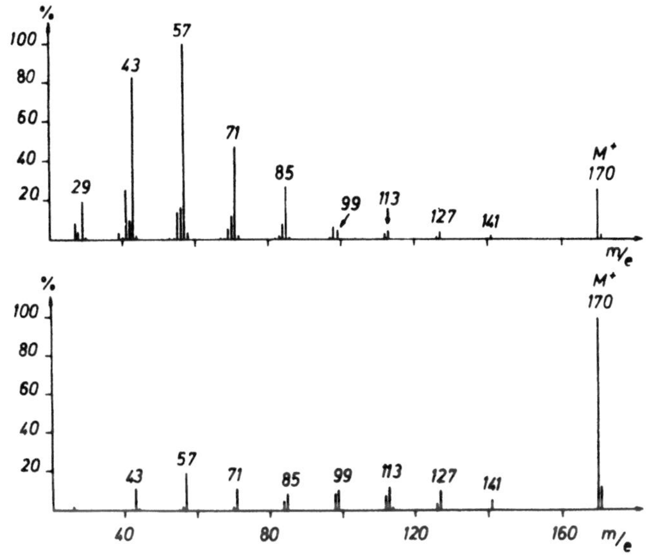

Aufnahmebedingungen :

EB 4 Ionenquelle, Kühlstab

Elektronenenergie : 70 eV, 13,5 eV
Ionenquellentemperatur : 80°
Probenverdampfungstemperatur : 20°

Schlüsselionen :

Bruchstücke der allgemeinen Bruttoformel $C_nH_{2n+1}^+$ im Abstand von 14 Masseneinheiten, vergleichbare Intensität der Ionen bei Aufnahme der Spektren mit niederer Anregungsenergie.

Literatur : Catalog of Mass Spectral Data, American Petroleum Institute, Research Project 44, Carnegie Institute of Technology, Pittsburg, Pa., SpektrumNr. 404 .

G. Spiteller und M. Spiteller-Friedmann, Liebigs Ann. Chem. 690, 1 (1965).

8-Methyl-pentadecan

$C_{16}H_{34}$ (226)

78

$CH_3-(CH_2)_6-\underset{\displaystyle CH_3}{\underset{|}{C}H}-(CH_2)_6-CH_3$

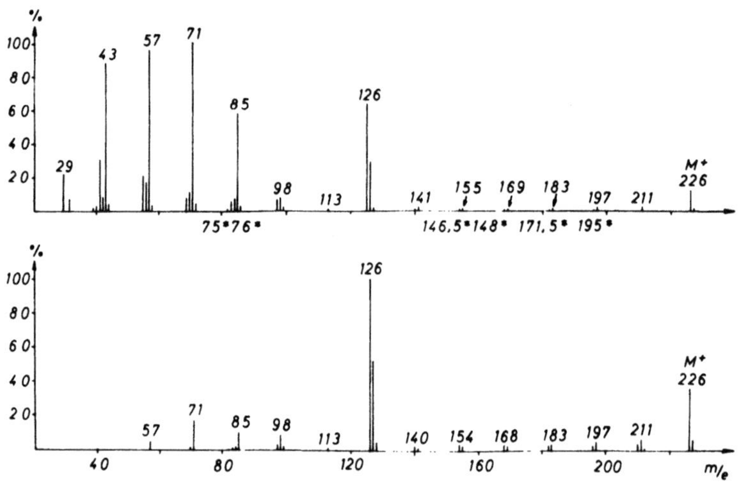

Aufnahmebedingungen :

EB 4 Ionenquelle, Kühlstab

Elektronenenergie : 70 eV, 16,5 eV
Ionenquellentemperatur : 50°
Probenverdampfungstemperatur : < 20°

Schlüsselionen :

127: M-99 $M-C_7H_{15}^{\bullet}$ $CH_3-(CH_2)_6-\overset{+}{C}H-CH_3$

126: M-100 $M-C_7H_{16}$

98: 126-28 $126-C_2H_4$

Literatur : A. Herlan, J. Org. Mass Spectrom. 4, 425 (1970).

2, 6, 10, 14-Tetra-methyl-pentadecan (Pristan) $C_{19}H_{40}$ (268)

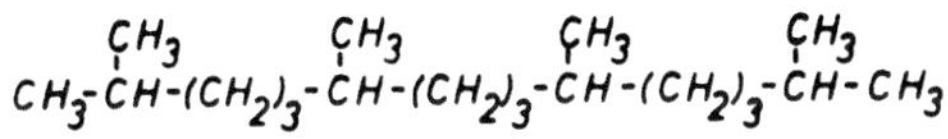

79

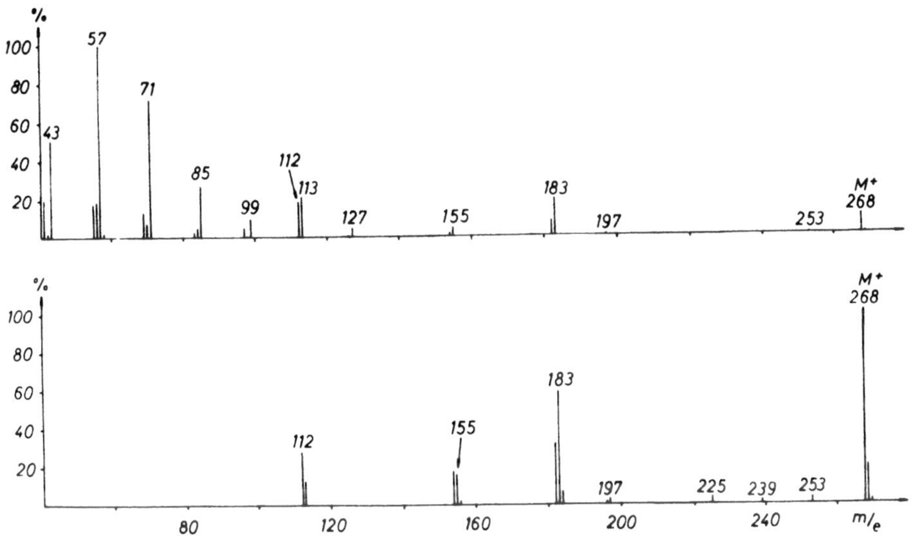

Aufnahmebedingungen :
TO 4 Ionenquelle, Direkteinführung
Elektronenenergie : 70 eV, 15 eV
Ionenquellentemperatur : 90°

Schlüsselionen :

183 : M - 85 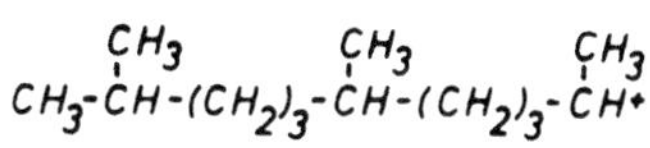

154 : M - 114 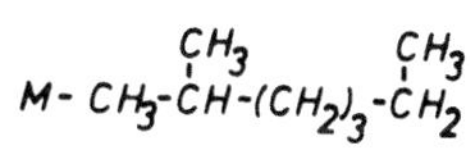

182 : M - 86 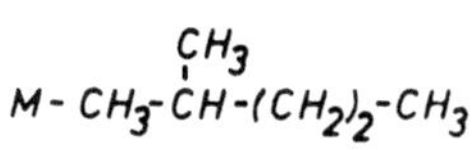

113 : M - 155 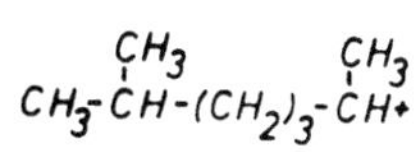

155 : M - 113 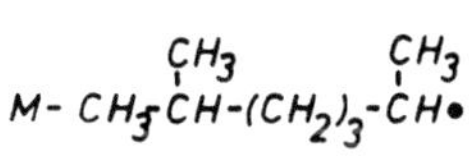

112 : M - 156 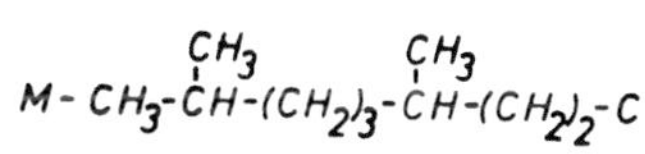

Literatur : G. Remberg, E. Remberg, M. Spiteller-Friedmann und G. Spiteller, J. Org. Mass Spectrom. 1, 87 (1968).

E. Gelpi und J. Oró, Anal. Chem. 39, 389 (1967).

2, 6, 10, 15, 19, 23-Hexamethyl-tetracosan (Squalan) $C_{30}H_{62}$ (422)

80

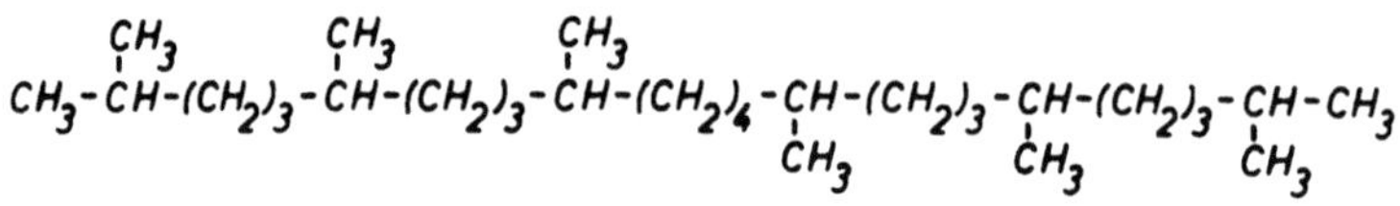

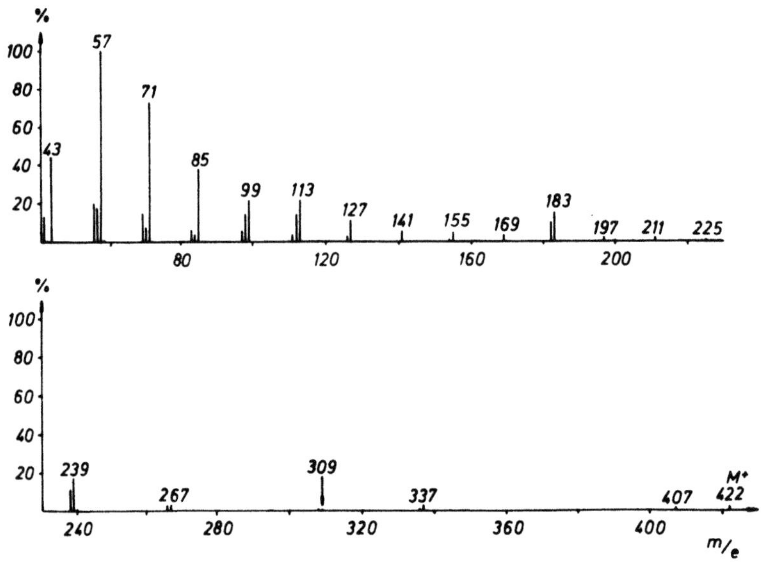

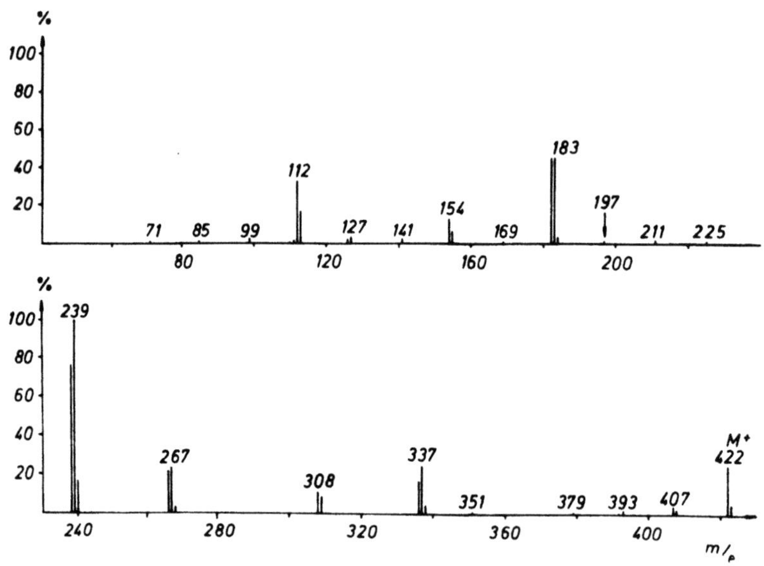

Aufnahmebedingungen :

EB 4 Ionenquelle, Direkteinführung

Elektronenenergie : 70 eV, 16 eV
Ionenquellentemperatur : 110°
Probenverdampfungstemperatur : 40°

Schlüsselionen :

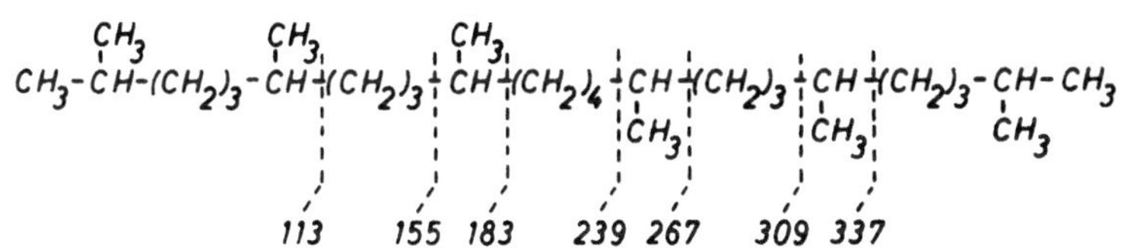

Literatur : Spektren-Sammlung der Shell-Oil Company, Houston Research Laboratory Nr. 61.

2, 2, 4, 6, 6-Pentamethyl-heptan $C_{12}H_{26}$ (170)

81

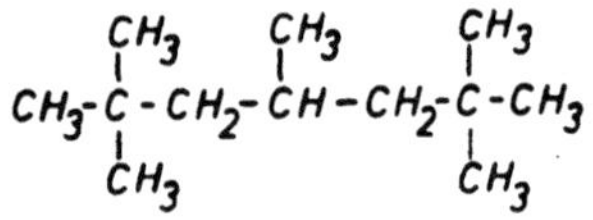

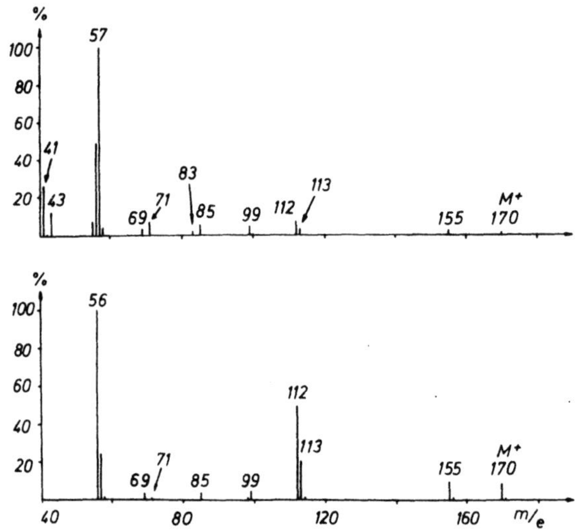

Aufnahmebedingungen :

EB 4 Ionenquelle, Kühlstab

Elektronenenergie : 70 eV, 14 eV
Ionenquellentemperatur : 60°
Probenverdampfungstemperatur : 20°

Schlüsselionen :

155 : M - 15 M - CH_3•

112 : M - 58

57 :

56 :

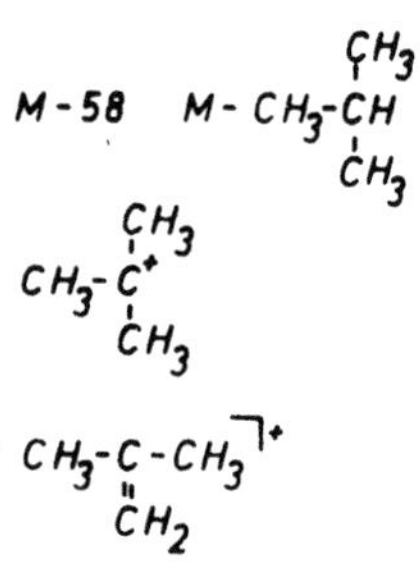

Literatur : G. Remberg, E. Remberg, M. Spiteller-Friedmann und G. Spiteller, J. Org. Mass Spectrom. 1, 87 (1968).

Pentadecen-(1) $C_{15}H_{30}$ (210)

82

$CH_3-(CH_2)_{12}-CH=CH_2$

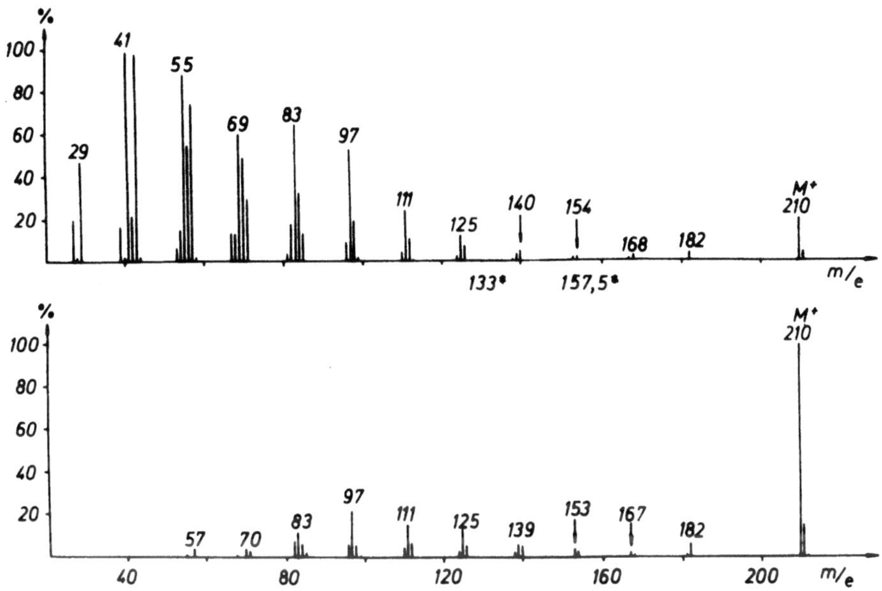

Aufnahmebedingungen :

TO 4 Ionenquelle Hochtemperatureinlaß

Elektronenenergie : 70 eV, 13 eV
Ionenquellentemperatur : 70°
Probenverdampfungstemperatur : 60°

Schlüsselionen : Gleichmäßige Intensitätsabnahme ungesättigter $C_nH_{2n-1}^+$ und $C_nH_{2n}^+$ Ionen mit steigender Masse bei 70 eV.

Literatur : M. Kraft und G. Spiteller, J. Org. Mass Spectrom. 2, 865 (1969).

J. H. Beynon, in : Mass Spectrometry and its Application to Organic Chemistry, S. 338. Amsterdam : Elsevier . 1960.

B. J. Millard und D. F. Shaw, J. chem. Soc. (B) 1966, 664.

trans-Pentadecen-(7) $C_{15}H_{30}$ (210)

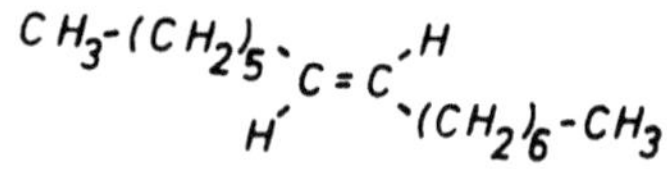

83

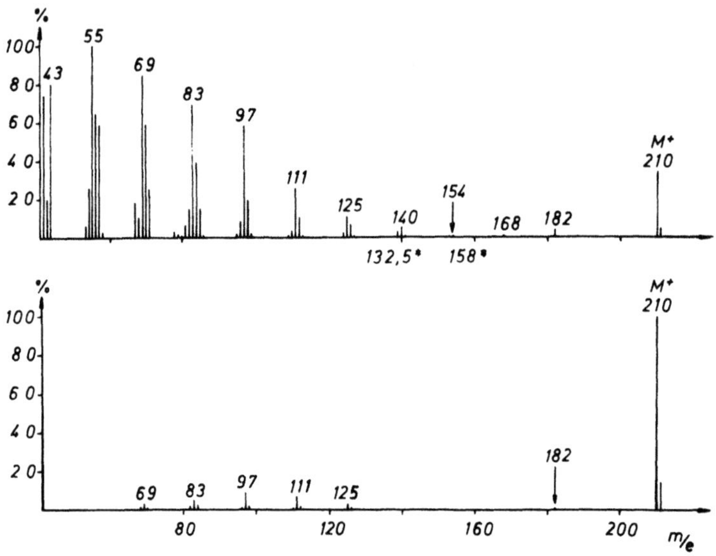

Aufnahmebedingungen :

EB 4 Ionenquelle, Kühlstab

Elektronenenergie : 70 eV, 18 eV

Ionenquellentemperatur : 70°

Probenverdampfungstemperatur : 20°

Schlüsselionen : 182: M-28 M-C_2H_4

ferner ungesättigte Kohlenwasserstoffionen der Bruttoformel $C_nH_{2n-1}^+$.

Literatur : M. Kraft und G. Spiteller, J. Org. Mass Spectrom. 2 , 865 (1969) .

Triaconten-(15) $C_{30}H_{60}$ (420)

$CH_3-(CH_2)_{13}-CH=CH-(CH_2)_{13}-CH_3$

84

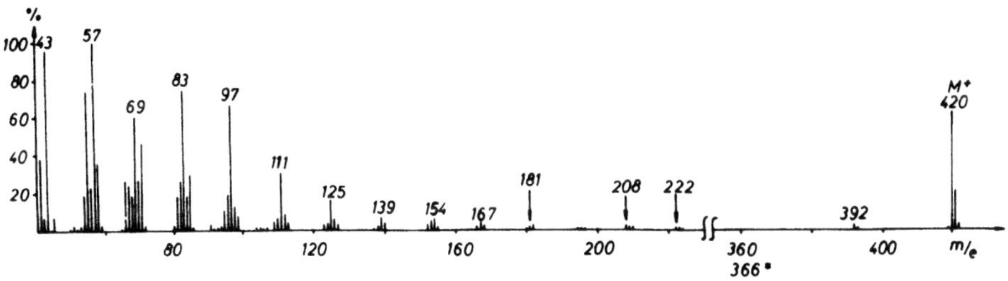

Aufnahmebedingungen :

EB 4 Ionenquelle, Direkteinführung

Elektronenenergie : 70 eV
Ionenquellentemperatur : 90°
Probenverdampfungstemperatur : 60°

Schlüsselionen : Gesättigte und ungesättigte Kohlenwasserstoffionen der Summenformeln $C_nH_{2n+1}^+$ und $C_nH_{2n-1}^+$

Literatur : M. Kraft und G. Spiteller, J. Org. Mass Spectrom. 2, 865 (1969).

2-Heptyl-nonen-(1)

$C_{16}H_{32}$ (224)

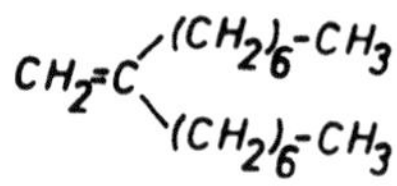

85

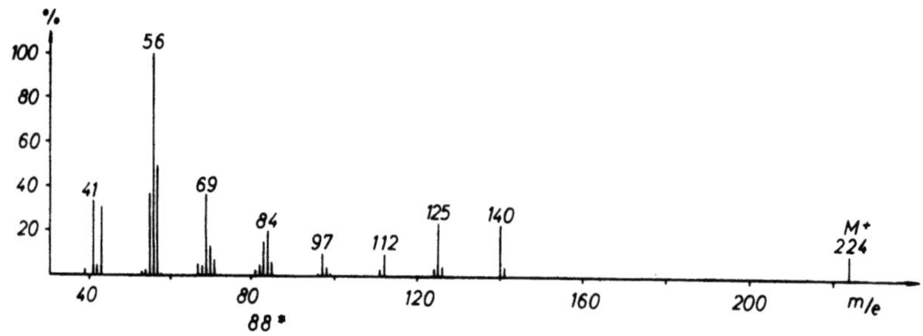

Aufnahmebedingungen :

EB 4 Ionenquelle, Kühlstab

Elektronenenergie : 70 eV
Ionenquellentemperatur : 70°

Probenverdampfungstemperatur : 20°

Schlüsselionen :

140: M-84 M-C_6H_{12}

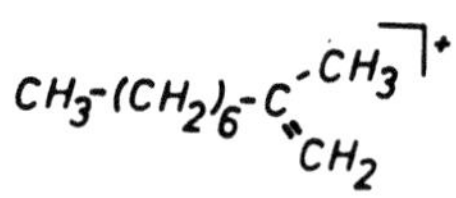

125: 140-15 140-CH_3•

Literatur : M. Kraft und G. Spiteller, J. Org. Mass Spectrom. 2, 865 (1969).
K. K. Mayer und C. Djerassi, J. Org. Mass Spectrom. 5, 817 (1971).

2, 6, 10, 15, 19, 23 Hexamethyl-tetracosa hexaen (2, 6, 10, 14, 18, 22)

(Squalen) $C_{30}H_{50}$ (410)

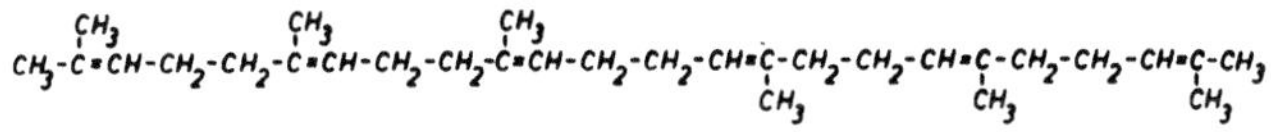

86

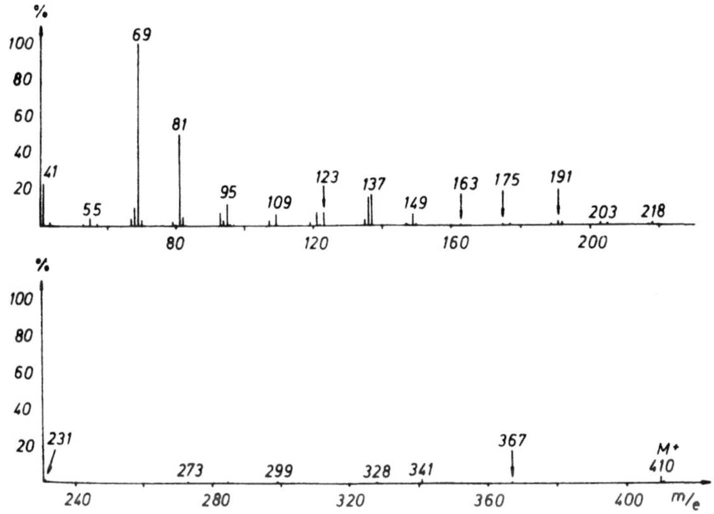

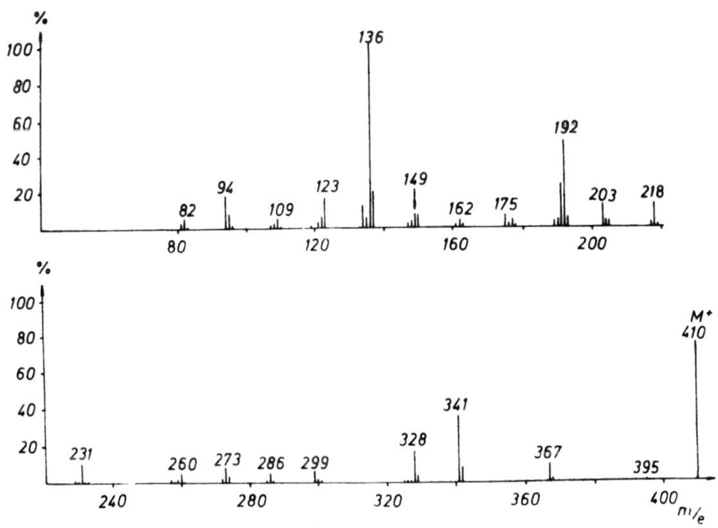

Squalen

Aufnahmebedingungen :

EB 4 Ionenquelle, Direkteinführung

Elektronenenergie : 70 eV, 14 eV
Ionenquellentemperatur : 120°
Probenverdampfungstemperatur : 50°

Schlüsselionen :

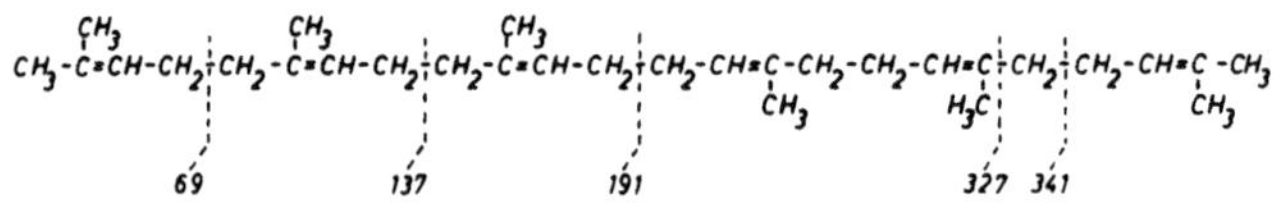

Literatur : Spektren Sammlung der Shell-Oil-Company, Houston Research Laboratory Nr. 58.

U. T. Bhalerao und H. Rapoport, J. Am. chem. Soc. 93, 105 (1971).

Nonin-(1) C_9H_{16}(124)

$CH_3-(CH_2)_6-C\equiv CH$

87

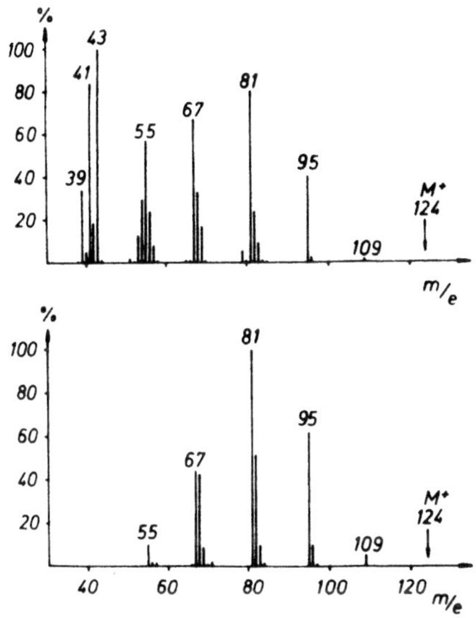

Aufnahmebedingungen :

EB 4 Ionenquelle, Gaseinlaß

Elektronenenergie : 70 eV, 17 eV
Ionenquellentemperatur : 80°

Schlüsselionen : Ionen der Formeln $C_nH_{2n-3}^+$ und $C_nH_{2n-2}^+$

Literatur : Z. Dolejšek, V. Hanuš und K. Vokáč, Advan. Mass Spectrom. 3, 503 (1966).

H. Luftmann und G. Spiteller, J. Org. Mass Spectrom. 5, 1073 (1971).

P. D. Woodgate, K. K. Mayer und C. Djerassi, J. Am. chem. Soc. 94, 3115 (1972).

Hexadecin-(1)

$CH_3-(CH_2)_{13}-C\equiv CH$

$C_{16}H_{30}$ (222)

88

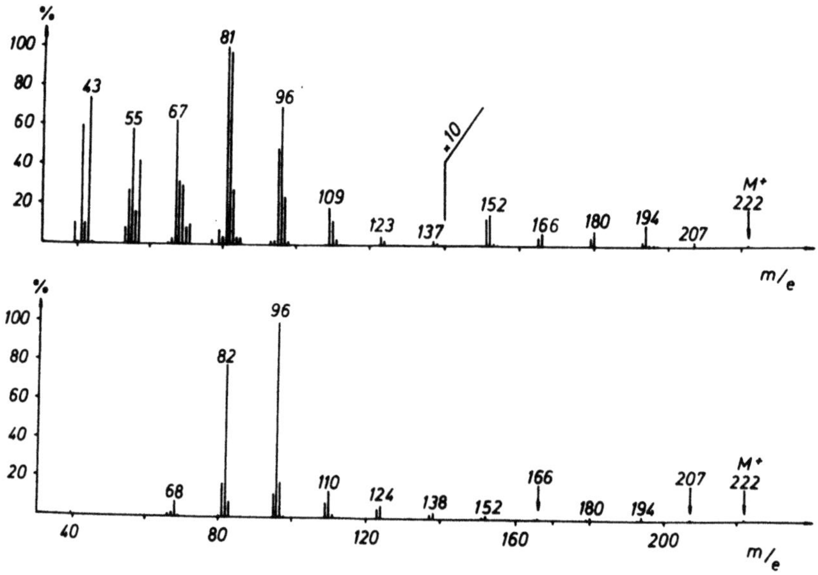

Aufnahmebedingungen :

EB 4 Ionenquelle, Direkteinführung

Elektronenenergie : 70 eV, 15 eV
Ionenquellentemperatur : 85°
Probenverdampfungstemperatur : 20°

Schlüsselionen :

96 : $CH_2=CH-CH_2-CH_2-CH_2-\overset{+\;\bullet}{CH-CH_2}$

82 : $CH_2=CH-CH_2-CH_2-\overset{+\;\bullet}{CH-CH_2}$

81 : 96 - 15 96 - $CH_3\bullet$

Literatur : H. Luftmann und G. Spiteller , J. Org. Mass Spectrom. 5 , 1073 (1971) .

Hexacosin-(13) $C_{26}H_{50}$ (362)

$CH_3-(CH_2)_{11}-C\equiv C-(CH_2)_{11}-CH_3$

89

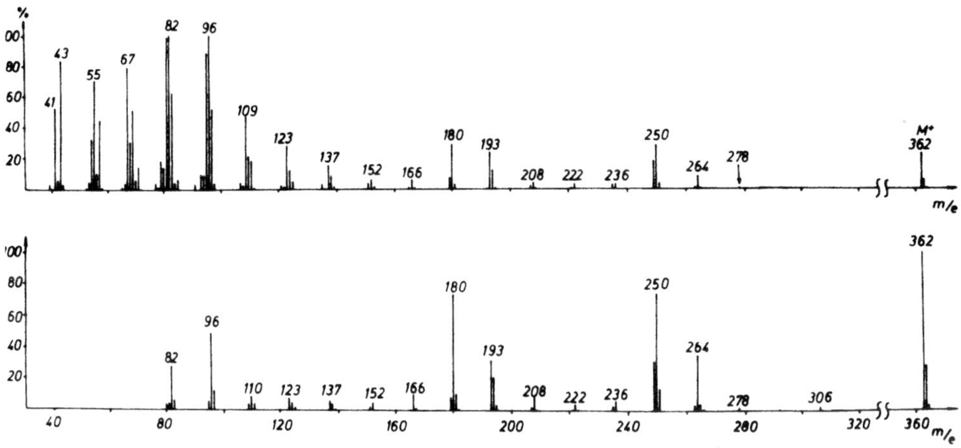

Aufnahmebedingungen :

EB 4 Ionenquelle, Direkteinführung

Elektronenenergie : 70 eV, 17 eV
Ionenquellentemperatur : 115°
Probenverdampfungstemperatur : 50°

Schlüsselionen :

264: $CH_3-(CH_2)_{11}-CH=CH-(CH_2)_3-CH=CH_2]^{+}$

250: $CH_3-(CH_2)_{11}-CH=CH-CH_2-(CH_2)_2-CH=CH_2]^{+}$

193: M-169 M- $CH_3-(CH_2)_{11}\bullet$

180: 250-70 250- C_5H_{10}

96: $CH_2=CH-(CH_2)_3-CH=CH_2]^{+}$

82: $CH_2=CH-(CH_2)_2-CH=CH_2]^{+}$

81: 96-15 96- $CH_3\bullet$

Literatur : H. Luftmann und G. Spiteller, J. Org. Mass Spectrom. 5, 1073 (1971).

Hexacosin-(11) $C_{26}H_{50}$ (362)

90

$CH_3-(CH_2)_9-C\equiv C-(CH_2)_{13}-CH_3$

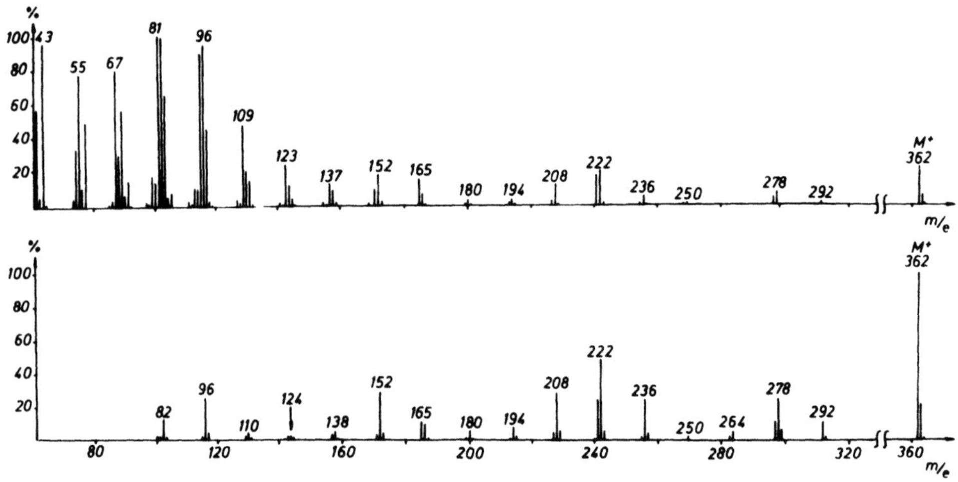

Aufnahmebedingungen :
EB 4 Ionenquelle, Direkteinführung

Elektronenenergie : 70 eV, 17 eV
Ionenquellentemperatur : 115°
Probenverdampfungstemperatur: 50°

292: $CH_3-(CH_2)_{13}-CH=CH-(CH_2)_3-CH=CH_2]^+$

278: $CH_3-(CH_2)_{13}-CH=CH-(CH_2)_2-CH=CH_2]^+$

236: $CH_3-(CH_2)_9-CH=CH-(CH_2)_3-CH=CH_2]^+$

222: $CH_3-(CH_2)_9-CH=CH-(CH_2)_2-CH=CH_2]^+$

208: 278 - 70 278 - C_5H_{10}

152: 222 - 70 222 - C_5H_{10}

96: $CH_2=CH-(CH_2)_3-CH=CH_2]^+$

82: $CH_2=CH-(CH_2)_2-CH=CH_2]^+$

Literatur : H. Luftmann und G. Spiteller, J. Org. Mass Spectrom. 5, 1073 (1971).

1-Fluordodecan $C_{12}H_{25}F$ (188)

$CH_3-(CH_2)_{10}-CH_2-F$

91

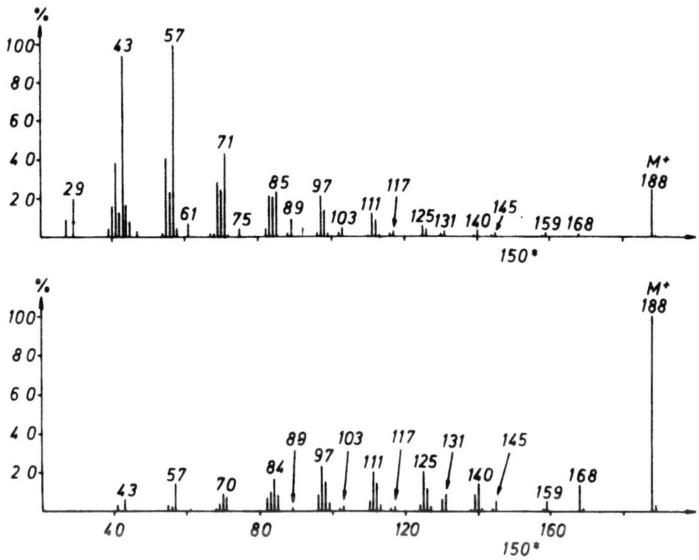

Aufnahmebedingungen :

EB 4 Ionenquelle, Kühlstab

Elektronenenergie : 70 eV, 14 eV
Ionenquellentemperatur : 50°
Probenverdampfungstemperatur : < 20°

Schlüsselionen :

168: M-20 M-HF

140: M-48 $M-(HF+CH_2=CH_2)$

61: $CH_2F-CH_2-CH_2^+$ (oder umgelagert) $^+CH(CH_3)(CH_2F)$

Literatur : F. W. McLafferty, Anal. Chem. 34, 2 (1962).

W. Carpenter, A. M. Duffield und C. Djerassi, Chem. Commun. 3, 1022 (1967).

1-Chlordodecan $C_{12}H_{25}Cl$ (204/206)

92

$CH_3-(CH_2)_{10}-CH_2-Cl$

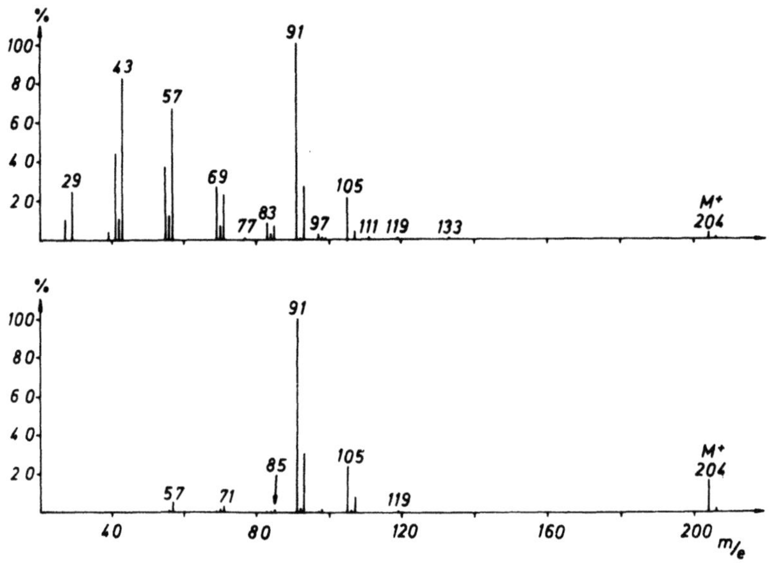

Aufnahmebedingungen :

EB 4 Ionenquelle, Kühlstab

Elektronenenergie : 70 eV, 16 eV
Ionenquellentemperatur : 80°
Probenverdampfungstemperatur : <20°

Schlüsselionen :

105/107 : 

91/93 : 

Literatur: F. W. McLafferty, Anal. Chem. 34, 2 (1962).

4-Chlor-dodecan

$C_{12}H_{25}Cl$ (204/206)

93

$CH_3-(CH_2)_2-\underset{\displaystyle Cl}{CH}-(CH_2)_7-CH_3$

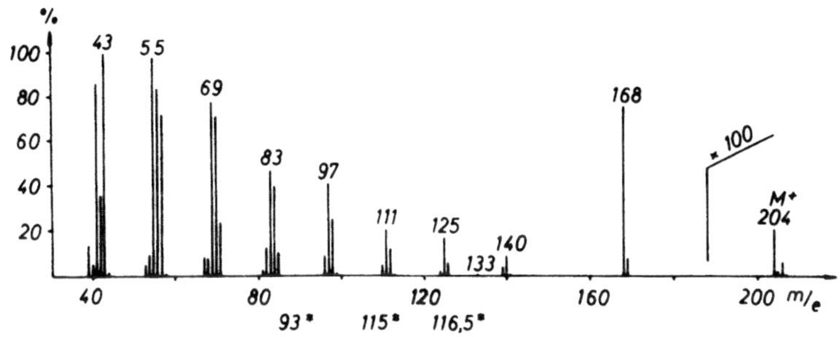

Aufnahmebedingungen :

EB 4 Ionenquelle, Kühlstab

Elektronenenergie : 70 eV
Ionenquellentemperatur : 50°
Probenverdampfungstemperatur : < 20°

Schlüsselionen :

168: M-36/38 M-HCl

Literatur : F. W. McLafferty, Anal. Chem. 34, 2 (1962).

1-Brom-dodecan

$C_{12}H_{25}Br$ (248/250)

94

$CH_3-(CH_2)_{10}-CH_2-Br$

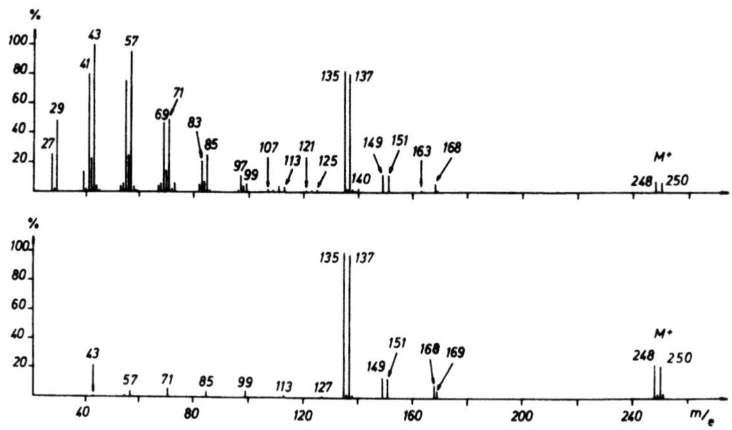

Aufnahmebedingungen :

EB 4 Ionenquelle, Kühlstab

Elektronenenergie : 70 eV, 15 eV
Ionenquellentemperatur : 50°
Probenverdampfungstemperatur : < 20°

Schlüsselionen :

168 : M - 80/82 M - HBr

149/151 :

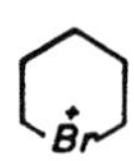

135/137 :

Literatur : F. W. McLafferty, Anal. Chem. 34, 2 (1962).

W. H. McFadden und M. Lounsbury, Can. J. Chem. 40, 1965 (1962).

1-Brom-octadecan

$C_{18}H_{37}Br$ (332/334)

95

CH_3-$(CH_2)_{16}$-CH_2-Br

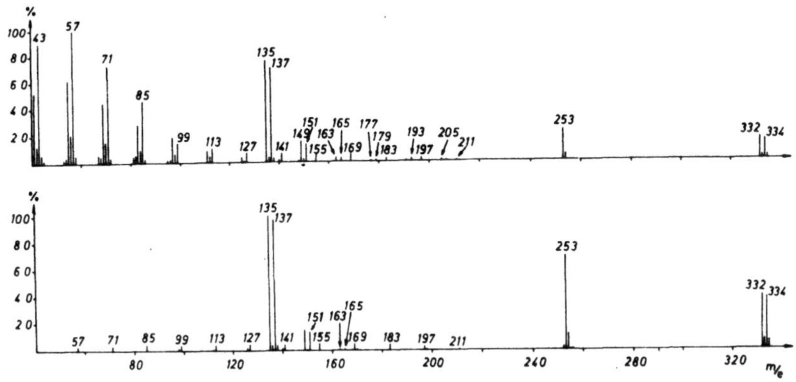

Aufnahmebedingungen :

EB 4 Ionenquelle, Direkteinführung

Elektronenenergie : 70 eV, 17 eV
Ionenquellentemperatur : 70°
Probenverdampfungstemperatur : 30°

Schlüsselionen :

253 : M - 79/81 M - Br•

149/151 : 

135/137 : 

Literatur : F. W. McLafferty, Anal. Chem. 34, 2 (1962).
W. H. McFadden und M. Lounsbury, Can. J. Chem. 40, 1965 (1962).

4-Brom-dodecan

$C_{12}H_{25}Br$ (248/250)

96

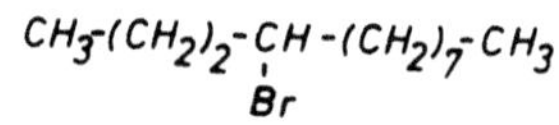

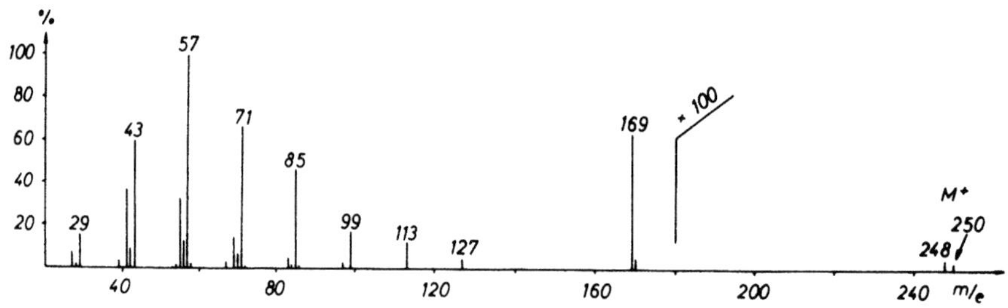

Aufnahmebedingungen :

EB 4 Ionenquelle, Kühlstab

Elektronenenergie : 70 eV
Ionenquellentemperatur : 70°
Probenverdampfungstemperatur : 20°

Schlüsselionen :

169 : M - 79/81 M - Br•

Literatur : F. W. McLafferty, Anal. Chem. 34, 2 (1962)

W. H. McFadden und M. Lounsbury, Can. J. chem. 40 , 1965 (1962) .

1-Jod-dodecan

$C_{12}H_{25}J$ (296)

$CH_3-(CH_2)_{10}-CH_2-J$

97

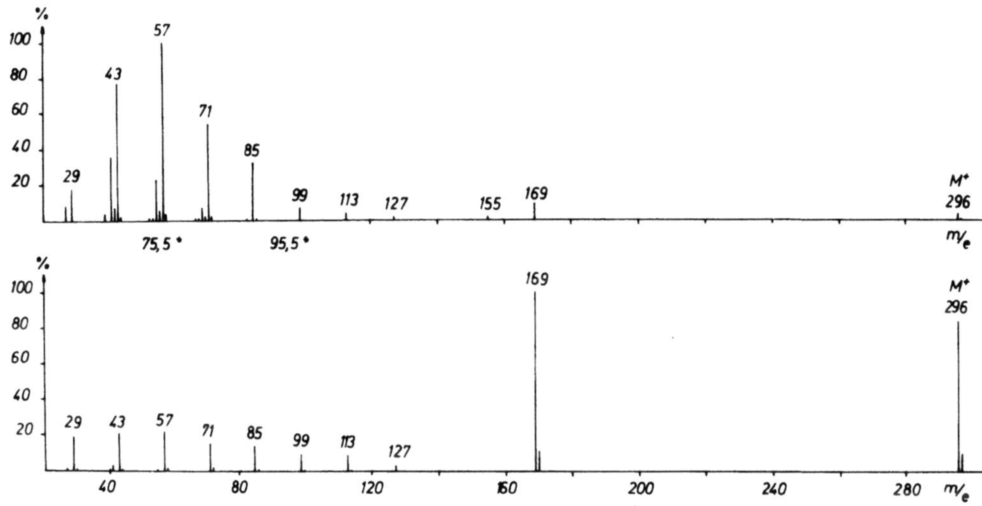

Aufnahmebedingungen :

EB 4 Ionenquelle, Direkteinführung

Elektronenenergie : 70 eV, 15 eV
Ionenquellentemperatur : 90°
Probenverdampfungstemperatur : <20°

Schlüsselionen :

169 : M - 127 M - J•

Literatur : F. W. McLafferty, Anal. Chem. 34,2 (1962).

4-Jod-dodecan

$C_{12}H_{25}J$ (296)

98

$CH_3-(CH_2)_2-\underset{\displaystyle J}{\underset{|}{C}}H-(CH_2)_7-CH_3$

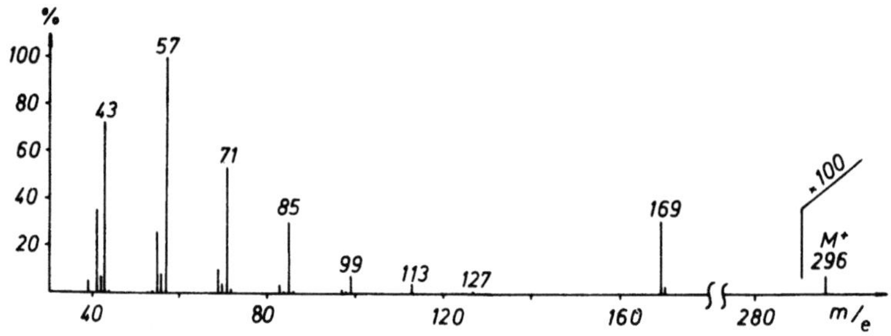

Aufnahmebedingungen :

EB 4 Ionenquelle, Kühlstab

Elektronenenergie : 70 eV
Ionenquellentemperatur : 50°
Probenverdampfungstemperatur: 20°

Schlüsselionen :

169 : M-127 M-J•

Literatur : F. W. McLafferty, Anal. Chem. 34, 2 (1962).

n-Heptadecanol-(1) $C_{17}H_{36}O$ (256)

99

$CH_3-(CH_2)_{15}-CH_2-OH$

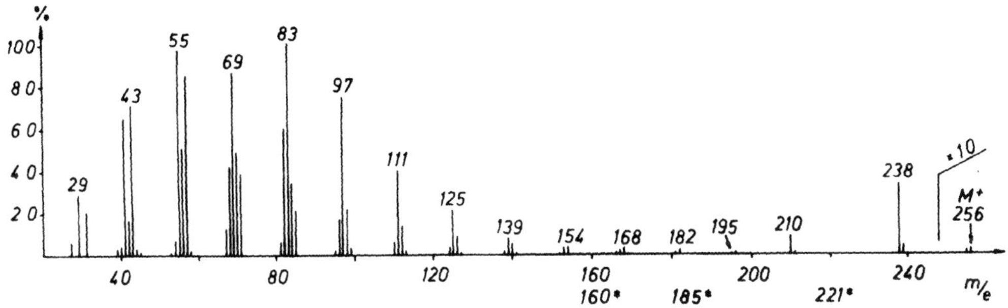

Aufnahmebedingungen :

EB 4 Ionenquelle, Direkteinführung

Elektronenenergie : 70 eV
Ionenquellentemperatur : 100°
Probenverdampfungstemperatur : 20°

Schlüsselionen :

238 : M - 18 $M - H_2O$

210 : M - 46 $M - (H_2O + CH_2=CH_2)$

31 : $CH_2=\overset{+}{O}H$

Literatur : R. A. Friedel, J. L. Shultz und A. G. Sharkey Jr., Anal. Chem. 28, 926 (1956).

W. Benz und K. Biemann, J. Am. chem. Soc. 86, 2375 (1964).

S. Meyerson und L. C. Leitch, J. Am. chem. Soc. 86, 2555 (1964).

Dodecanol-(4) $C_{12}H_{26}O$ (186)

100

$CH_3-(CH_2)_2-\underset{\displaystyle OH}{\underset{|}{CH}}-(CH_2)_7-CH_3$

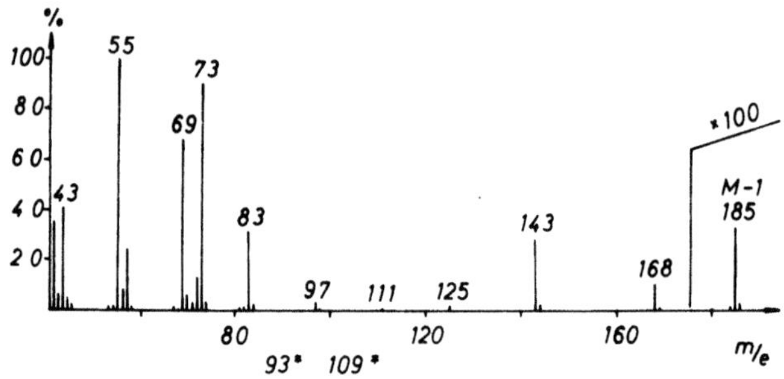

Aufnahmebedingungen :

EB 4 Ionenquelle , Kühlstab

Elektronenenergie : 70 eV
Ionenquellentemperatur : 70°
Probenverdampfungstemperatur : < 20°

Schlüsselionen :

185: M-1 $CH_3-(CH_2)_2-\underset{\overset{+}{O}H}{\overset{\|}{C}}-(CH_2)_7-CH_3$

168: M-18 $M-H_2O$

143: M-43 $CH_3-(CH_2)_7-CH=\overset{+}{O}H$

125: 143-18

73: $CH_3-(CH_2)_2-CH=\overset{+}{O}H$

Literatur : R. A. Friedel, J. L. Shultz und A. G. Sharkey Jr. , Anal. Chem. 28, 926 (1956) .

M. Kraft und G. Spiteller, Monatsh. 99. 1839 (1968) .

Penta-decanol-(7) $C_{15}H_{32}O$ (228)

101

$CH_3-(CH_2)_5-\underset{\displaystyle OH}{CH}-(CH_2)_7-CH_3$

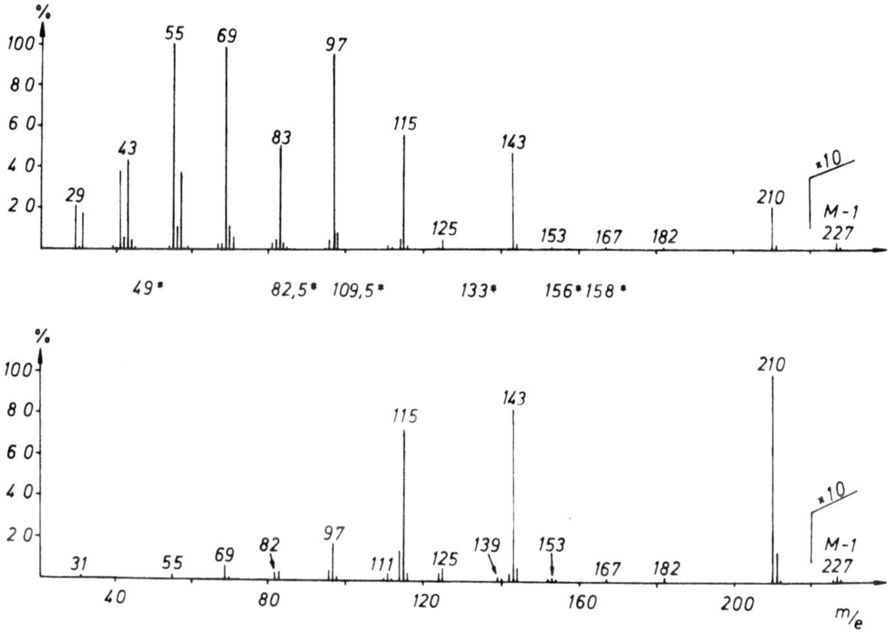

Aufnahmebedingungen :

EB 4 Ionenquelle, Direkteinführung

Elektronenenergie : 70 eV, 15 eV
Ionenquellentemperatur : 110°
Probenverdampfungstemperatur : 20°

Schlüsselionen :

210 : M - 18 $M-H_2O$

143 : M - 85 $CH_3-(CH_2)_7-CH=\overset{+}{O}H$

115 : M - 113 $CH_3-(CH_2)_5-CH=\overset{+}{O}H$

97 : 115-18 $115-H_2O$

Literatur : R. A. Friedel J. L. Shultz und A. G. Sharkey Jr., Anal. Chem. 28, 926 (1956).

M. Kraft und G. Spiteller, Monatsh 99, 1839 (1968).

5-Äthyl-undecanol-(5) $C_{13}H_{28}O$ (200)

102

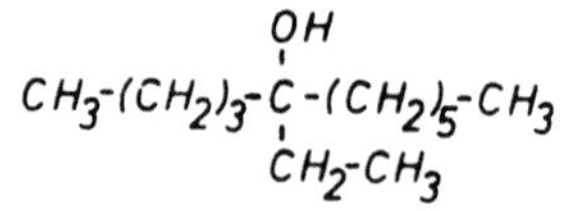

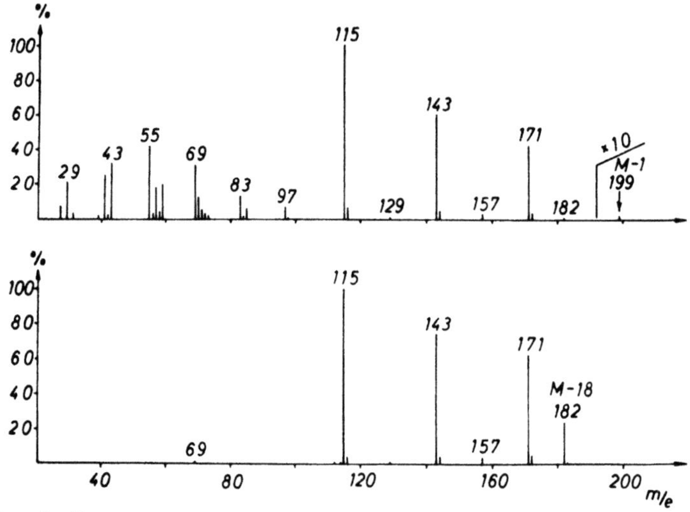

Aufnahmebedingungen :

EB 4 Ionenquelle, Direkteinführung

Elektronenenergie : 70 eV, 20 eV
Ionenquellentemperatur : 90°
Probenverdampfungstemperatur : 20°

Schlüsselionen :

182 : M-18 M-H_2O

171 : M-29 M-$C_2H_5\bullet$ $CH_3-(CH_2)_3-C(=\overset{+}{O}H)-(CH_2)_5-CH_3$

143 : M-57 M-$CH_3-(CH_2)_3\bullet$ $CH_3-CH_2-C(=\overset{+}{O}H)-(CH_2)_5-CH_3$

115 : M-85 M-$CH_3-(CH_2)_5\bullet$ $CH_3-(CH_2)_3-C(=\overset{+}{O}H)-CH_2-CH_3$

Literatur : R. A. Friedel, J. L. Shultz und A. G. Sharkey Jr., Anal. Chem. 28, 926 (1956).

M. Kraft und G. Spiteller, Monatsh. 99, 1839 (1968).

Nonen-(2)-ol-(4) $C_9H_{18}O$ (142)

103

$$CH_3-CH=CH-\underset{OH}{CH}-(CH_2)_4-CH_3$$

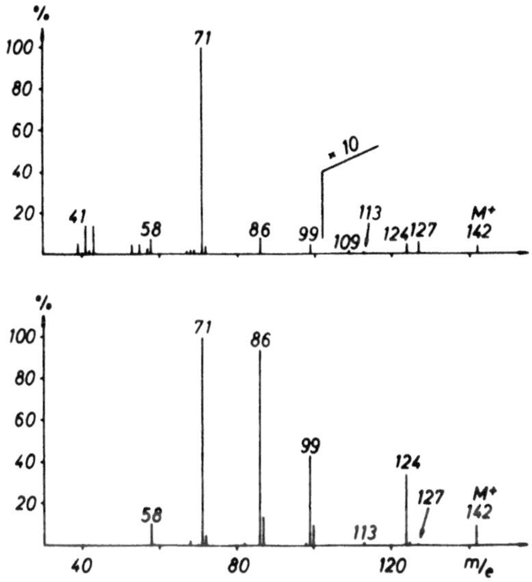

Aufnahmebedingungen :

EB 4 Ionenquelle, Kühlstab

Elektronenenergie : 70 eV, 18 eV
Ionenquellentemperatur : 90°
Probenverdampfungstemperatur : < 20°

Schlüsselionen :

124 : M - 18 $M-H_2O$

99 : M - 43 $O=\overset{+}{C}-(CH_2)_4-CH_3$

86 : $\left[CH_3-(CH_2)_2-\underset{OH}{C}=CH_2\right]^{+}$

71 : $CH_3-CH_2-CH_2-\overset{+}{C}=O$ und 99 - 28 (CO)

58 : $\left[CH_3-\underset{OH}{C}=CH_2\right]^{+}$

Literatur : M. Kraft und G. Spiteller, J. Org. Mass Spectrom. 1, 617 (1968).
B. Willhalm und A. F. Thomas, J. Org. Mass Spectrom. 1, 627 (1968).

Phytol $C_{20}H_{40}O$ (296)

104

$CH_3-CH(CH_3)-(CH_2)_3-CH(CH_3)-(CH_2)_3-CH(CH_3)-(CH_2)_3-C(CH_3)=CH-CH_2-OH$

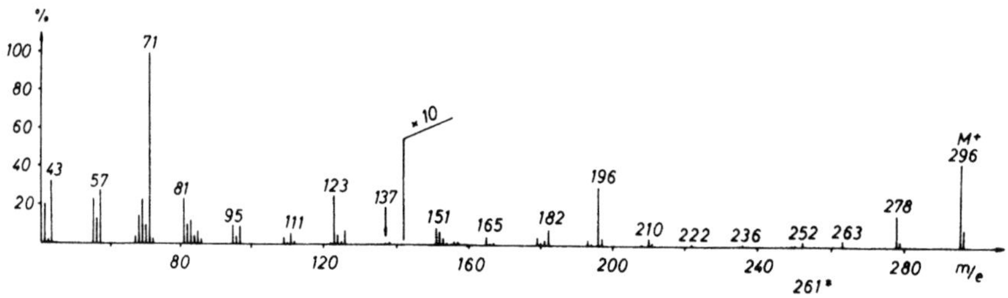

Aufnahmebedingungen :

EB 4 Ionenquelle, Direkteinführung

Elektronenenergie : 70 eV
Ionenquellentemperatur : 70°
Probenverdampfungstemperatur : 20°

Schlüsselionen :

278: M-18

196: M-100 $[CH_3-CH(CH_3)-(CH_2)_3-CH(CH_3)-(CH_2)_3-C(CH_3)=CH_2]^{+}$

123: $C_9H_{15}^{+}$ $^{+}CH(CH_3)-CH_2-CH_2-CH=C(CH_3)-CH=CH_2$

71: $H\overset{+}{C}(CH_3)-CH_2-CH=O$

Dodecan-thiol-(1) $C_{12}H_{26}S$ (202)

$CH_3-(CH_2)_{10}-CH_2-SH$

105

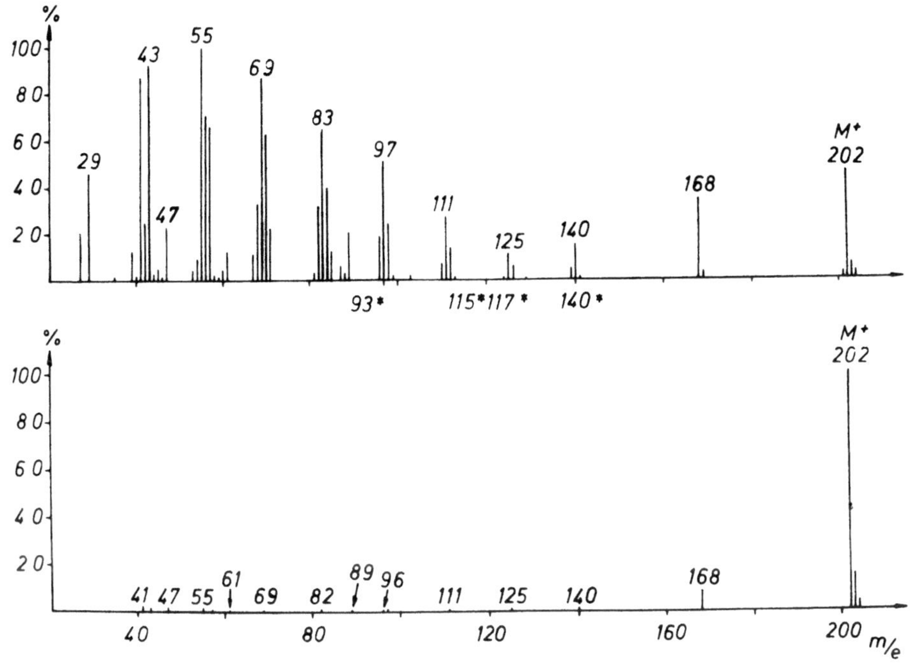

Aufnahmebedingungen :

EB 4 Ionenquelle, Kühlstab
Elektronenenergie : 70 eV, 16 eV
Ionenquellentemperatur : 50°
Probenverdampfungstemperatur : < 20°

Schlüsselionen :

168 : M - 34 M - H_2S

140 : M - 62 M - (H_2S + $CH_2=CH_2$)

89 :

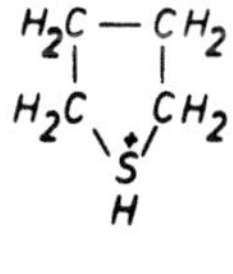

61 :

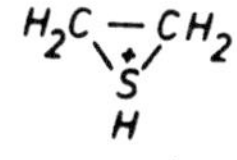

47 : $CH_2=\overset{+}{S}H$

Literatur : E. J. Levy und W. A. Stahl, Anal. Chem. 33, 707 (1961).

A. M. Duffield, W. Carpenter und C. Djerassi, Chem. Commun. 3, 109 (1967).

Dodecan-thiol-(4)

$C_{12}H_{26}S$ (202)

$CH_3-(CH_2)_2-CH(SH)-(CH_2)_7-CH_3$

106

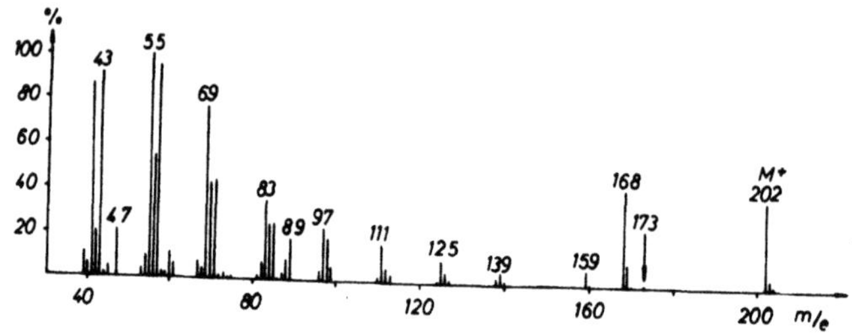

Aufnahmebedingungen :

EB 4 Ionenquelle, Kühlstab

Elektronenenergie : 70 eV
Ionenquellentemperatur : 50°
Probenverdampfungstemperatur : <20°

Schlüsselionen :

168: M-34 $M-H_2S$

159: M-43 $M-C_3H_7\bullet$ $CH_3-(CH_2)_7-CH=\overset{+}{S}H$

89: M-113 $M-C_8H_{17}\bullet$ $CH_3-(CH_2)_2-CH=\overset{+}{S}H$

47: 159-112, 89-42 $CH_2=\overset{+}{S}H$

Literatur : E. J. Levy und W. A. Stahl, Anal. Chem. 33, 707 (1961).

A. M. Duffield, W. Carpenter und C. Djerassi, Chem. Commun. 3, 109 (1967).

n-Dodecyl-methyl-äther

$C_{13}H_{28}O$ (200)

$CH_3-(CH_2)_{10}-CH_2-O-CH_3$

107

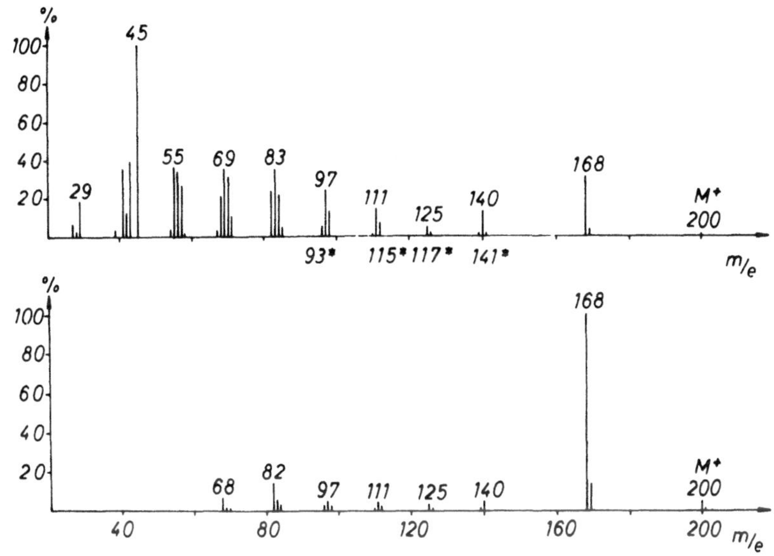

Aufnahmebedingungen :

EB 4 Ionenquelle, Kühlstab

Elektronenenergie : 70 eV, 17 eV
Ionenquellentemperatur : 100°
Probenverdampfungstemperatur : <20°

Schlüsselionen :

168 : M-32 $M-CH_3OH$

140 : M-60 $M-(CH_3OH+CH_2=CH_2)$

45 : $CH_2=\overset{+}{O}-CH_3$

Literatur : F. W. McLafferty, Anal. Chem. 29, 1782 (1957).

C. Djerassi und C. Fenselau, J. Am. chem. Soc. 87, 5747 (1965).

M. Spiteller-Friedmann und G. Spiteller, Chem. Ber. 100, 79 (1967).

(1-Propyl)-nonyl-methyl-äther (4-Methoxydodecan) $C_{13}H_{28}O$ (200)

108

$$CH_3-(CH_2)_2-\underset{\displaystyle OCH_3}{\underset{|}{CH}}-(CH_2)_7-CH_3$$

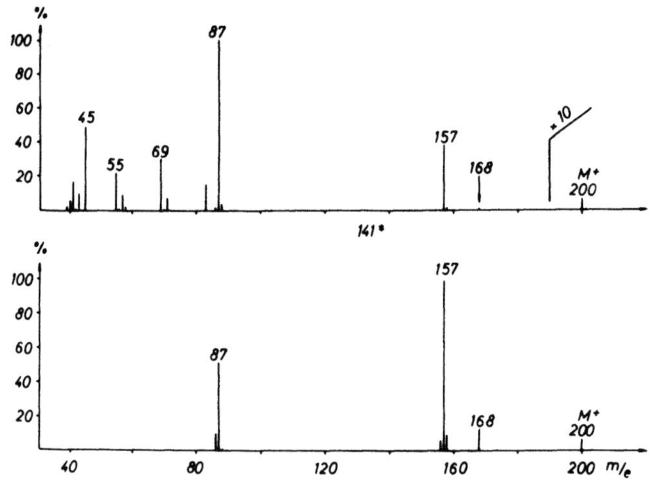

Aufnahmebedingungen :

EB 4 Ionenquelle, Kühlstab

Elektronenenergie : 70 eV, 16,5 eV
Ionenquellentemperatur : 70°
Probenverdampfungstemperatur : <20°

Schlüsselionen :

168:	M-32	$M-CH_3OH$	
157:	M-43	$M-C_3H_7\bullet$	$CH_3-(CH_2)_7-CH=\overset{+}{O}CH_3$
87:	M-113	$M-C_8H_{17}\bullet$	$CH_3-(CH_2)_2-CH=\overset{+}{O}CH_3$
45:	157-112, 87-42		$CH_2=\overset{+}{O}CH_3$

Literatur : C. Djerassi und C. Fenselau, J. Am. chem. Soc. 87, 5747 (1965).

Di-n-dodecyl-äther $C_{24}H_{50}O$ (354)

$CH_3-(CH_2)_{11}-O-(CH_2)_{11}-CH_3$

109

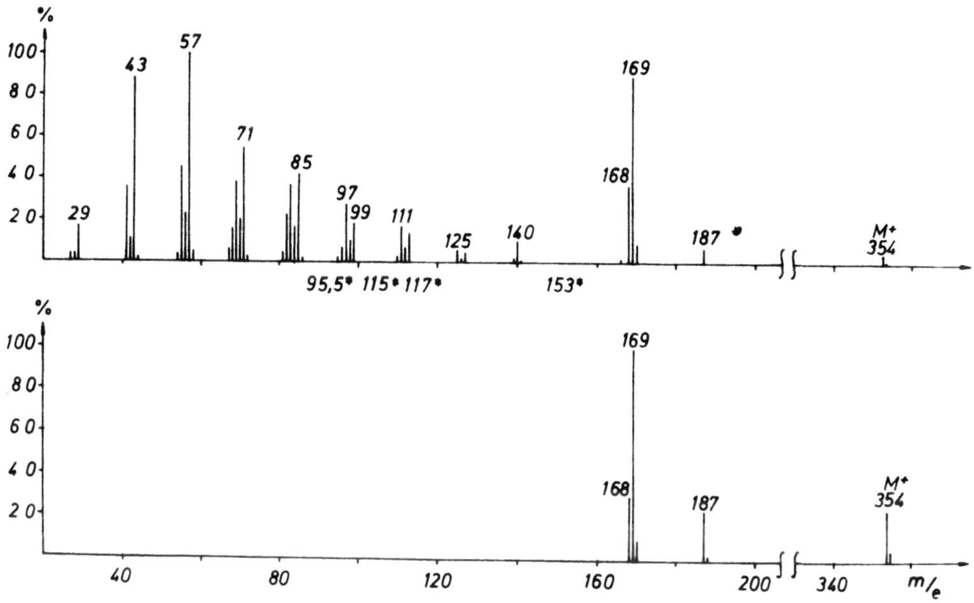

Aufnahmebedingungen :

TO 4 Ionenquelle, Direkteinführung

Elektronenenergie : 70 eV, 12 eV
Ionenquellentemperatur : 70°

Schlüsselionen :

187 : $CH_3-(CH_2)_{11}-\overset{+}{O}H_2$

169 : 187 - 18 $CH_3-(CH_2)_{10}-CH_2^+$

168 : $C_{12}H_{24}^+$

Literatur : F. W. McLafferty, Anal. Chem. 29, 1782 (1957).

M. Spiteller-Friedmann und G. Spiteller, Chem. Ber. 100, 79 (1967).

n-Dodecyl-n-propyl-äther $C_{15}H_{32}O$ (228)

110

$CH_3-(CH_2)_{10}-CH_2-O-CH_2-CH_2-CH_3$

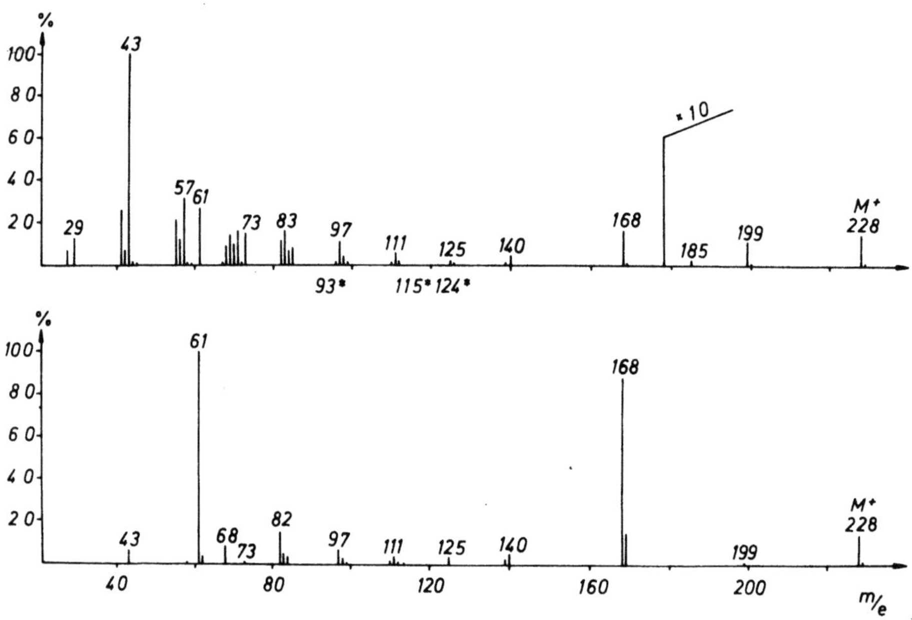

Aufnahmebedingungen :

EB 4 Ionenquelle, Kühlstab

Elektronenenergie : 70 eV, 16 eV
Ionenquellentemperatur : 70°
Probenverdampfungstemperatur : < 20°

Schlüsselionen :

168 : M - 60 $M - CH_3-CH_2-CH_2-OH$

73 : $CH_3-CH_2-CH_2-\overset{+}{O}=CH_2$

61 : $CH_3-CH_2-CH_2-\overset{+}{O}H_2$

43 : $CH_3-CH_2-CH_2^+$

Literatur : F. W. McLafferty, Anal. Chem. 29, 1782 (1957).
M. Spiteller-Friedmann und G. Spiteller, Chem. Ber. 100, 79 (1967).
C. Djerassi und C. Fenselau, J. Am. chem. Soc. 87, 5747 (1965).

(1-Propyl)-nonyl-n-propyläther $C_{15}H_{32}O$ (228)

111

$CH_3-(CH_2)_2-CH-(CH_2)_7-CH_3$
$\qquad\qquad\qquad\quad |$
$\qquad\qquad\quad O-(CH_2)_2-CH_3$

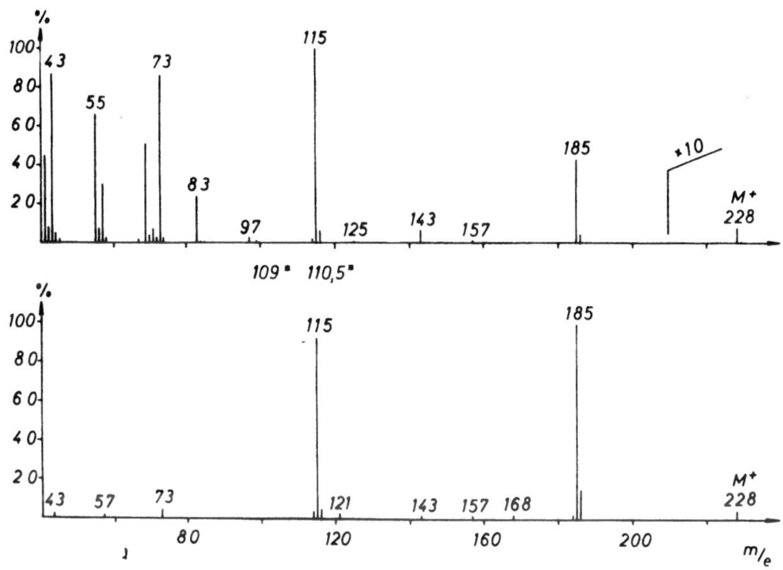

Aufnahmebedingungen :

EB 4 Ionenquelle, Direkteinführung

Elektronenenergie : 70 eV, 17 eV

Ionenquellentemperatur : 50°

Probenverdampfungstemperatur : 20°

Schlüsselionen :

185 : M-43 $\quad CH_3-(CH_2)_2-\overset{+}{O}=CH-(CH_2)_7-CH_3$

143 : 185-42 $\quad$ 185 - $CH_3-CH=CH_2$ $\quad CH_3-(CH_2)_7-CH=\overset{+}{O}H$

115 : M-113 $\quad CH_3-(CH_2)_2-\overset{+}{O}=CH-(CH_2)_2-CH_3$

73 : 115-42 $\quad$ 115 - $CH_3-CH=CH_2$ $\quad CH_3-(CH_2)_2-CH=\overset{+}{O}H$

Literatur : C. Djerassi und C. Fenselau, J. Am. chem. Soc. 87, 5747 (1965).

(1-Propyl)-nonyl-trimethylsilyl-äther $C_{15}H_{34}OSi$ (258)

112

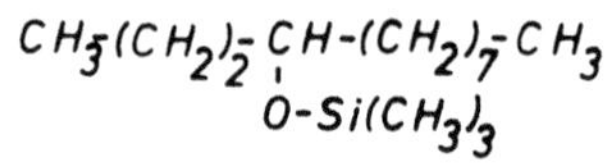

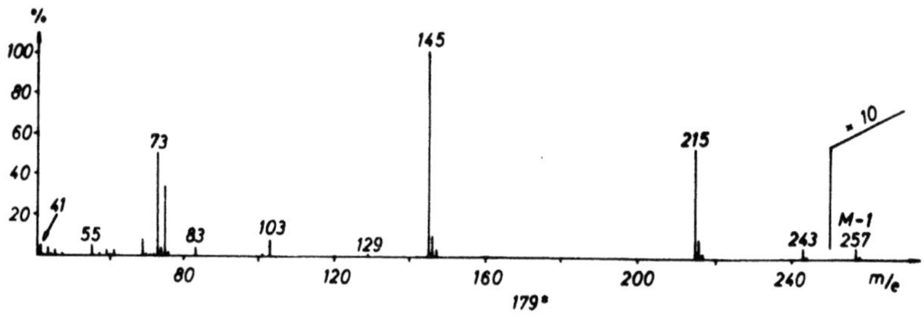

Aufnahmebedingungen :

EB 4 Ionenquelle , Kühlstab

Elektronenenergie : 70 eV
Ionenquellentemperatur : 50°
Probenverdampfungstemperatur : 20°

Schlüsselionen :

257: M-1 $CH_3(CH_2)_2\text{-}C(=\overset{+}{O}\text{-}Si(CH_3)_3)\text{-}(CH_2)_7\text{-}CH_3$

243: M-15 M- $CH_3\bullet$

215: M-43 M- $C_3H_7\bullet$ $CH_3(CH_2)_7\text{-}CH=\overset{+}{O}\text{-}Si(CH_3)_3$

145: M-113 M- $C_8H_{17}\bullet$ $CH_3(CH_2)_2\text{-}CH=\overset{+}{O}\text{-}Si(CH_3)_3$

103: 215-112, 145-42 $CH_2=\overset{+}{O}\text{-}Si(CH_3)_3$

75: $(CH_3)_2Si=\overset{+}{O}H$

73: $(CH_3)_3Si^+$

Literatur : A. G. Sharkey Jr., R. A. Friedel und S. H. Langer, Anal. Chem. 29, 770 (1957).

G. J. Karabatsos, R. A. Mount, D. O. Rickter und S. Meyerson, J. Am. chem. Soc. 88, 5651 (1966).

n-Dodecyl-methyl-thioäther

$C_{13}H_{28}S$ (216)

113

$CH_3-(CH_2)_{10}-CH_2-S-CH_3$

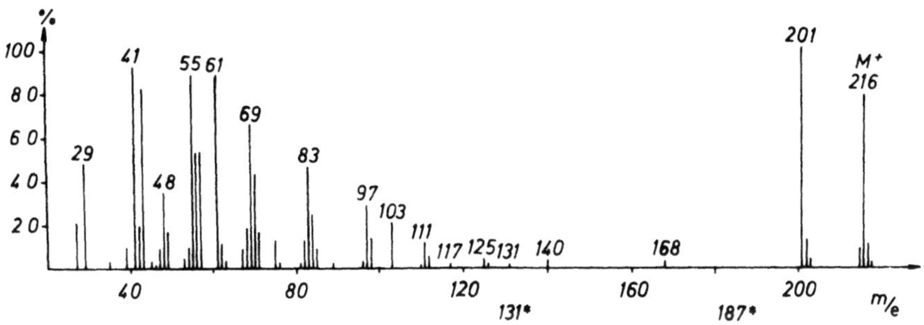

Aufnahmebedingungen :

EB 4 Ionenquelle, Direkteinführung

Elektronenenergie : 70 eV

Ionenquellentemperatur : 50°

Probenverdampfungstemperatur : 20°

Schlüsselionen :

201 : M - 15 $CH_3-(CH_2)_{10}-CH_2-\overline{S}^+$

61 : $CH_2=\overset{+}{\underline{S}}-CH_3$

168 : M - 48 M - CH_3SH

48 : $CH_3-\overset{\bullet+}{\underline{S}}-H$

103 :

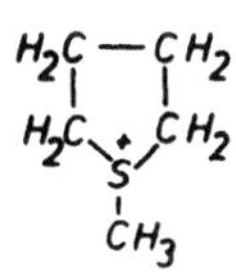

75 :

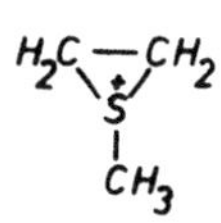

Literatur : E. J. Levy und W. A. Stahl, Anal. Chem. 33, 707 (1961).

S. Sample und C. Djerassi, J. Am. chem. Soc. 88, 1937 (1966).

114

n-Dodecyl-n-propyl-thioäther

$C_{15}H_{32}S$ (244)

$CH_3\text{-}(CH_2)_{10}\text{-}CH_2\text{-}S\text{-}CH_2\text{-}CH_2\text{-}CH_3$

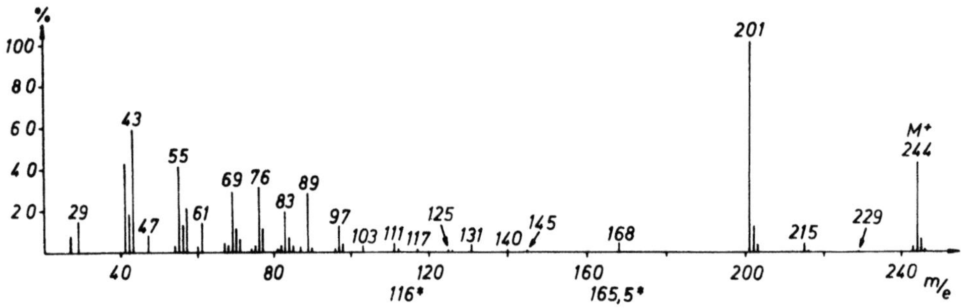

Aufnahmebedingungen :

EB 4 Ionenquelle, Direkteinführung

Elektronenenergie : 70 eV
Ionenquellentemperatur : 80°
Probenverdampfungstemperatur : 20°

Schlüsselionen :

201 : M - 43 $\quad CH_3\text{-}(CH_2)_{10}\text{-}CH_2\text{-}\overset{+}{S}|$

168 : M - 76 $\quad M - CH_3\text{-}CH_2\text{-}CH_2\text{-}SH$

89 : $CH_3\text{-}CH_2\text{-}CH_2\text{-}\overset{+}{S}=CH_2$

76 : $CH_3\text{-}CH_2\text{-}CH_2\text{-}\overset{\bullet +}{S}H$

61 : $CH_3\text{-}\overset{+}{S}=CH_2$

47 : $CH_2=\overset{+}{S}H$

Literatur : E. J. Levy und W. A. Stahl, Anal. Chem. 33, 707 (1961).

S. Sample und C. Djerassi, J. Am. chem. Soc. 88, 1937 (1966).

n-Decyl-isopropyl-thioäther

$C_{13}H_{28}S$ (216)

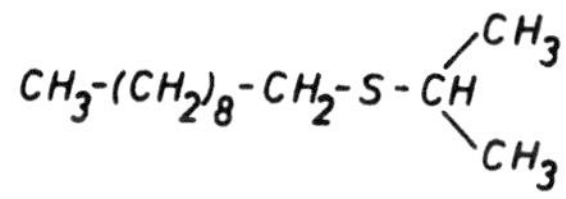

115

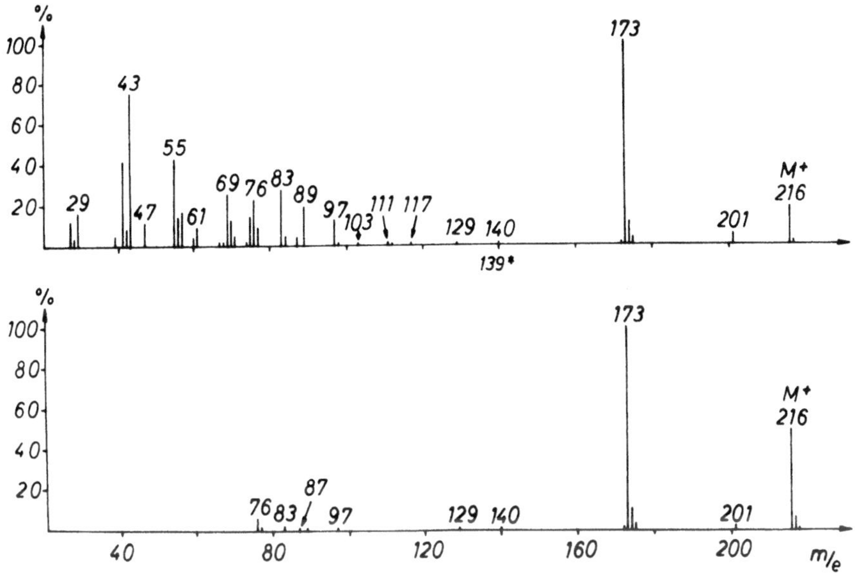

Aufnahmebedingungen :

EB 4 Ionenquelle, Direkteinführung
Elektronenenergie : 70 eV, 15 eV
Ionenquellentemperatur : 90°
Probenverdampfungstemperatur : 20°

Schlüsselionen :

201 : M-15 $CH_3-(CH_2)_8-CH_2-\overset{+}{S}=CH-CH_3$

173 : M-43 $CH_3-(CH_2)_8-CH_2-\overset{+}{S}|$

140 : M-76 M- 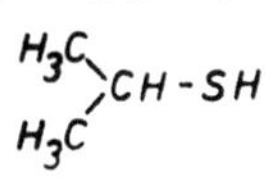

89 : 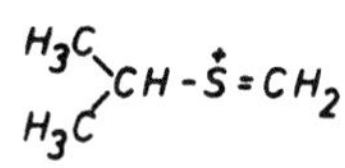

76 : 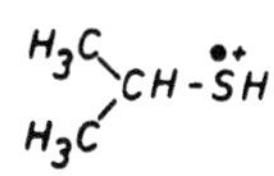

47 : $CH_2=\overset{+}{S}H$

Literatur : E. J. Levy und W. A. Stahl, Anal. Chem. 33, 707 (1961).
S. Sample und C. Djerassi, J. Am. chem. Soc. 88, 1937 (1966).

(1-Propyl)-nonyl-methyl-thioäther (4-Thiomethyl-dodecan) $C_{13}H_{28}S$ (216)

116

$CH_3-(CH_2)_2-\underset{\displaystyle S-CH_3}{\underset{|}{C}}H-(CH_2)_7-CH_3$

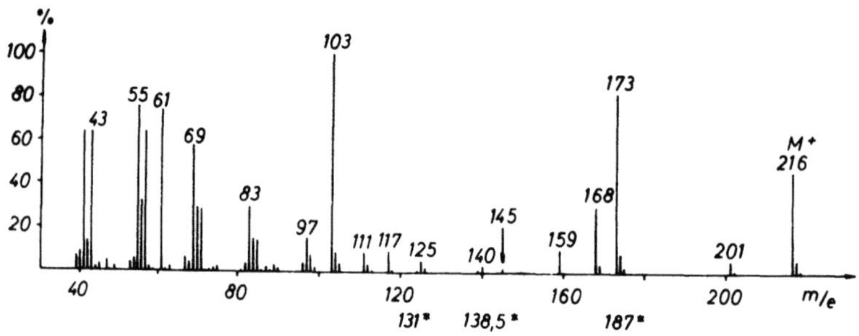

Aufnahmebedingungen :

EB 4 Ionenquelle, Kühlstab

Elektronenenergie : 70 eV

Ionenquellentemperatur : 80°
Probenverdampfungstemperatur : 20°

Schlüsselionen :

201: M-15 M-$CH_3\bullet$

173: M-43 M-$C_3H_7\bullet$ $CH_3-\overset{+}{S}=CH-(CH_2)_7-CH_3$

168: M-48 M-CH_3SH

159: 201-42 (C_3H_6)

117: $CH_3-\overset{+}{S}-CH-(CH_2)_2-CH_3$ (ring: S–CH_2–CH)

103: M-113 M-$C_8H_{17}\bullet$ $CH_3-\overset{+}{S}=CH-(CH_2)_2-CH_3$

61: 103-42, 173-112 $CH_3-\overset{+}{S}=CH_2$

Literatur : E. J. Levy und W. A. Stahl, Anal. Chem. 33, 707 (1961).

S. Sample und C. Djerassi, J. Am. chem. Soc. 88, 1937 (1966).

Di-n-hexyl-disulfid $C_{12}H_{26}S_2$ (234)

117

$CH_3\text{-}(CH_2)_5\text{-}S\text{-}S\text{-}(CH_2)_5\text{-}CH_3$

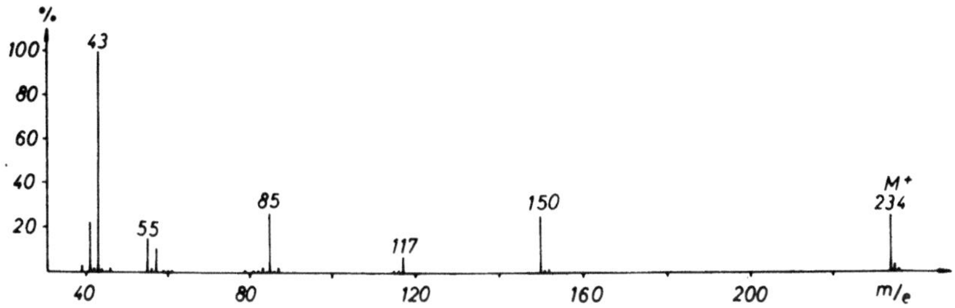

Aufnahmebedingungen :

EB 4 Ionenquelle, Direkteinführung

Elektronenenergie : 70 eV
Ionenquellentemperatur : 70°
Probenverdampfungstemperatur : 20°

Schlüsselionen :

150: M-84 $M-C_6H_{12}$ $CH_3\text{-}(CH_2)_5\text{-}S\text{-}S\text{-}H]^{+}$

117: M-117 $CH_3\text{-}(CH_2)_5\text{-}\overset{+}{S}|$

85: $C_6H_{13}^{+}$

43: 85-42 $85-C_3H_6$

Literatur : R. G. Gillis und J. L. Occolowitz, Tetrahedron Letters 1966, 1997.

J. H. Bowie, S. -O. Lawesson, J. Ø. Madsen, C. Nolde, G. Schroll und D. H. Williams, J. chem. Soc. (B) 1966, 946.

n-Dodecylamin

$C_{12}H_{27}N$ (185)

$CH_3-(CH_2)_{11}-NH_2$

118

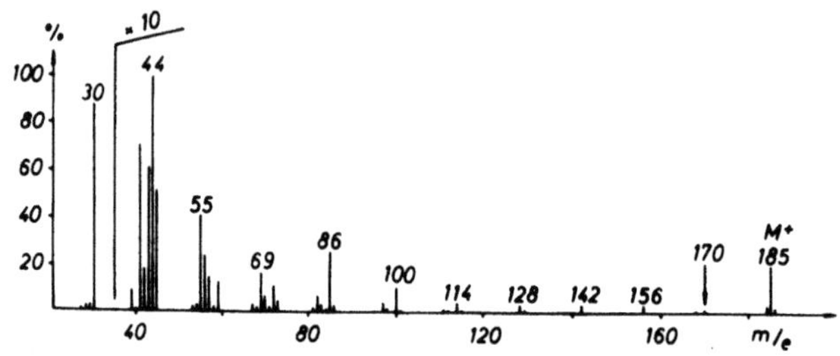

Aufnahmebedingungen :

EB 4 Ionenquelle, Direkteinführung

Elektronenenergie : 70 eV
Ionenquellentemperatur : 80°
Probenverdampfungstemperatur : 20 °

Schlüsselionen :

44: 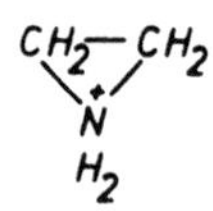

30: 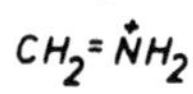

Literatur : R. S. Gohlke und F. W. McLafferty, Anal. Chem. 34, 1281 (1962).

(1-Propyl)-nonylamin (4-Amino-dodecan) $C_{12}H_{27}N$ (185)

119

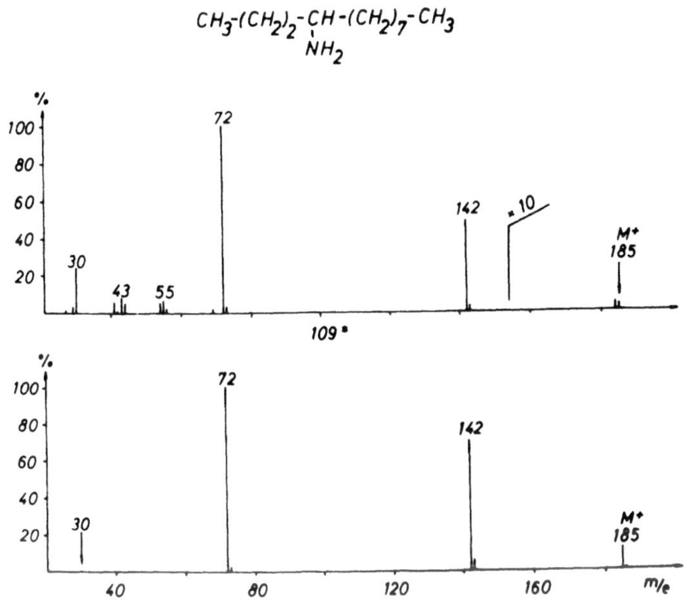

Aufnahmebedingungen :

EB 4 Ionenquelle, Direkteinführung

Elektronenenergie : 70 eV, 18 eV
Ionenquellentemperatur : 70°
Probenverdampfungstemperatur : 20°

Schlüsselionen :

142 : M-43 $CH_3-(CH_2)_7-CH=\overset{+}{N}H_2$

72 : M-113 $CH_3-(CH_2)_2-CH=\overset{+}{N}H_2$

30 : $CH_2=\overset{+}{N}H_2$

Literatur : R. S. Gohlke und F. W. McLafferty, Anal. Chem. 34, 1281 (1962).
C. Djerassi und C. Fenselau, J. Am. chem. Soc. 87, 5752 (1965).

n- Dodecyl-n-butylamin $C_{16}H_{35}N$ (241)

120

$CH_3-(CH_2)_{11}-NH-(CH_2)_3-CH_3$

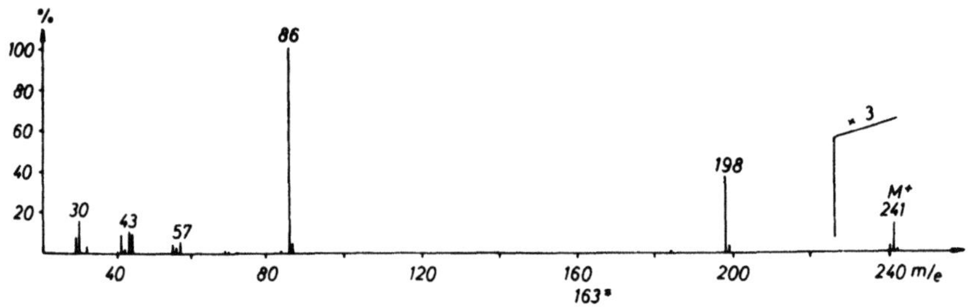

Aufnahmebedingungen :

EB 4 Ionenquelle , Direkteinführung

Elektronenenergie : 70 eV
Ionenquellentemperatur : 70°
Probenverdampfungstemperatur : 20°

Schlüsselionen :

198: M-43 M-C_3H_7• $CH_3-(CH_2)_{11}-\overset{+}{N}H=CH_2$

86: M-155 M-$C_{11}H_{23}$• $CH_3-(CH_2)_3-\overset{+}{N}H=CH_2$

30: 198-168, 86-56 $CH_2=\overset{+}{N}H_2$

Literatur : R. S. Gohlke und F. W. McLafferty, Anal. Chem. 34 , 1281 (1962) .
C. Djerassi und C. Fenselau, J. Am. chem. Soc. 87, 5752 (1965) .

N, N-Dimethyl-n-dodecyl-amin

$C_{14}H_{31}N$ (213)

121

$CH_3-(CH_2)_{10}-CH_2-N\begin{smallmatrix}CH_3\\CH_3\end{smallmatrix}$

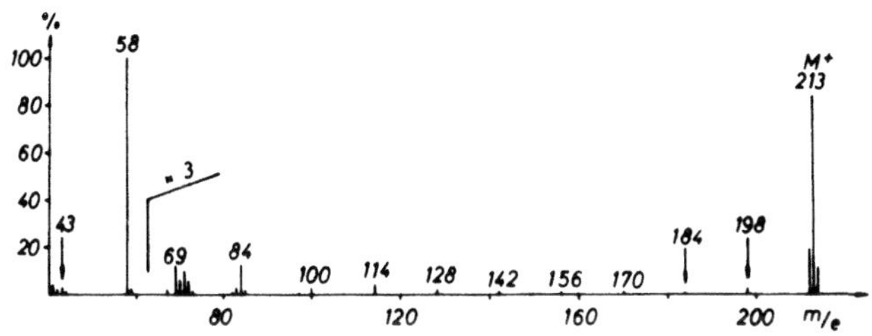

Aufnahmebedingungen :

EB 4 Ionenquelle, Direkteinführung

Elektronenenergie : 70 eV
Ionenquellentemperatur : 60°
Probenverdampfungstemperatur : 20°

Schlüsselionen :

58: $(H_3C)_2\overset{+}{N}=CH_2$

Literatur : R. S. Gohlke und F. W. McLafferty, Anal. Chem. 34, 1281 (1962)

(1-Propyl)-nonyl-dimethyl-amin $C_{14}H_{31}N$ (213)

122

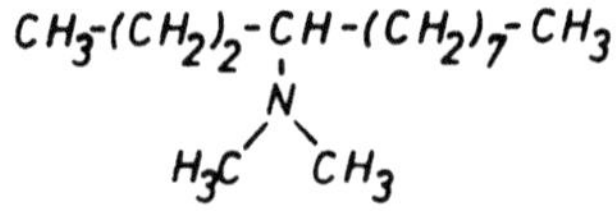

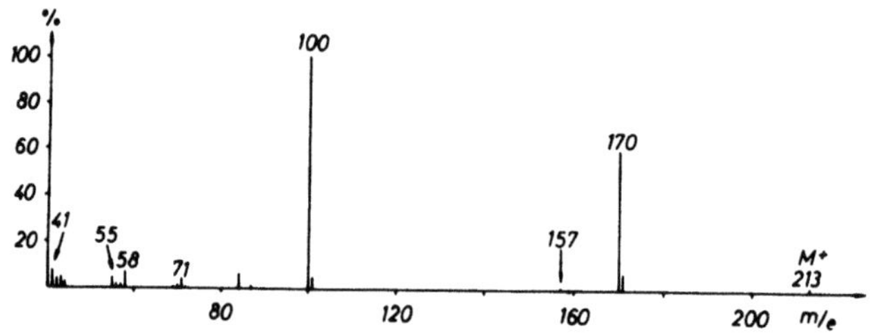

Aufnahmebedingungen :

EB 4 Ionenquelle, Kühlstab

Elektronenenergie : 70 eV
Ionenquellentemperatur : 70°
Probenverdampfungstemperatur : < 20°

Schlüsselionen :

170: M-43 M-$C_3H_7\bullet$ $CH_3-(CH_2)_7-CH=\overset{+}{N}(CH_3)_2$

100: M-113 M-$C_8H_{17}\bullet$ $CH_3-(CH_2)_2-CH=\overset{+}{N}(CH_3)_2$

Literatur : R. S. Gohlke und F. W. McLafferty, Anal. Chem. 34, 1281 (1962).

1-Nitrodecan

$C_{10}H_{21}NO_2$ (187)

123

$CH_3-(CH_2)_8-CH_2-NO_2$

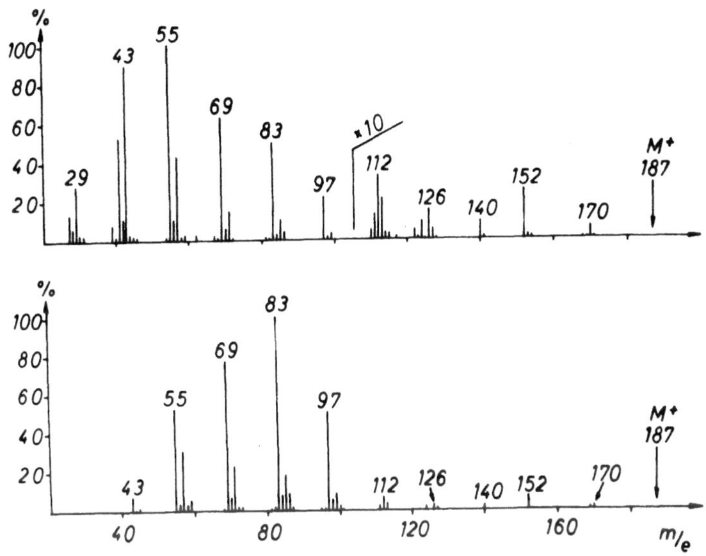

Aufnahmebedingungen :

EB 4 Ionenquelle, Kühlstab

Elektronenenergie : 70 eV, 14 eV
Ionenquellentemperatur : 70°
Probenverdampfungstemperatur : <20°

Schlüsselionen :

170 : M-17 M-•OH

152 : M-35 M-(•OH + H_2O)

140 : M-47 M-HNO_2

Literatur : R. T. Aplin, M. Fischer, D. Becher, H. Budzikiewicz und C. Djerassi, J. Am. chem. Soc. 87, 4888 (1965).

4-Nitrododecan

$C_{12}H_{25}NO_2$ (215)

124

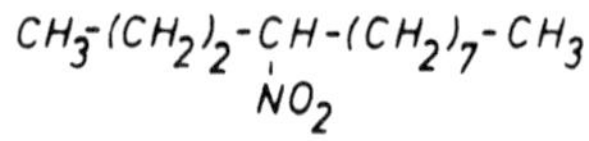

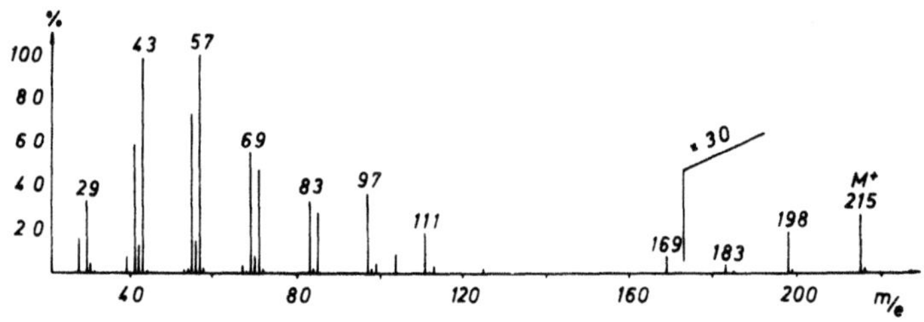

Aufnahmebedingungen :

EB 4 Ionenquelle, Direkteinführung

Elektronenenergie : 70 eV
Ionenquellentemperatur : 70°
Probenverdampfungstemperatur : 20°

Schlüsselionen :

198: M-17 M-$\dot{O}H$

169: M-46 M-$NO_2^{\bullet}$

Literatur : R. T. Aplin, M. Fischer, D. Becher, H. Budzikiewicz und C. Djerassi, J. Am. chem. Soc. 87, 4888 (1965).

n-Dodecanal (Laurinaldehyd) $C_{12}H_{24}O$ (184)

$CH_3-(CH_2)_{10}-CHO$

125

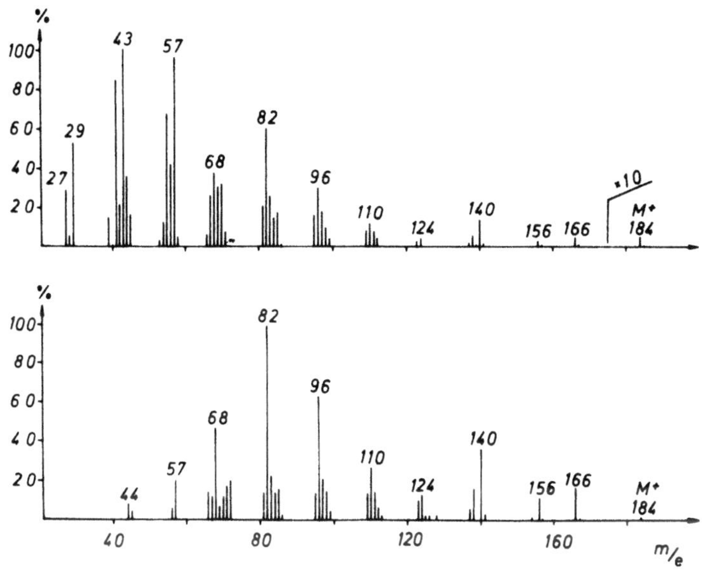

Aufnahmebedingungen :

EB 4 Ionenquelle, Kühlstab

Elektronenenergie : 70 eV, 15 eV
Ionenquellentemperatur : 50°
Probenverdampfungstemperatur : 25°

Schlüsselionen :

166 : M-18 $M-H_2O$

156 : M-28 $M-C_2H_4$

140 : M-44 $M-CH_2-CHOH$

Literatur : J. A. Gilpin und F. W. McLafferty, Anal. Chem. 29, 990 (1957).
A. G. Harrison, J. Org. Mass Spectrom. 3, 549 (1970).
R. J. Liedtke und C. Djerassi, J. Am. chem. Soc. 91, 6814 (1969).

Tridecanon-(2) (n-Undecyl-methyl-keton) $C_{13}H_{26}O$(198)

126

$CH_3-(CH_2)_{10}-\overset{O}{\overset{\|}{C}}-CH_3$

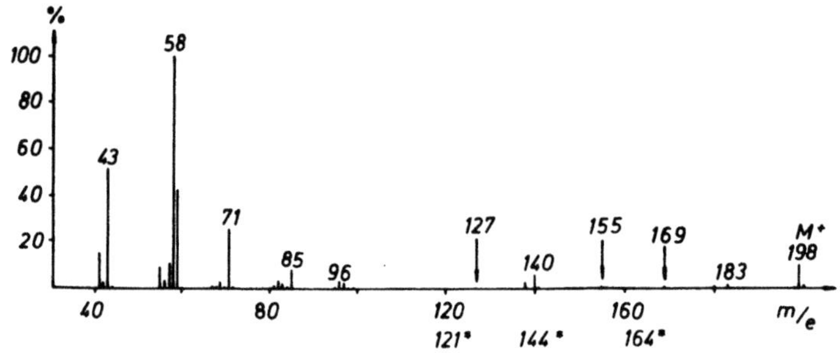

Aufnahmebedingungen :

EB 4 Ionenquelle, Direkteinführung

Elektronenenergie : 70 eV
Ionenquellentemperatur : 100°
Probenverdampfungstemperatur : 20°

Schlüsselionen :

183: M-15 M-CH_3• $CH_3-(CH_2)_{10}-\overset{+}{C}=O$

140: M-58 M-$CH_3-\overset{OH}{C}=CH_2$ $[CH_3-(CH_2)_7-CH=CH_2]^{+}$

71:
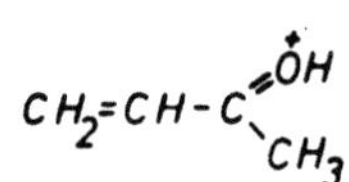

58:
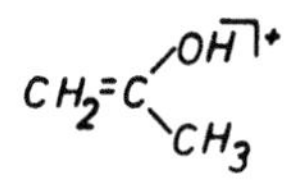

43: $CH_3-\overset{+}{C}=O$

Literatur : A, G. Sharkey Jr., J. L. Shultz und R. A. Friedel, Anal. Chem. 28, 934 (1956).
H. Budzikiewicz, C. Fenselau und C. Djerassi, Tetrahedron 22, 1391 (1966).
W. Carpenter, A. M. Duffield und C. Djerassi, J. Am. chem. Soc. 89, 6167 (1967).
M. Kraft und G. Spiteller, Liebigs Ann. Chem. 712, 28 (1968).
A. N. H. Yeo und D. H. Williams, J. Am. chem. Soc. 91, 3582 (1969).
G. Eadon, C. Djerassi, J. H. Beynon und R. M. Caprioli, J. Org. Mass Spectrom. 5, 917 (1971).

Dodecanon-(4) $C_{12}H_{24}O$ (184)

$CH_3-(CH_2)_2-\underset{\underset{O}{\|}}{C}-(CH_2)_7-CH_3$

127

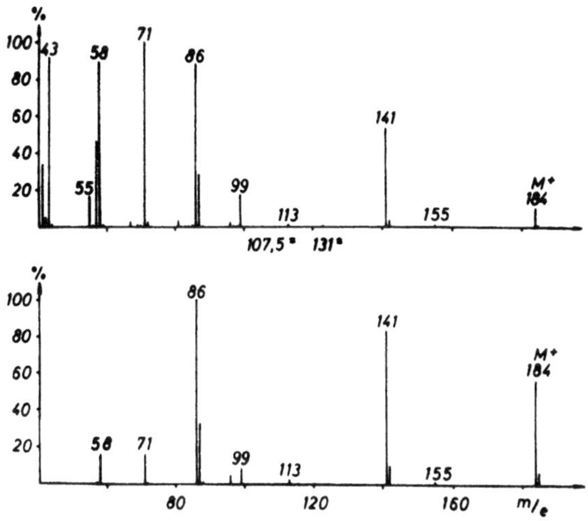

Aufnahmebedingungen :

EB 4 Ionenquelle, Kühlstab

Elektronenenergie : 70 eV, 16 eV
Ionenquellentemperatur : 70°
Probenverdampfungstemperatur : < 20°

Schlüsselionen :

141 : M-43 $M-C_3H_7\bullet$

71 : $C_3H_7-\overset{+}{C}=O$

58 : 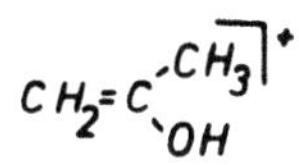

99 : 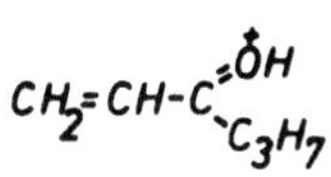

86 : 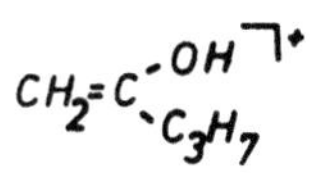

Literatur : M. Kraft und G. Spiteller, Liebigs Ann. Chem. 712, 28 (1968).

A. G. Sharkey Jr., J. L. Shultz und R. A. Friedel, Anal. Chem. 28, 1934 (1956).

H. Budzikiewicz, C. Fenselau und C. Djerassi, Tetrahedron 22, 1391 (1966).

W. Carpenter, A. M. Duffield und C. Djerassi, J. Am. chem. Soc. 90, 160 (1968).

J. Diekman, J. K. MacLeod, C. Djerassi und J. D. Baldeschwieler, J. Am. chem. Soc. 91, 2069 (1969).

n-Octyl-n-propyl-ket-oxim (Dodecanon-(4)-oxim) $C_{12}H_{25}NO$ (199)

128

$CH_3-(CH_2)_7-C(=NOH)-(CH_2)_2-CH_3$

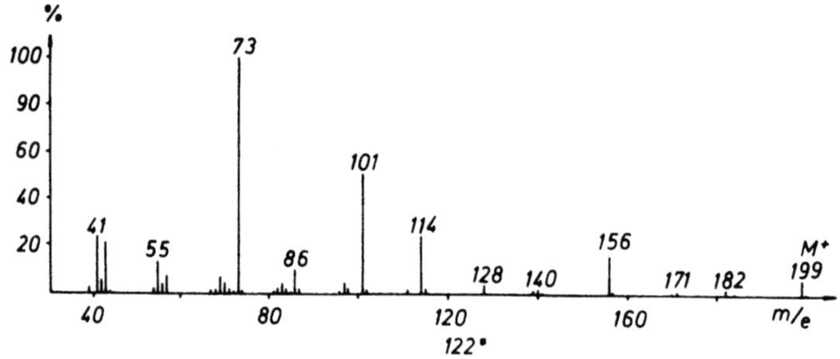

Aufnahmebedingungen :

EB 4 Ionenquelle, Direkteinführung

Elektronenenergie : 70 eV
Ionenquellentemperatur : 50°
Probenverdampfungstemperatur : 20°

Schlüsselionen :

182: M - 17 M - OH•

156: M - 43 M - C_3H_7• $CH_3-(CH_2)_7-\overset{+}{C}=NOH$

114:
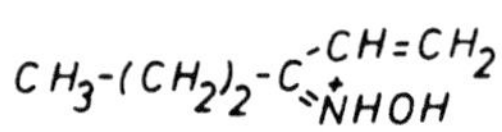

101:
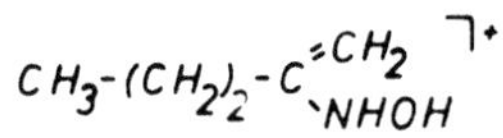

86: 114 - 28
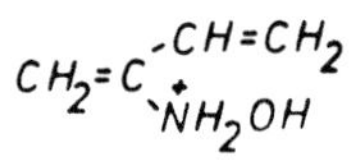

73: 101 - 28
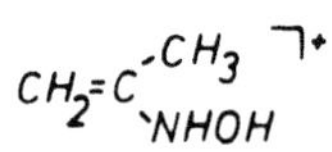

Literatur : D. Goldsmith, D. Becher, S. Sample und C. Djerassi, Tetrahedron 22, Suppl. 7, 145 (1966).

M. Kraft und G. Spiteller, J. Org. Mass Spectrom. 2, 541 (1969).

Nonanon-(3)-semicarbazon (n-Hexyl-äthyl-keton-semicarbazon) $C_{10}H_{21}N_3O$ (199)

129

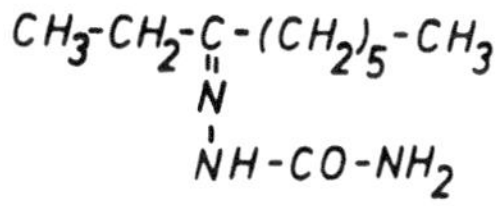

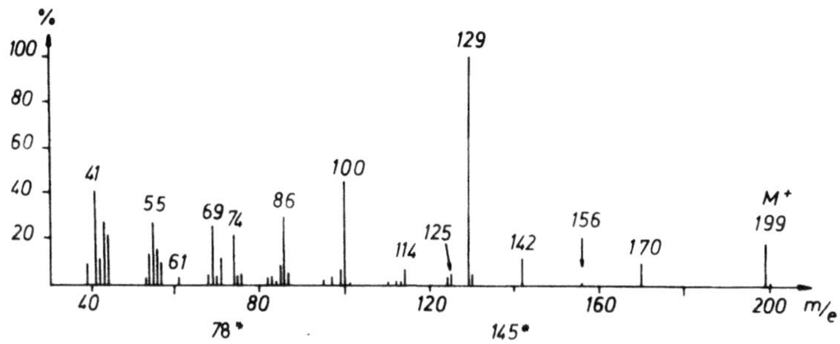

Aufnahmebedingungen :

EB 4 Ionenquelle, Direkteinführung

Elektronenenergie : 70 eV
Ionenquellentemperatur : 100°
Probenverdampfungstemperatur : 60°

Schlüsselionen :

170 : M - 29   M - $C_2H_5\bullet$

142 : M - 57 $CH_3-CH_2-C(=\overset{+}{N}H-HN-CO-NH_2)-CH=CH_2$

129 : M - 70   M - $CH_3-(CH_2)_2-CH=CH_2$

114 : M - 85   M - $CH_3-(CH_2)_5\bullet$

100 : 129 - 29   129 - $C_2H_5\bullet$

86 : 129 - HN=CO $[CH_3-CH_2-C(NH-NH_2)-CH_2]^+$

74 : $C_2H_6N_2O$

Literatur : D. Becher, S. D. Sample und C. Djerassi, Chem. Ber. 99, 2284 (1966).
H. Nakata und A. Tatematsu, Chem. Commun. 3, 208 (1967).

Dodecanon-(4)-phenylhydrazon $C_{18}H_{30}N_2$ (274)

130

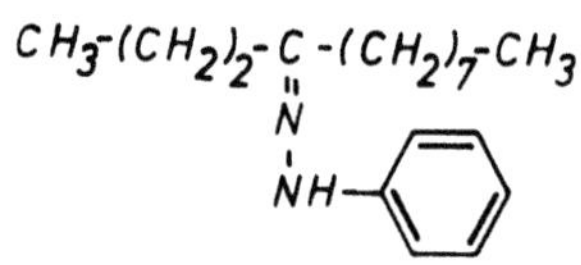

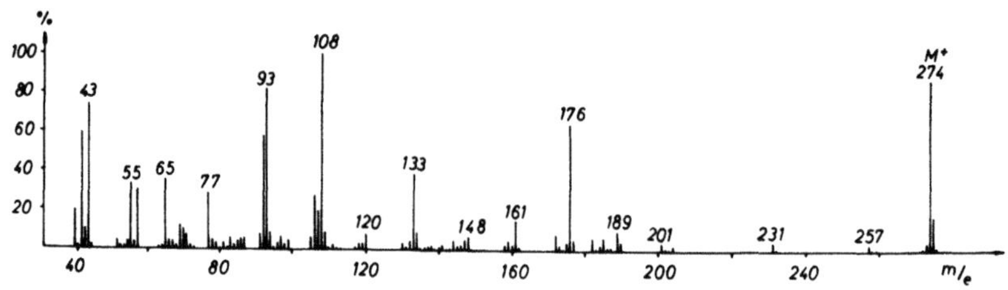

Aufnahmebedingungen :

EB 4 Ionenquelle, Direkteinführung

Elektronenenergie : 70 eV
Ionenquellentemperatur : 90°
Probenverdampfungstemperatur : 30°

Schlüsselionen :

257: M-17 M-NH_3

231: M-43 M-C_3H_7•

176: M-98 M-C_7H_{14} 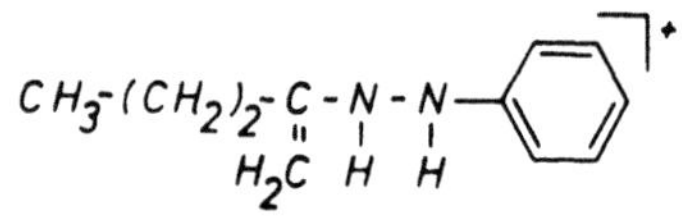

108: 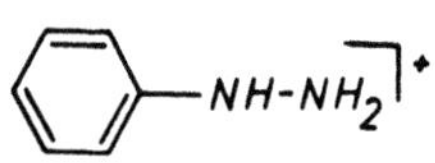

93: 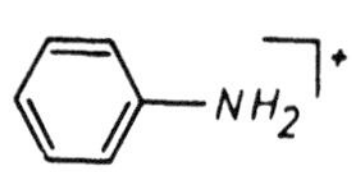

92: $C_6H_6N^+$

n-Nonanon-(3)-2,4-dinitrophenylhydrazon $C_{15}H_{22}N_4O_4$ (322)

131

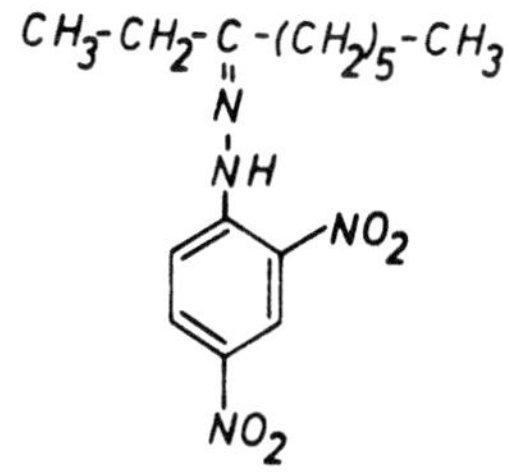

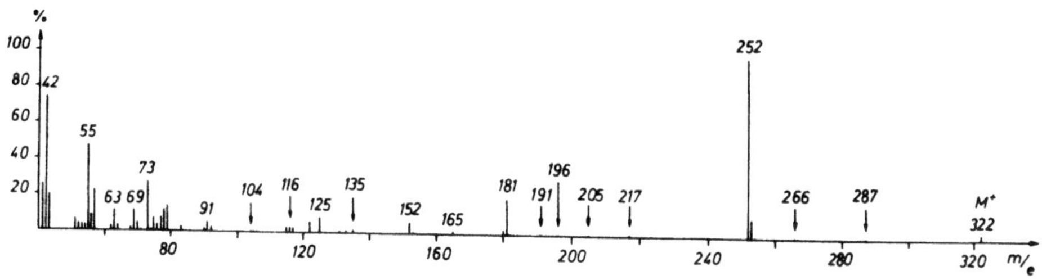

Aufnahme bedingungen :

EB 4 Ionenquelle, Direkteinführung

Elektronenenergie : 70 eV
Ionenquellentemperatur : 100°
Probenverdampfungstemperatur : 60°

Schlüsselionen :

252: M-70 M-CH_3-$(CH_2)_2$-CH=CH_2

152: 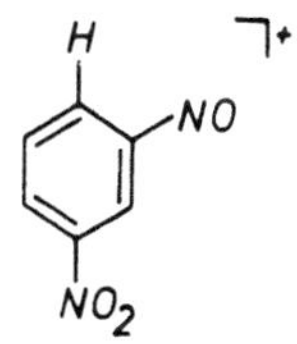

181: 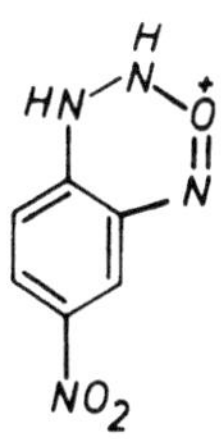

73: C_4H_9O 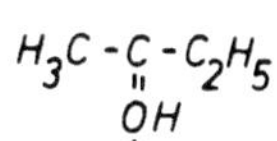

Literatur : J. Seibl und J. Völlmin, J. Org. Mass Spectrom. 1, 713 (1968).
R.J. C. Kleipool und J. Th. Heins, Nature 203, 1280 (1964).
C. Djerassi und S. D. Sample, Nature 208, 1314 (1965).
D. Goldsmith und C. Djerassi, J. Org. Chem. 31, 3661 (1966).

Äthylenketal des Dodecanon-(4) $C_{14}H_{28}O_2$ (228)

132

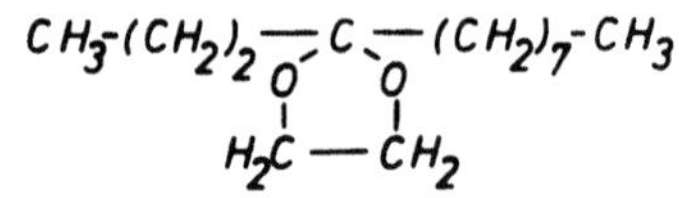

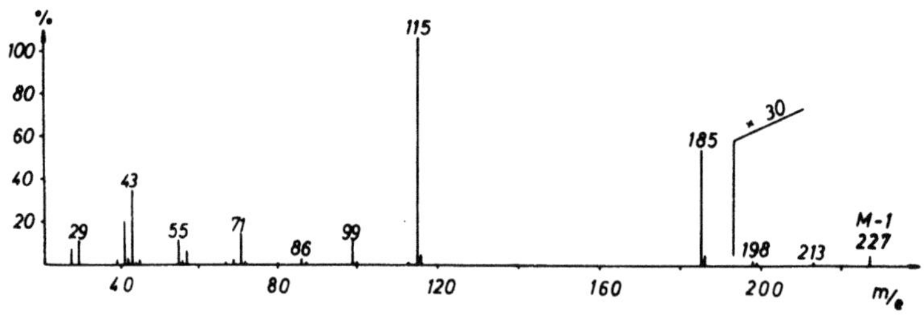

Aufnahmebedingungen :

EB 4 Ionenquelle, Direkteinführung

Elektronenenergie : 70 eV
Ionenquellentemperatur : 70°
Probenverdampfungstemperatur : 20°

Schlüsselionen :

227: M−1 M−H•

185: M−43 M−C_3H_7• 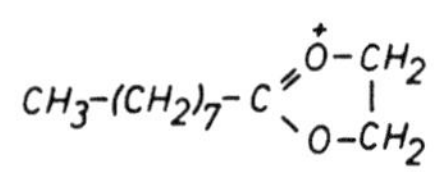

115: M−113 M−C_8H_{17}• 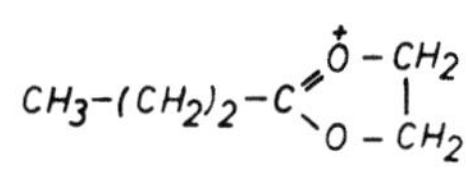

Literatur : H. Audier, M. Fétizon, J. C. Gramain, J. Schalbar und B. Waegel, Bull. Soc. chim. France 1964, 1880.

J. T. B. Marshall und D. H. Williams, Tetrahedron, 23, 321 (1967).

Dodecansäure (Laurinsäure) $C_{12}H_{24}O_2$ (200)

$CH_3{-}(CH_2)_{10}{-}COOH$

133

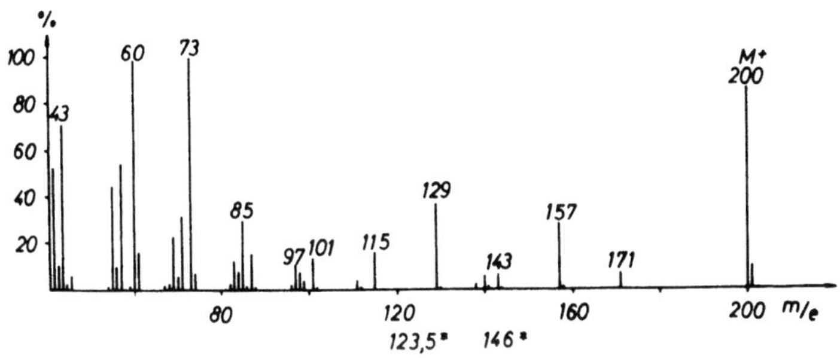

Aufnahmebedingungen :

EB 4 Ionenquelle, Direkteinführung

Elektronenenergie : 70 eV
Ionenquellentemperatur : 70°
Probenverdampfungstemperatur : 20°

Schlüsselionen :

171: M-29 M-C_2H_5• (C-2 und C-3)

157: M-43 M-C_3H_7• (C-2, C-3, C-4)

129: $CH_2{=}CH{-}(CH_2)_4{-}C(\overset{+}{O}H)OH$

73: $CH_2{=}CH{-}C(\overset{+}{O}H)OH$

60: $[CH_2{=}C(OH)OH]^{+}$

Literatur : G. P. Happ und D. W Stewart, J. Am. chem. Soc. 74, 4404 (1957).
F. W. McLafferty, Appl. Spectroscopy 11, 148 (1957).

n-Dodecansäure-methylester (Laurinsäure-methylester) $C_{13}H_{26}O_2$ (214)

134

$CH_3-(CH_2)_{10}-COOCH_3$

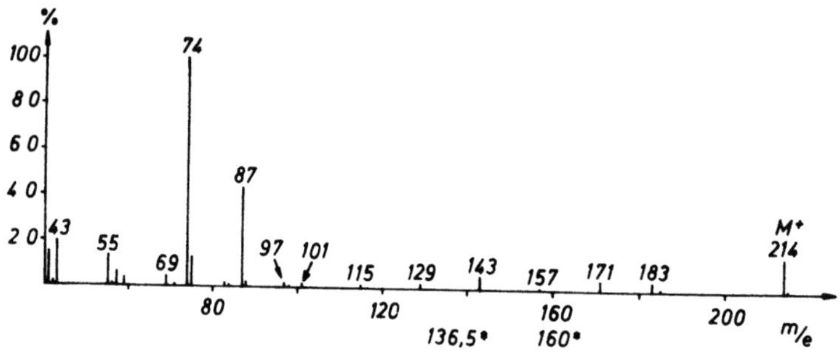

Aufnahmebedingungen :

EB 4 Ionenquelle, Kühlstab

Elektronenenergie : 70 eV
Ionenquellentemperatur : 100°
Probenverdampfungstemperatur : < 20°

Schlüsselionen :

183 : M-31 M- $\bullet OCH_3$

171 : M-43 M- $CH_3-CH_2-CH_2\bullet$

87 : 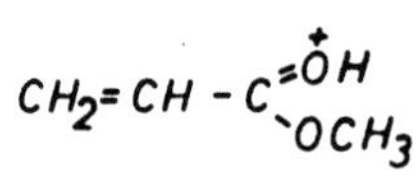

74 : 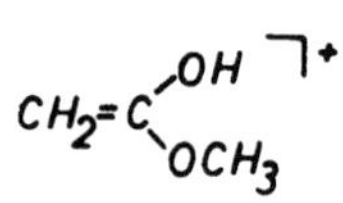

Literatur : A. G. Sharkey Jr., J. L. Shultz und R. A. Friedel, Anal. Chem. 31, 87 (1959).

R. Ryhage und E. Stenhagen, Arkiv Kemi 13, 523 (1959).

J. H. Beynon, R. A. Saunders und A. E. Williams, Anal. Chem. 33, 221 (1961).

G. Spiteller, M. Spiteller-Friedmann und R. Houriet, Monatsh. 97, 121 (1966).

n-Dodecansäure-äthylester (Laurinsäure-äthylester) $C_{14}H_{28}O_2$(228)

$CH_3-(CH_2)_{10}-COOC_2H_5$

135

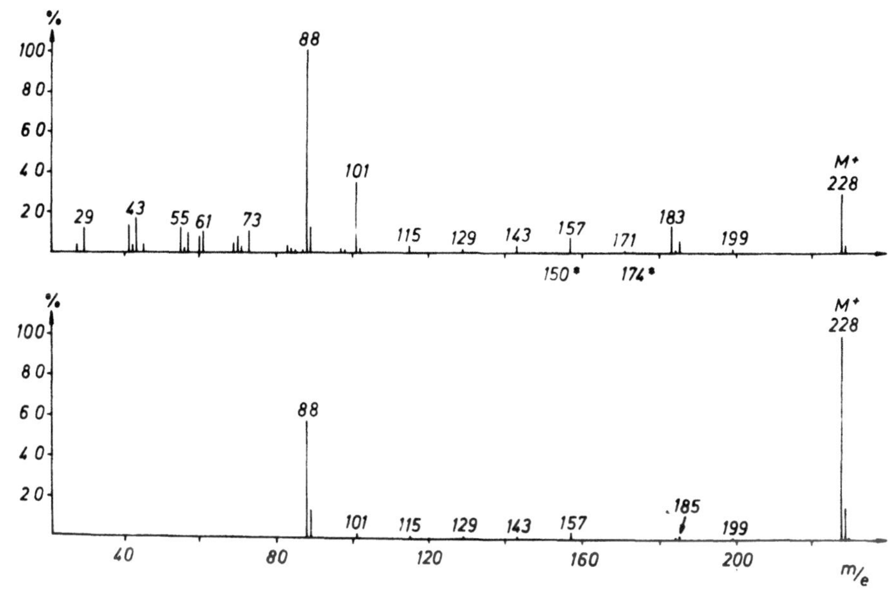

Aufnahmebedingungen :

EB 4 Ionenquelle, Kühlstab

Elektronenenergie : 70 eV , 14 eV
Ionenquellentemperatur : 70°
Probenverdampfungstemperatur : 20°

Schlüsselionen :

183 : M-45 M- $\bullet OC_2H_5$

101 : 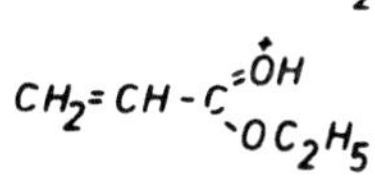

88 : 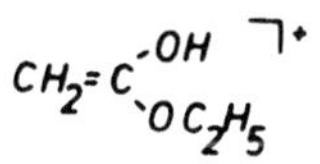

Literatur :

A. G. Sharkey Jr., J. L. Shultz und R. A. Friedel, Anal. Chem 31, 87 (1959).

R. Ryhage und E. Stenhagen, Arkiv Kemi 14, 483 (1959).

J. H. Beynon, R. A. Saunders und A. E. Williams, Anal. Chem. 33, 221 (1961).

n-Dodecansäure-n-propylester (Laurinsäure-n-propylester) $C_{15}H_{30}O_2$(242)

136

$CH_3-(CH_2)_{10}-COO(CH_2)_2-CH_3$

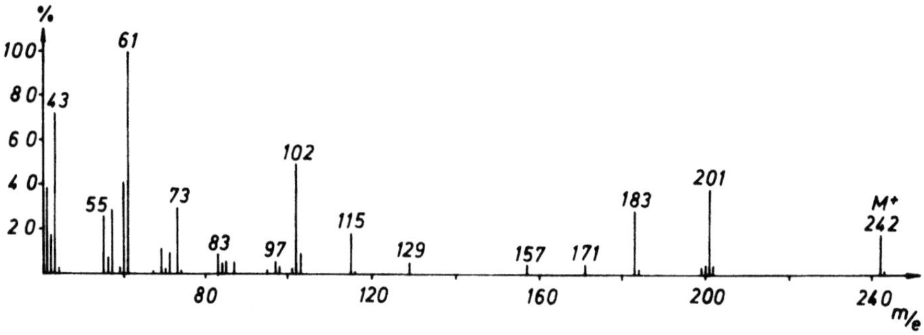

Aufnahmebedingungen :

EB 4 Ionenquelle, Direkteinführung

Elektronenenergie : 70 eV
Ionenquellentemperatur : 70°
Probenverdampfungstemperatur : 20°

Schlüsselionen :

201 : M - 41 $M-C_3H_5\bullet$ $CH_3-(CH_2)_{10}-C(-OH)=\overset{+}{O}H$

183 : M - 59 $M-C_3H_7-O\bullet$ $CH_3-(CH_2)_{10}-\overset{+}{C}=O$

115 : $CH_2=CH-C(=\overset{+}{O}H)-O-C_3H_7$

102 : $[CH_2=C(OH)-O-(CH_2)_2-CH_3]^+$

73 : $CH_2=CH-C(OH)=\overset{+}{O}-H$

61 : $CH_2=C(OH)-\overset{+}{O}H_2$

43 : $CH_3-\overset{+}{C}=O$

Literatur : A. G. Sharkey Jr., J. L. Shultz und R. A. Friedel, Anal. Chem. 31, 87 (1959).
J. H. Beynon, R. A. Saunders und A. E. Williams, Anal. Chem. 33, 221 (1961).

n-Dodecansäure-n-butylester (Laurinsäure-n-butylester) $C_{16}H_{32}O_2$ (256)

$CH_3-(CH_2)_{10}-COO(CH_2)_3-CH_3$

137

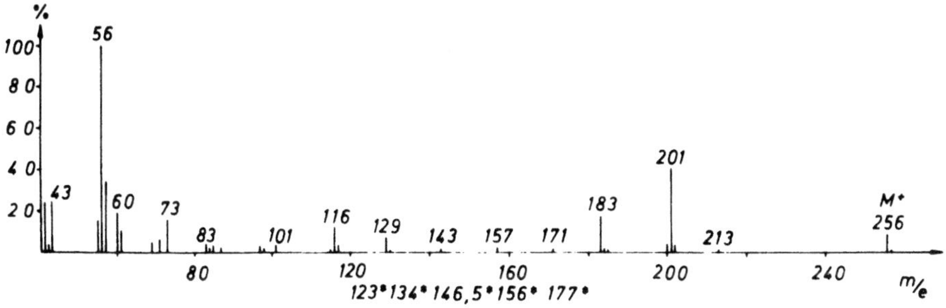

Aufnahmebedingungen :

EB 4 Ionenquelle, Direkteinführung
Elektronenenergie : 70 eV
Ionenquellentemperatur : 90°
Probenverdampfungstemperatur : 20°

Schlüsselionen :

201: M-55 $M-C_4H_7\bullet$ $CH_3-(CH_2)_{10}-C(=\overset{+}{O}H)-OH$

73: 129-56 $CH_2=CH-C(-OH)=\overset{+}{O}H$

183: M-73 $M-C_4H_9O\bullet$ $CH_3-(CH_2)_{10}-\overset{+}{C}=O$

60: 116-56 $[CH_2=C(-OH)-OH]^{+\bullet}$

56: $C_4H_8^{+}$

129: $CH_2=CH-C(-OC_4H_9)=\overset{+}{O}H$

116: $[CH_2=C(-OC_4H_9)-OH]^{+\bullet}$

Literatur : A. G. Sharkey Jr., J. L. Shultz und R. A. Friedel, Anal. Chem. 31, 87 (1959).

J. H. Beynon, R. A. Saunders und A. E. Williams, Anal. Chem. 33, 22 (1961).

n-Dodecansäure-iso-butylester (Laurinsäure-iso-butylester) $C_{16}H_{32}O_2$(256)

138

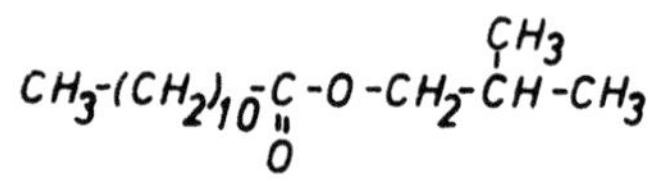

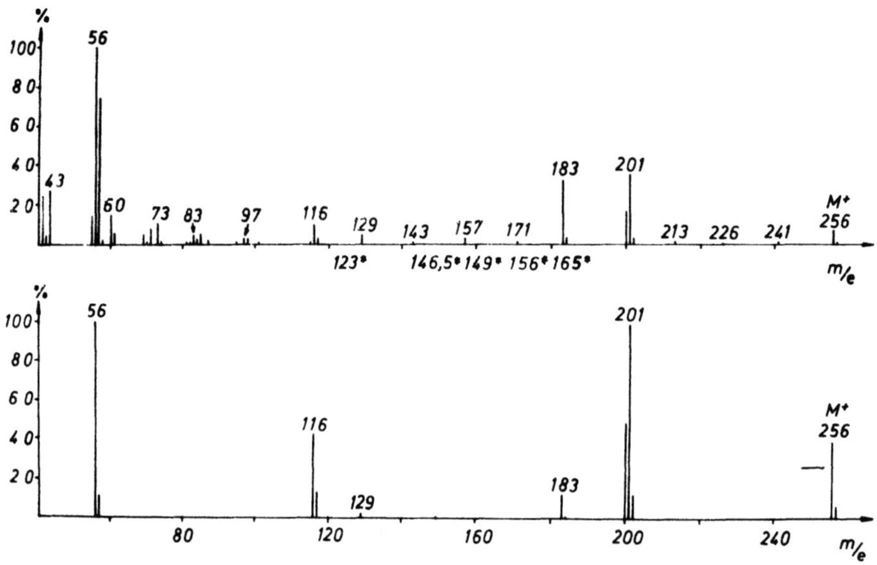

Aufnahmebedingungen :

EB 4 Ionenquelle, Direkteinführung

Elektronenenergie : 70 eV , 14 eV
Ionenquellentemperatur : 90°
Probenverdampfungstemperatur : 20°

Schlüsselionen :

201: M-55 $M-C_4H_7\bullet$ $CH_3-(CH_2)_{10}-\overset{+}{C}(OH)OH$

200: M-56 $M-C_4H_8$ $[CH_3-(CH_2)_{10}-C(OH){=}O]^{+}$

183: M-73 $M-C_4H_9O\bullet$ $CH_3-(CH_2)_{10}-\overset{+}{C}{=}O$

116: $[CH_2{=}C(OC_4H_9)OH]^{+}$

60: 116-56 $[CH_2{=}C(OH)OH]^{+}$

57: $C_4H_9^{+}$

56: $C_4H_8^{+}$

Literatur : A. G. Sharkey Jr., J. L. Shultz und R. A. Friedel, Anal. Chem. 31, 87 (1959).

J. H. Beynon, R. A. Saunders und A. E. Williams, Anal. Chem. 33, 221 (1961).

Ölsäuremethylester

$C_{19}H_{36}O_2$ (296)

139

$CH_3-(CH_2)_7-CH{=}CH-(CH_2)_7-C({=}O)-OCH_3$

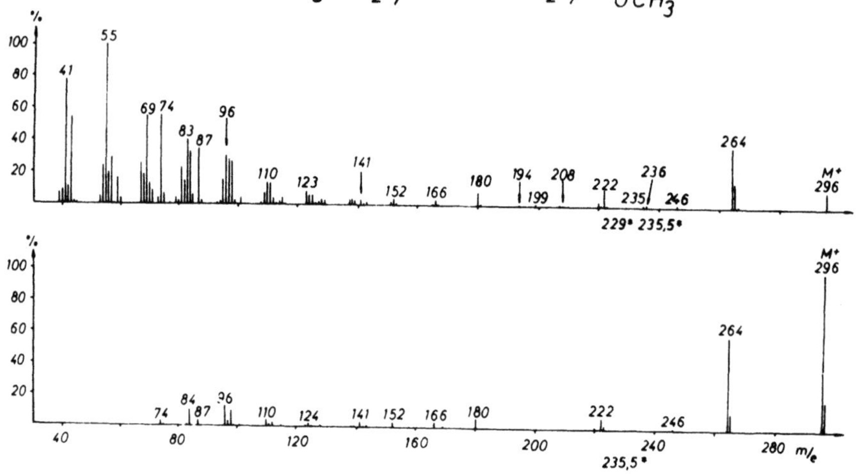

Aufnahmebedingungen :

EB 4 Ionenquelle, Direkteinführung

Elektronenenergie : 70 eV, 17 eV
Ionenquellentemperatur : 60°
Probenverdampfungstemperatur : 20°

Schlüsselionen :

264: M-32 M- CH_3OH

222: M-74 M- $CH_2{=}C(-OH)(-OCH_3)$

180: M-116 $CH_3-(CH_2)_7-CH{=}CH-CH_2-CH{=}CH_2$

87: $CH_2{=}CH-C(-OH){=}O^{+}CH_3$

84: 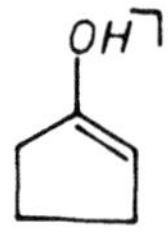

74: $[CH_2{=}C(-OH)(-OCH_3)]^{+}$

Literatur : B. Hallgren, R. Ryhage und E. Stenhagen, Acta chem. Scand. 13, 845 (1959).

G. Spiteller, in : Massenspektrometrische Sturkturanalyse organischer Verbindungen, S. 184. Weinheim : Verlag Chemie. 1966.

Linolsäuremethylester

$C_{19}H_{34}O_2$ (294)

140

$CH_3-(CH_2)_4-CH=CH-CH_2-CH=CH-(CH_2)_7-COOCH_3$

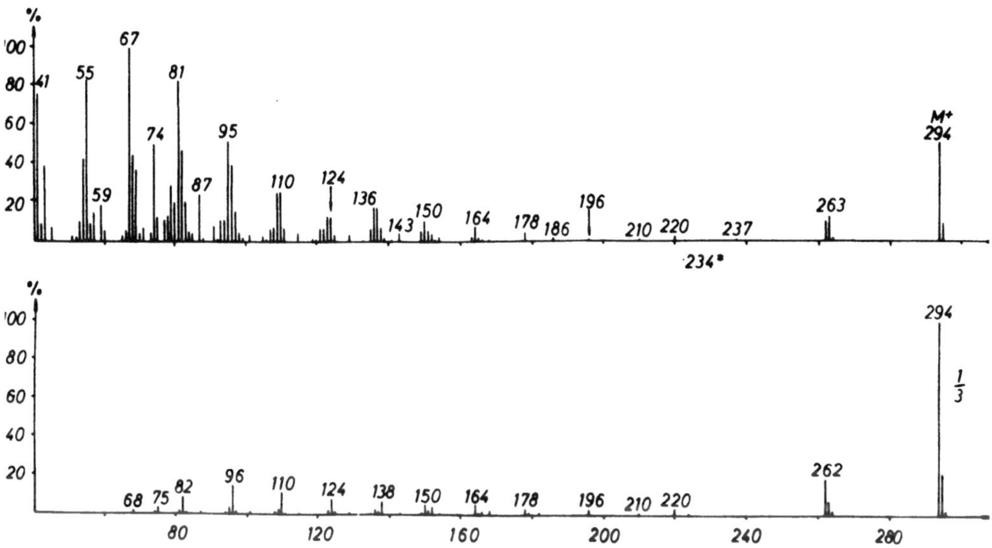

Aufnahmebedingungen :

EB 4 Ionenquelle , Direkteinführung

Elektronenenergie : 70 eV, 17 eV

Ionenquellentemperatur : 70°

Probenverdampfungstemperatur : 20°

Schlüsselionen :

263: M-31 $M-CH_3-O\bullet$

262: M-32 $M-CH_3-OH$

220: M-74 $M-CH_3-O-C(OH)=CH_2$

87: $CH_2=CH-C(=\overset{+}{O}H)-OCH_3$

74: $[CH_2=C(-OH)-OCH_3]^{+}$

Literatur : B. Hallgren, R. Ryhage und E. Stenhagen, Acta chem. Scand. 13, 845 (1959) .

Linolensäuremethylester $C_{19}H_{32}O_2$ (292)

141

$CH_3-CH_2-CH=CH-CH_2-CH=CH-CH_2-CH=CH-(CH_2)_7-COOCH_3$

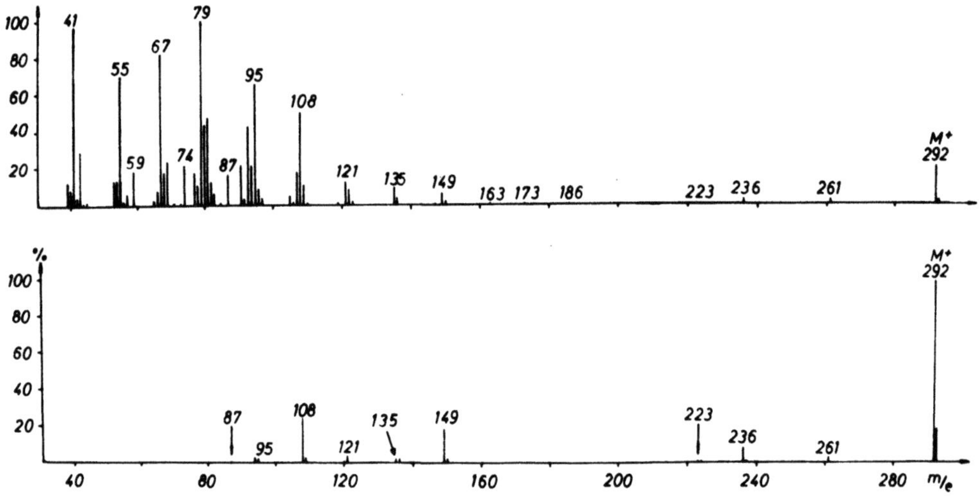

Aufnahmebedingungen :

EB 4 Ionenquelle, Direkteinführung

Elektronenenergie : 70 eV, 17 eV
Ionenquellentemperatur : 80°
Probenverdampfungstemperatur : 20°

Schlüsselionen :

261: M- 31 M- •OCH_3

236: M- 56 M- C_4H_8 (C-15 bis C-18)

223: M- 69 M- C_5H_9 (C-14 bis C-18)

108: $CH_3-CH_2-CH=CH-CH_2-CH=CH-CH_2$ | $CH=CH-$ (→ H)

87: 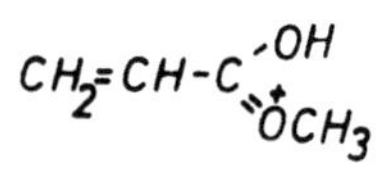

74: 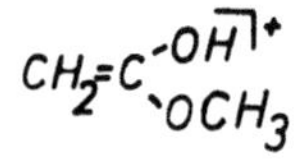

59: 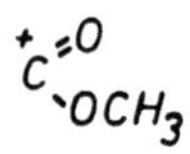

Literatur : B. Hallgren, R. Ryhage und E. Stenhagen, Acta chem. Scand. 13, 845 (1959).

Essigsäure-n-dodecylester $C_{14}H_{28}O_2$(228)

142

$CH_3-\overset{O}{\overset{\|}{C}}-O-(CH_2)_{11}-CH_3$

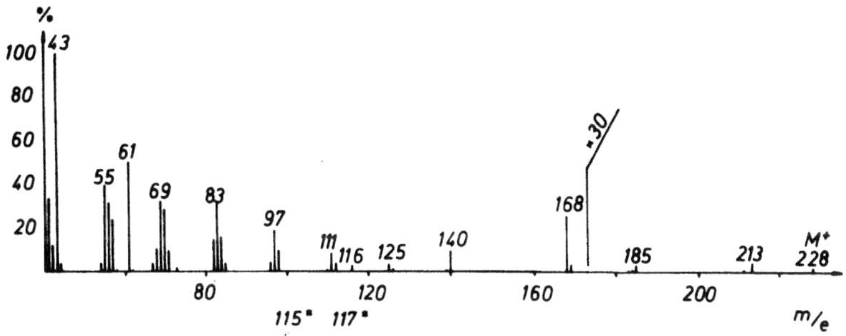

Aufnahmebedingungen :

EB 4 Ionenquelle, Direkteinführung

Elektronenenergie: 70 eV
Ionenquellentemperatur : 50°
Probenverdampfungstemperatur : 20°

Schlüsselionen :

213: M-15 $M-CH_3\bullet$

185: M-43 $M-CH_3CO\bullet$

168: M-60 $M-CH_3-\overset{O}{\overset{\|}{C}}-OH$

140: 168-28 $168-CH_2=CH_2$

116:

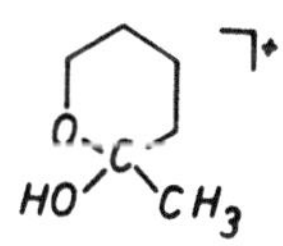

61: $CH_3-C^{\ \overset{+}{=}OH}_{\ \ OH}$

43: $CH_3-\overset{+}{C}=O$

Literatur : A. G. Sharkey Jr., J. L. Shultz und R. A. Friedel, Anal. Chem. 31, 87 (1959).

R. Ryhage und E. Stenhagen, Arkiv Kemi 14, 483 (1959).

J. H. Beynon, R. A. Saunders und A. E. Williams, Anal. Chem. 33, 221 (1961).

C. Djerassi und C. Fenselau, J. Am. chem. Soc. 87, 5756 (1965).

Iso-valeriansäure-n-dodecylester

$C_{17}H_{34}O_2$ (270)

143

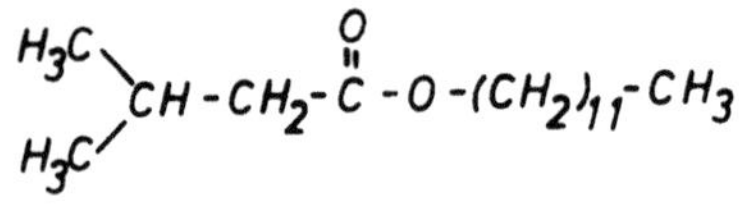

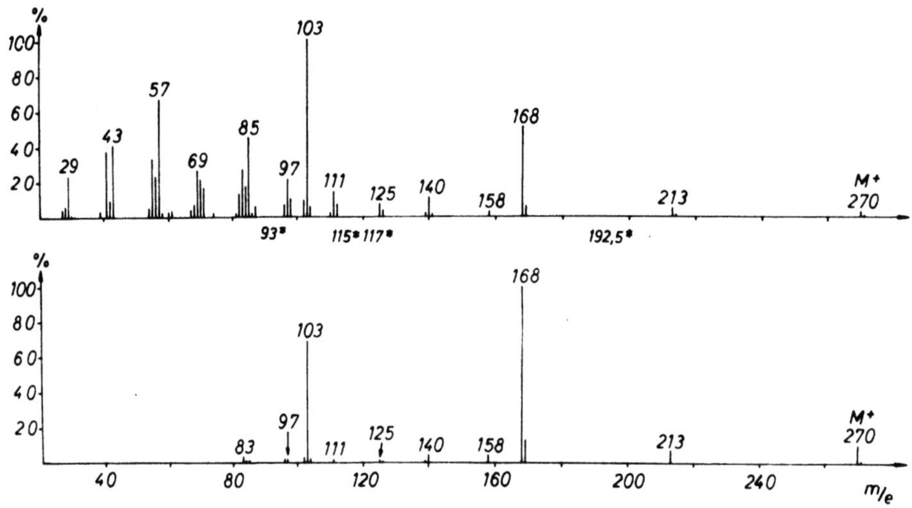

Aufnahmebedingungen :

EB 4 Ionenquelle , Direkteinführung

Elektronenenergie : 70 eV, 19 eV
Ionenquellentemperatur : 70°
Probenverdampfungstemperatur : 20°

Schlüsselionen :

213 : M - 57 M - $\bullet C_4H_9$

168 : M - 102 $[CH_2{=}CH-(CH_2)_9-CH_3]^{+}$

103 :

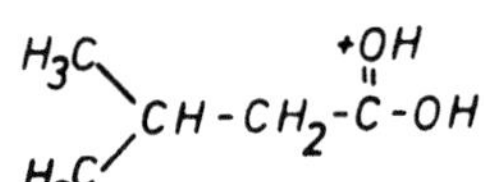

158 :

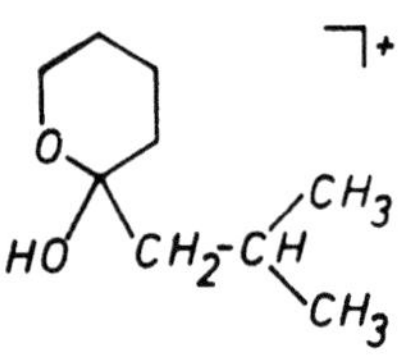

Literatur : R. Ryhage und E. Stenhagen, Arkiv Kemi 14, 483 (1959).
W. Benz und K. Biemann, J. Am. chem. Soc. 86, 2375 (1964).
C. Djerassi und C. Fenselau, J. Am. chem. Soc. 87, 5756 (1965).
J. H. Beynon, R. A. Saunders und A. E. Williams, Anal. Chem. 33, 221 (1961).

Essigsäure-(1-propyl)-nonylester (4-Acetoxy-dodecan) $C_{14}H_{28}O_2$(228)

144

$$CH_3\text{-}(CH_2)_2\text{-}\underset{\displaystyle O\text{-}CO\text{-}CH_3}{\underset{|}{CH}}\text{-}(CH_2)_7\text{-}CH_3$$

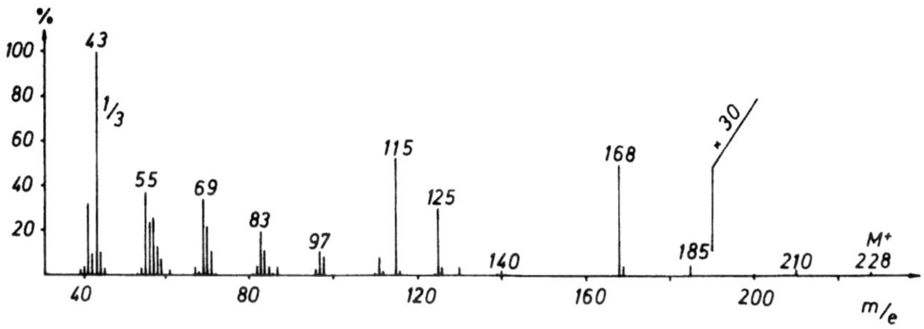

Aufnahmebedingungen :

EB 4 Ionenquelle, Direkteinführung

Elektronenenergie : 70 eV
Ionenquellentemperatur : 70°
Probenverdampfungstemperatur : 20°

Schlüsselionen :

210: M-18 M-H_2O

185: M-43 $CH_3\text{-}(CH_2)_7\text{-}CH{=}\overset{+}{O}\text{-}\overset{O}{\overset{\|}{C}}\text{-}CH_3$

168: M-60 M - $CH_3\text{-}\overset{O}{\overset{\|}{C}}\text{-}OH$

125: 185-60 185 - $CH_3\text{-}\overset{O}{\overset{\|}{C}}\text{-}OH$

115: $CH_3\text{-}(CH_2)_2\text{-}CH{=}\overset{+}{O}\text{-}\overset{O}{\overset{\|}{C}}\text{-}CH_3$

43: $CH_3\text{-}\overset{+}{C}{=}O$

Literatur : A. G. Sharkey Jr., J. L. Shultz und R. A. Friedel, Anal. Chem. 31, 87 (1959).

J. H. Beynon, R. A. Saunders und A. E. Williams, Anal. Chem. 33, 221 (1961).

W. Benz und K. Biemann, J. Am. chem. Soc. 86, 2375 (1964).

Dodecansäureamid

$C_{12}H_{25}NO$ (199)

145

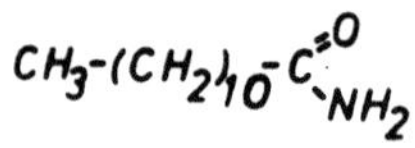

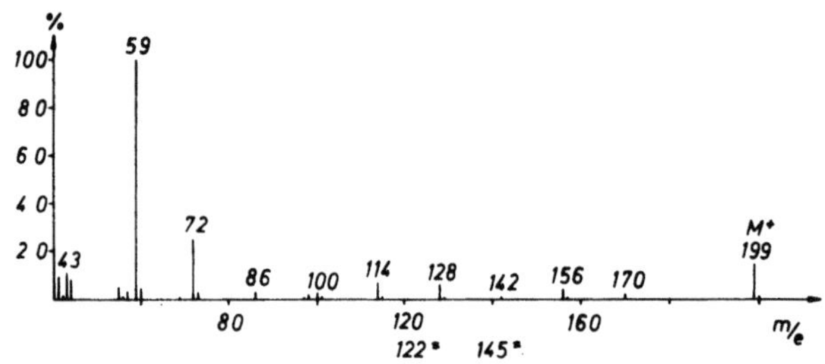

Aufnahmebedingungen :

EB 4 Ionenquelle, Direkteinführung

Elektronenenergie : 70 eV
Ionenquellentemperatur : 70°
Probenverdampfungstemperatur : 50°

Schlüsselionen :

128: 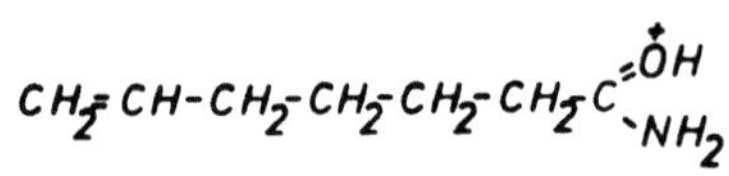

114: 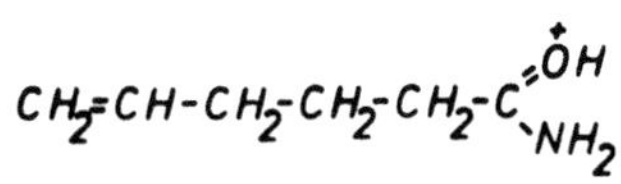

72: 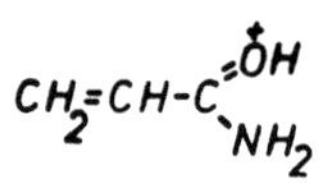

59: 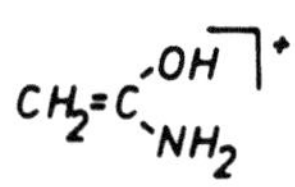

Literatur : J. A. Gilpin, Anal. Chem. 31, 935 (1959).

Dodecansäuredimethylamid (Laurinsäuredimethylamid) $C_{14}H_{29}NO$ (227)

146

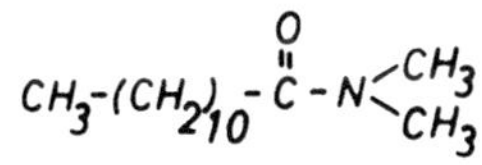

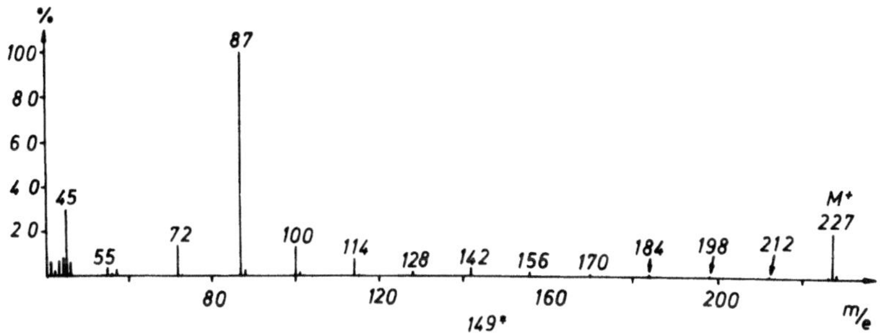

Aufnahmebedingungen :

EB 4 Ionenquelle, Direkteinführung

Elektronenenergie : 70 eV
Ionenquellentemperatur : 60°
Probenverdampfungstemperatur : 20°

Schlüsselionen :

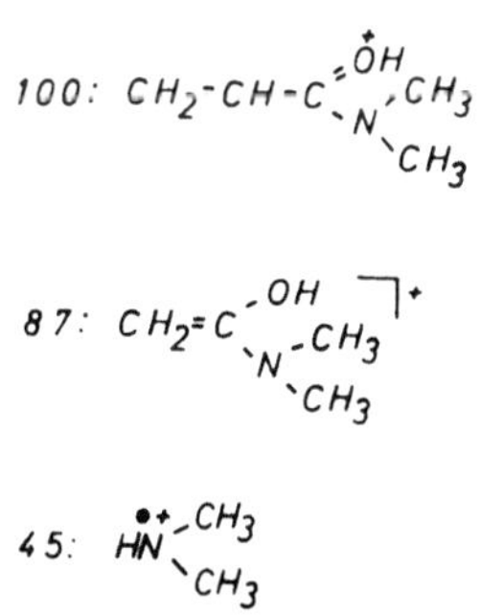

Literatur : J. A. Gilpin, Anal. Chem. 31, 935 (1959).

Essigsäure(N-dodecyl)-amid (Acetyl-n-dodecyl-amin) $C_{14}H_{29}NO$ (227)

147

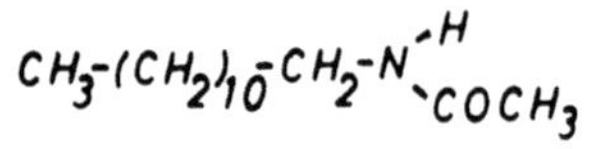

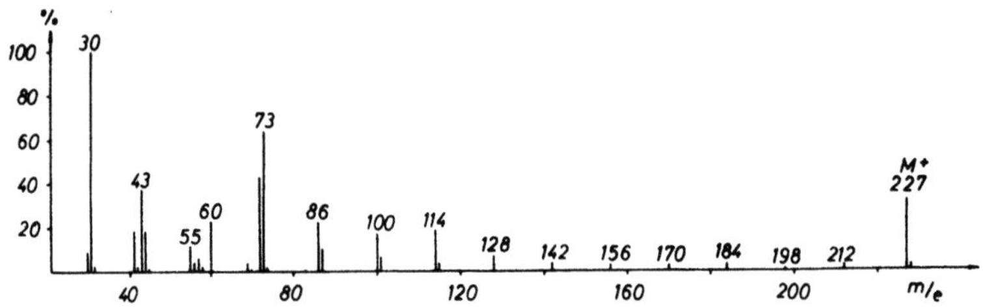

Aufnahmebedingungen :

EB 4 Ionenquelle, Direkteinführung

Elektronenenergie : 70 eV
Ionenquellentemperatur : 70°
Probenverdampfungstemperatur : 40°

Schlüsselionen :

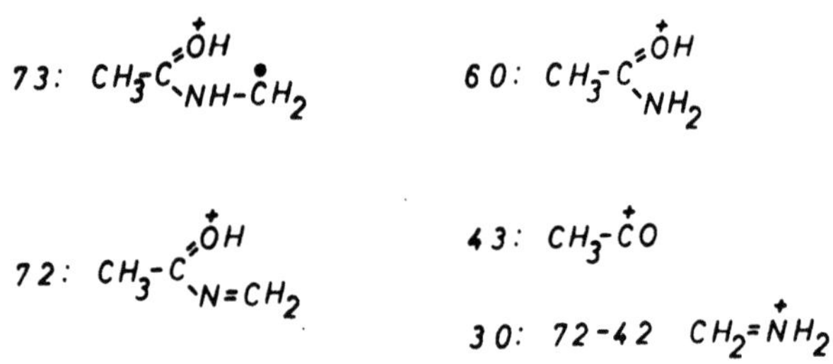

Literatur : Z. Pelah, M. A. Kielczewski, J. M. Wilson, M. Ohashi, H. Budzikiewicz und C. Djerassi, J. Am. chem. Soc. 85, 2470 (1963).

J. A. Gilpin, Anal. Chem. 31, 935 (1959).

Essigsäure-(N-n-dodecyl-methyl)amid (Acetyl-n-dodecyl-methylamin) $C_{15}H_{31}NO$
(241)

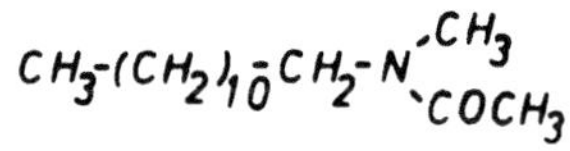

148

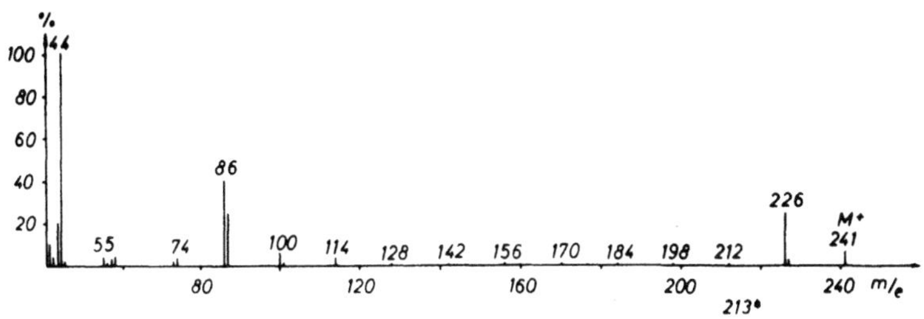

Aufnahmebedingungen :

EB 4 Ionenquelle, Direkteinführung

Elektronenenergie : 70 eV
Ionenquellentemperatur : 70°
Probenverdampfungstemperatur : 20°

Schlüsselionen :

226: M-15 M-CH_3•

86: 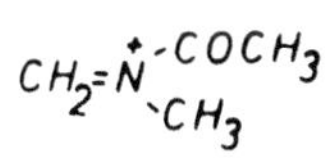

44: 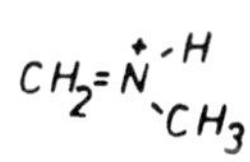

Literatur : Z. Pelah, M. A. Kielczewski, J. M. Wilson, M. Ohashi, H. Budzikiewicz und C. Djerassi, J. Am. chem. Soc. 85, 2470 (1963).

J. A. Gilpin, Anal. Chem. 31, 935 (1959).

Buttersäure(N-decyl)-amid (N-Butyryl-n-decyl-amin) $C_{14}H_{29}NO$ (227)

149

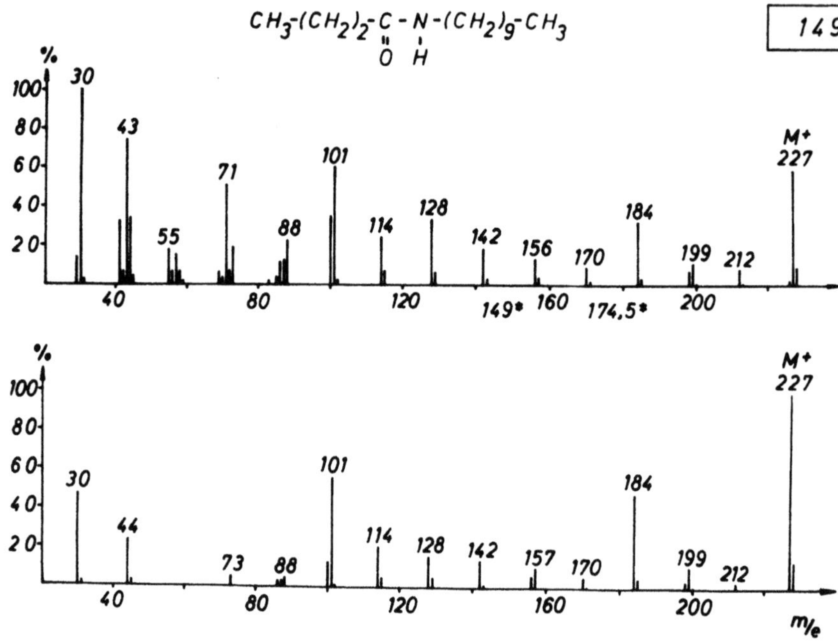

Aufnahmebedingungen :

EB 4 Ionenquelle, Direkteinführung

Elektronenenergie : 70 eV, 14 eV

Ionenquellentemperatur : 90°

Probenverdampfungstemperatur : 30°

Schlüsselionen :

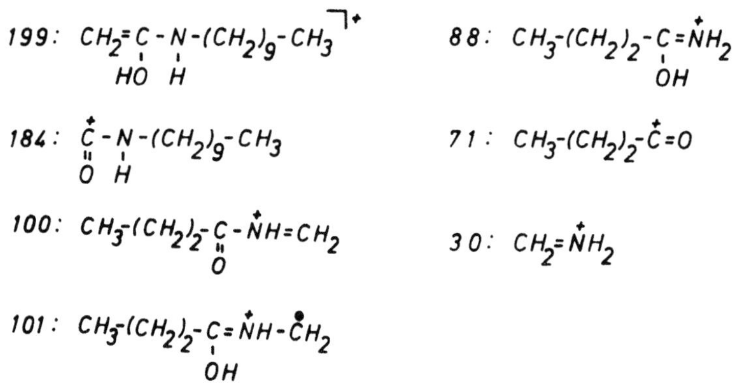

Literatur : Z. Pelah, M. A Kielczewski, J. M. Wilson, M. Ohashi, H. Budzikiewicz und C. Djerassi, J. Am. chem. Soc. 85, 2470 (1963).

J. A. Gilpin, Anal. Chem. 31, 935 (1959).

n-Dodecansäure-hydrazid

$C_{12}H_{26}N_2O$ (214)

150

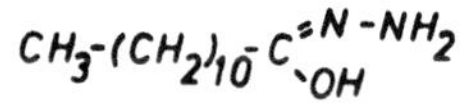

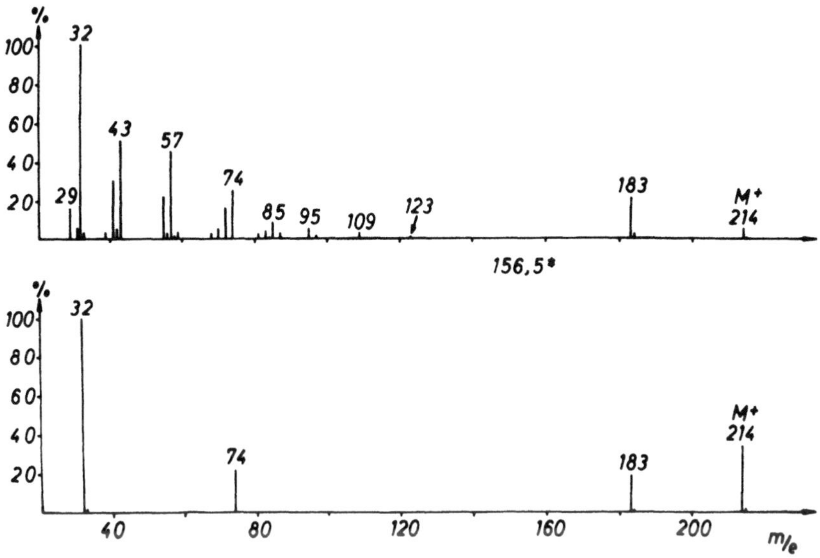

Aufnahmebedingungen :

EB 4 Ionenquelle, Direkteinführung

Elektronenenergie : 70 eV, 15,5 eV
Ionenquellentemperatur : 70°
Probenverdampfungstemperatur : 50°

Schlüsselionen :

183 : M - 31 M - •NH-NH$_2$

74 : 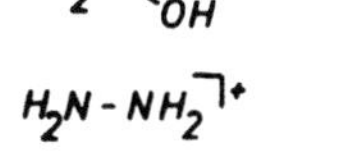

32 : $H_2N-NH_2]^{+}$

n-Tetradecyl-cyanid

$C_{15}H_{29}N$ (223)

$CH_3-(CH_2)_{12}-CH_2-CN$

151

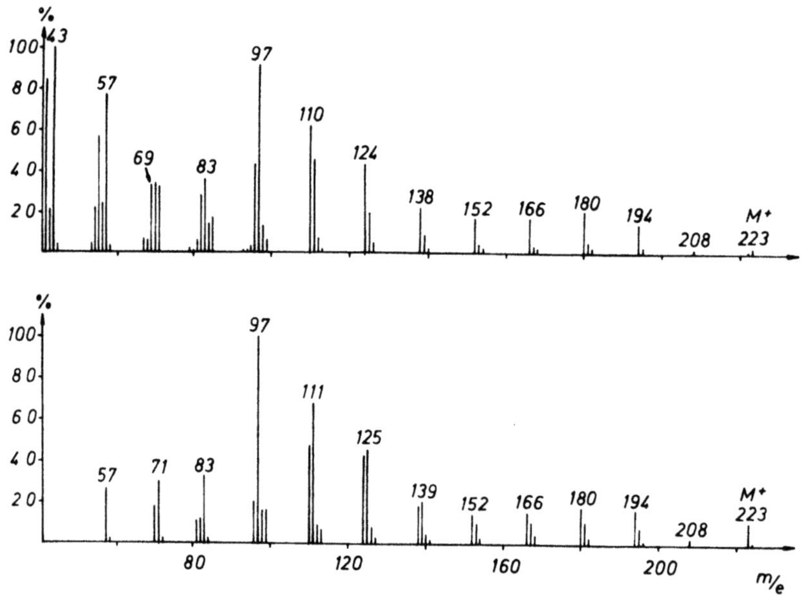

Aufnahmebedingungen :

EB 4 Ionenquelle, Direkteinführung

Elektronenenergie : 70 eV, 18 eV
Ionenquellentemperatur : 120°
Probenverdampfungstemperatur : 20°

Schlüsselionen :

97:

Literatur :

F. W. McLafferty, Anal. Chem. 34, 26 (1962).

R. Beugelmans, D. H. Williams, H. Budzikiewicz und C. Djerassi J. Am. chem. Soc. 86, 1386 (1964).

W. Carpenter, Y. M. Sheikh, A. M. Duffield und C. Djerassi, J. Org. Mass Spectrom. 1, 3 (1968).

W. Heerma, J. J. de Ridder und G. Dijkstra, J. Org. Mass Spectrom. 2, 1103 (1969).

Dodecan-(4)-nitril

$C_{13}H_{25}N$ (195)

152

$CH_3-(CH_2)_2-\underset{\displaystyle CN}{CH}-(CH_2)_7-CH_3$

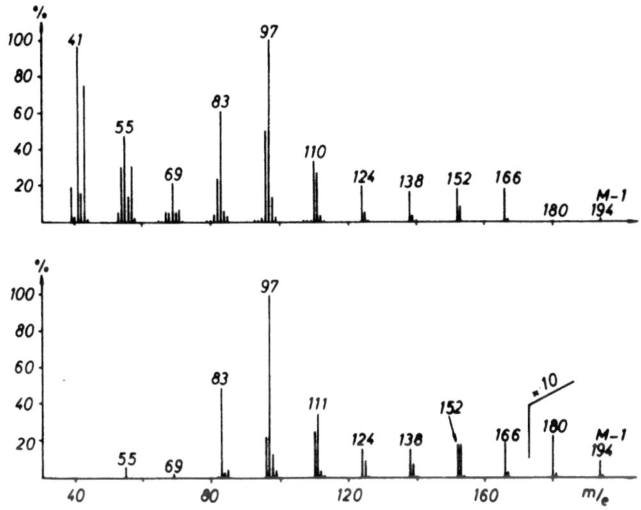

Aufnahmebedingungen :

EB 4 Ionenquelle, Direkteinführung

Elektronenenergie : 70 eV, 16 eV
Ionenquellentemperatur : 60°
Probenverdampfungstemperatur : 20°

Schlüsselionen :

111: 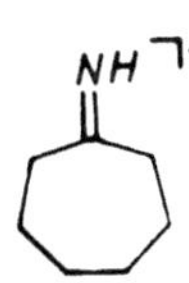

97: 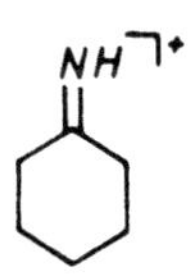

83: 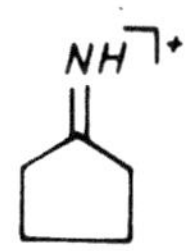

Struktur der Schlüsselionen fraglich.

Literatur : W. Heerma und J. J. de Ridder, J. Org. Mass Spectrom. 3 1439 (1970).

n-Decyl-iso-cyanid

$C_{11}H_{21}N$ (167)

153

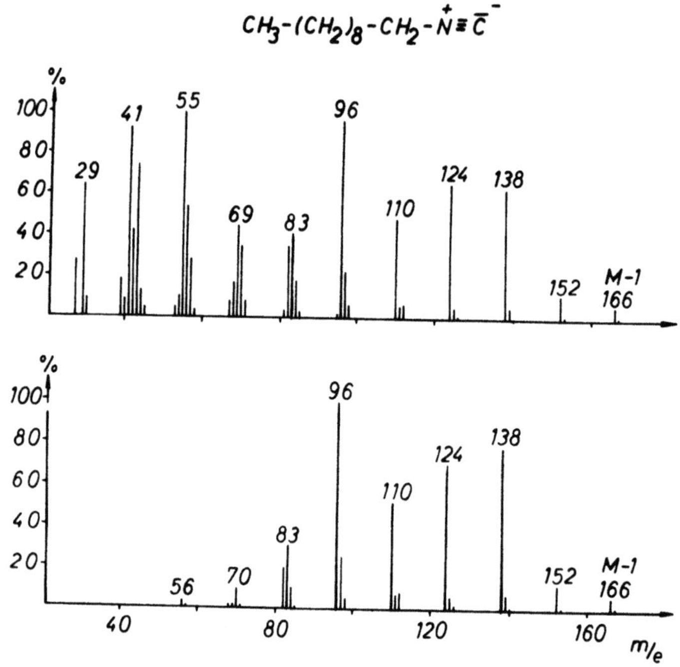

Aufnahmebedingungen :

EB 4 Ionenquelle, Kühlstab

Elektronenenergie : 70 eV, 13 eV
Ionenquellentemperatur : 100°
Probenverdampfungstemperatur : 20°

Schlüsselionen :

96 :

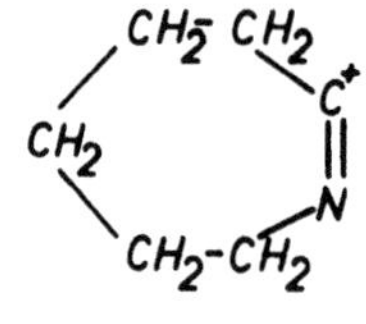

Literatur : R. G. Gillis und J. L. Occolowitz, J. Org. Chem. 28, 2924 (1963).

W. Heerma und J. J. de Ridder, J. Org. Mass Spectrom. 3, 1439 (1970).

Pentadecanol-(8)-tosylester

$C_{22}H_{38}O_3S$ (382)

154

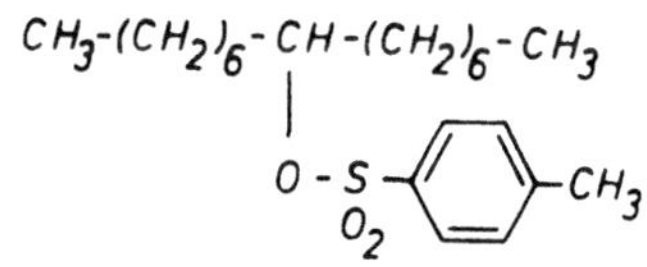

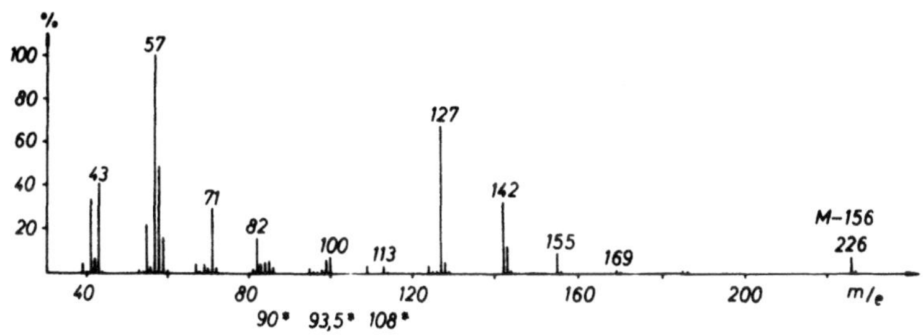

Aufnahmebedingungen :

EB 4 Ionenquelle, Direkteinführung

Elektronenenergie : 70 eV
Ionenquellentemperatur : 90°
Probenverdampfungstemperatur : 20°

Schlüsselionen :

226: M-156 $[CH_3-(CH_2)_6-C(=O)-(CH_2)_6-CH_3]^{+}$

142: $[CH_3-(CH_2)_6-C(OH)=CH_2]^{+}$

127: $CH_3-(CH_2)_6-\overset{+}{C}=O$

n-Dodecyl-n-propyl-sulfoxid $C_{15}H_{32}OS$ (260)

155

$CH_3-(CH_2)_2-\underset{\underset{O}{\|}}{S}-(CH_2)_{11}-CH_3$

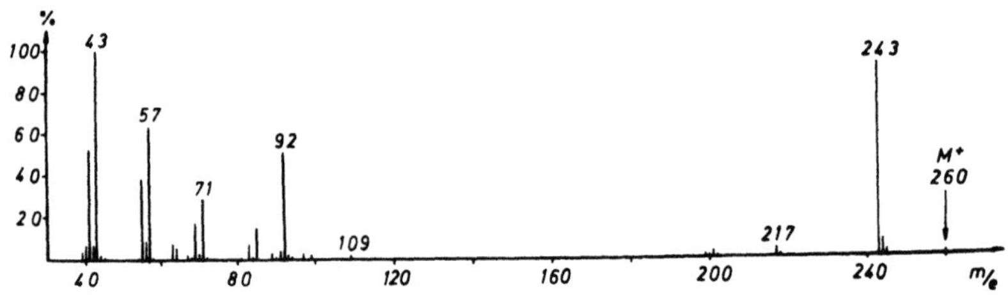

Aufnahmebedingungen :

EB 4 Ionenquelle, Direkteinführung

Elektronenenergie : 70 eV
Ionenquellentemperatur : 90°
Probenverdampfungstemperatur : 30°

Schlüsselionen :

243: M-17 $M-\dot{O}H$

217: M-43 $M-C_3H_7\bullet$

92: $CH_3-(CH_2)_2-\dot{S}=\overset{+}{O}-H$

Literatur : R. Smakman und Th. J. de Boer, J. Org. Mass Spectrom. 3, 1561 (1970).

J. H. Bowie, D. H. Williams, S. -O. Lawesson, J. Ø. Madsen, C. Nolde und G. Schroll, Tetrahedron 22, 3515 (1966).

n-Dodecyl-n-propyl-sulfon $C_{15}H_{32}O_2S$ (276)

156

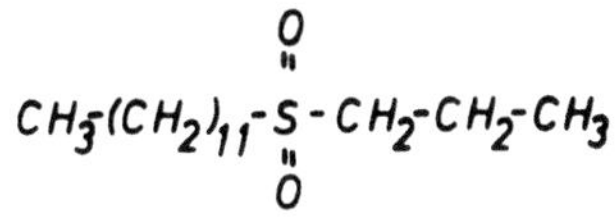

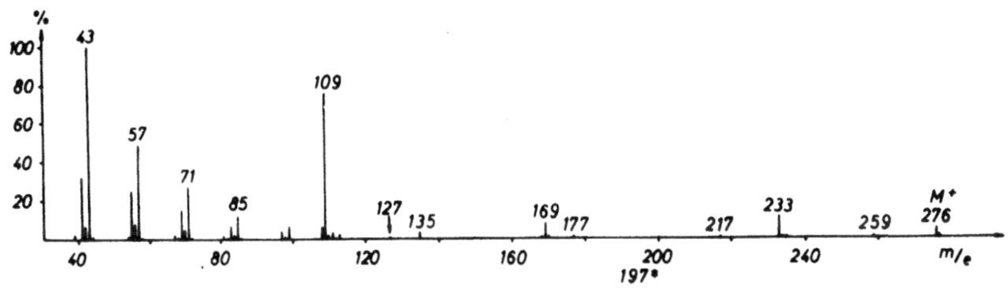

Aufnahmebedingungen :

EB 4 Ionenquelle, Direkteinführung

Elektronenenergie : 70 eV
Ionenquellentemperatur : 90°
Probenverdampfungstemperatur : 40°

Schlüsselionen :

259: M-17 M-$\dot{O}H$

233: M-43 M-C_3H_7•

217: M-59 M-C_3H_7O•

169: $C_{12}H_{25}^+$

109: $CH_3-CH_2-CH_2-S(-OH)=\overset{+}{O}H$

Literatur : J. H. Bowie, D. H. Williams, S. -O. Lawesson, J. Ø. Madsen, C. Nolde und G. Schroll, Tetrahedron 22, 3515 (1966)
R. Smakman und Th. J. de Boer, J. Org. Mass Spectrom. 3, 1561 (1970).

2-Hydroxy-dodecansäure $C_{12}H_{24}O_3$ (216)

157

$CH_3-(CH_2)_9-CH(OH)-COOH$

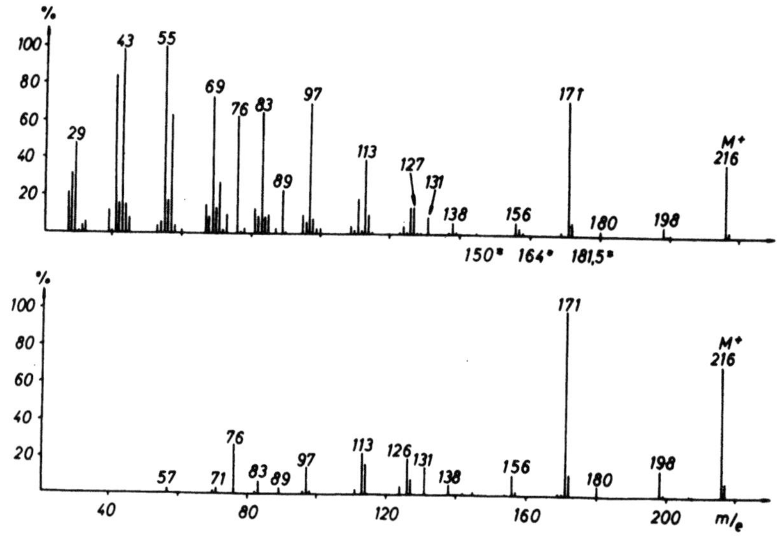

Aufnahmebedingungen :

EB 4 Ionenquelle, Direkteinführung

Elektronenenergie : 70 eV, 15 eV
Ionenquellentemperatur : 90°
Probenverdampfungstemperatur : 60°

Schlüsselionen :

198 : M-18 $M-H_2O$

180 : 198-18 $M-2H_2O$

171 : M-45 $M-\dot{C}OOH$

89 :

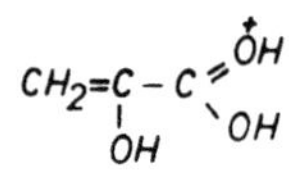

76 :

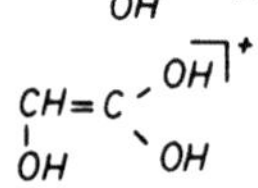

Literatur : R. Ryhage und E. Stenhagen, Arkiv Kemi 15, 545 (1960).

2-Hydroxy-dodecansäuremethylester $C_{13}H_{26}O_3$ (230)

158

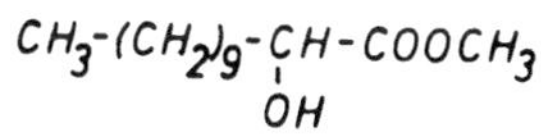

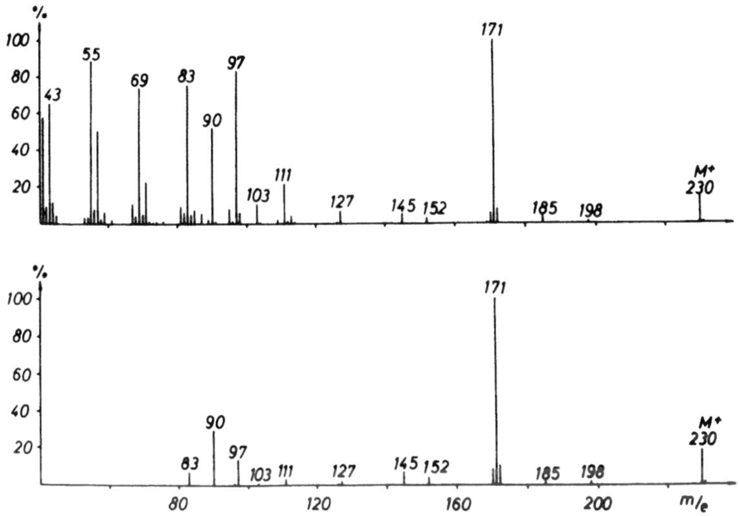

Aufnahmebedingungen :

EB 4 Ionenquelle, Direkteinführung

Elektronenenergie : 70 eV, 17 eV
Ionenquellentemperatur : 70°
Probenverdampfungstemperatur : 30°

Schlüsselionen :

198: M-32 M-CH_3OH

171: M-59 M- •$COOCH_3$

103: 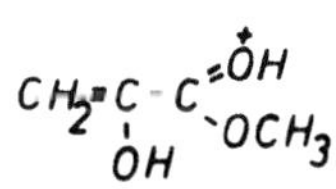

90: 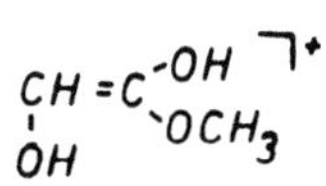

Literatur : R. Ryhage und E. Stenhagen, Arkiv Kemi 15, 545 (1960).

2-Methoxy-dodecansäuremethylester

$C_{14}H_{28}O_3$ (244)

159

$$CH_3-(CH_2)_9-\underset{\displaystyle OCH_3}{\underset{|}{CH}}-COOCH_3$$

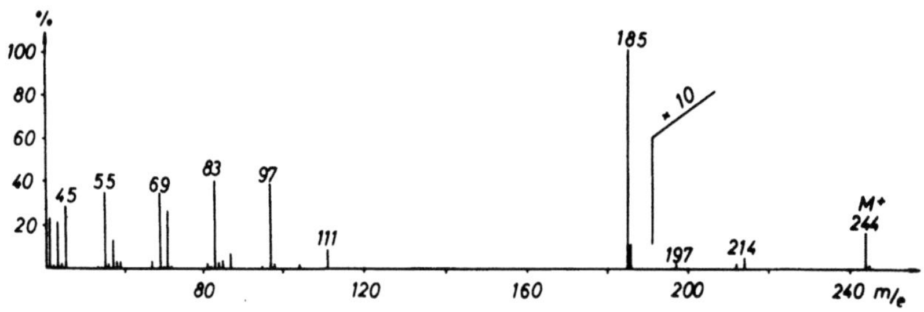

Aufnahmebedingungen :

EB 4 Ionenquelle, Kühlstab

Elektronenenergie : 70 eV
Ionenquellentemperatur : 70°
Probenverdampfungstemperatur : < 20°

Schlüsselionen :

214: M-30 $M-CH_2O$

185: M-59 $M-\dot{C}OOCH_3$

45: $CH_2=\overset{+}{O}-CH_3$

Literatur : R. Ryhage und E. Stenhagen, Arkiv Kemi 15, 545 (1960).

2-Keto-dodecansäuremethylester $C_{13}H_{24}O_3$ (228)

160

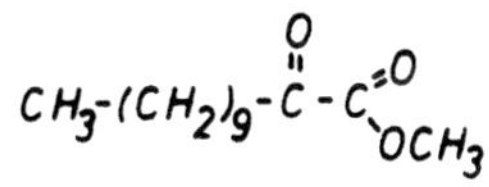

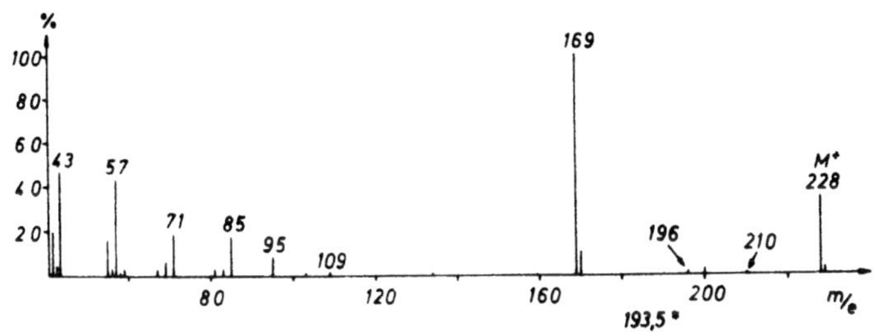

Aufnahmebedingungen :

EB 4 Ionenquelle, Direkteinführung

Elektronenenergie : 70 eV
Ionenquellentemperatur : 70°
Probenverdampfungstemperatur : 20°

Schlüsselionen :

210: M-18 $M-H_2O$
196: M-32 $M-CH_3OH$
169: M-59 $M-{}^{\bullet}COOCH_3$

Literatur : R. Ryhage und E. Stenhagen, Arkiv Kemi 15, 545 (1960).

5-Keto-dodecansäure

$C_{12}H_{22}O_3$ (214)

161

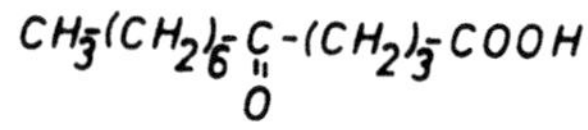

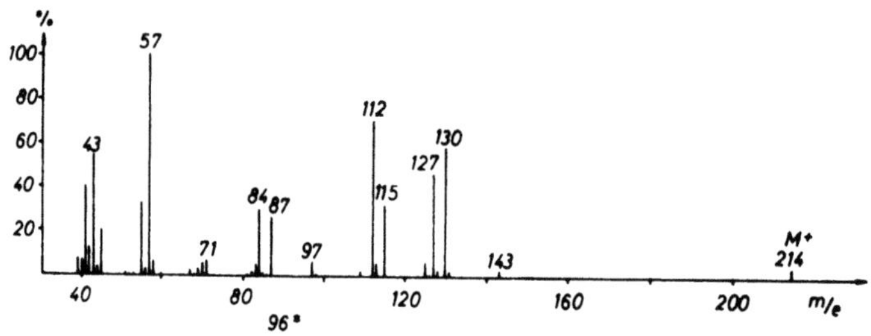

Aufnahmebedingungen :

EB 4Ionenquelle, Direkteinführung

Elektronenenergie : 70 eV
Ionenquellentemperatur : 100°
Probenverdampfungstemperatur : 80°

Schlüsselionen :

130 : M-84 M-C_6H_{12}

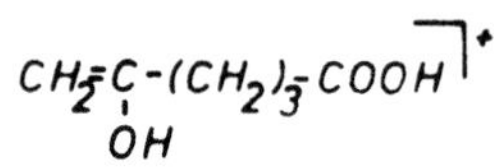

127 : M-87 M-$C_4H_7O_2\bullet$ CH_3-$(CH_2)_6$-$\overset{+}{C}$=O

115 : M-99 M-$C_7H_{15}\bullet$ O=$\overset{+}{C}$-$(CH_2)_3$-COOH

112 : 130-18 130-H_2O

87 : 115-28 115-CO

84 : 112-28 112-CO

Literatur : R. Ryhage und E. Stenhagen, Arkiv Kemi 15, 545 (1960).

δ-Dodecalacton (Lacton der δ-Hydroxylaurinsäure) $C_{12}H_{22}O_2$ (198)

162

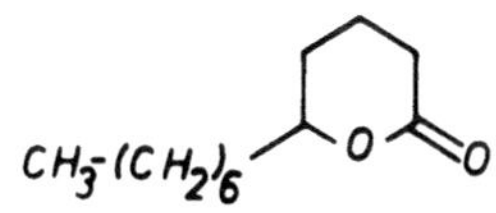

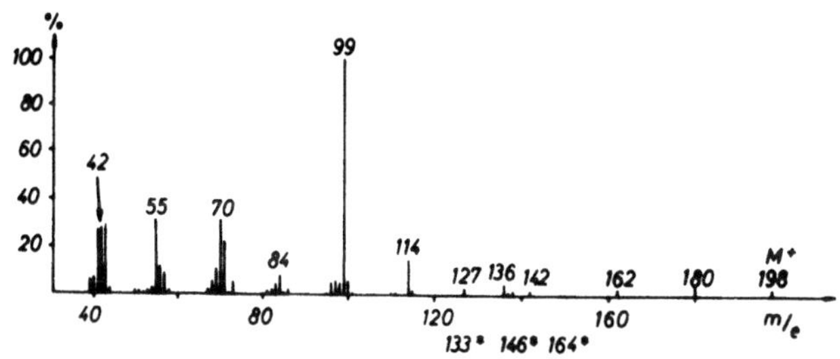

Aufnahmebedingungen :

EB 4 Ionenquelle, Direkteinführung

Elektronenenergie : 70 eV
Ionenquellentemperatur : 70°
Probenverdampfungstemperatur : 20°

Schlüsselionen :

180: M-18 M-H_2O

162: M-36 M-2 H_2O

114 :

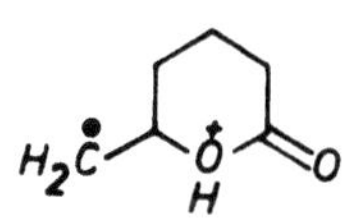

99:

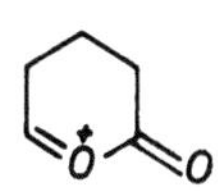

Literatur : E. Honkanen, R. Moisio und P. Karvonen, Acta chem. Scand. 19, 370 (1965).

W. H. McFadden, E. A. Day und M. J. Diamond, Anal. Chem. 37, 89 (1965).

1,10-Dichlordecan

$C_{10}H_{20}Cl_2$ (210/212/214)

$Cl-CH_2-(CH_2)_8-CH_2-Cl$

163

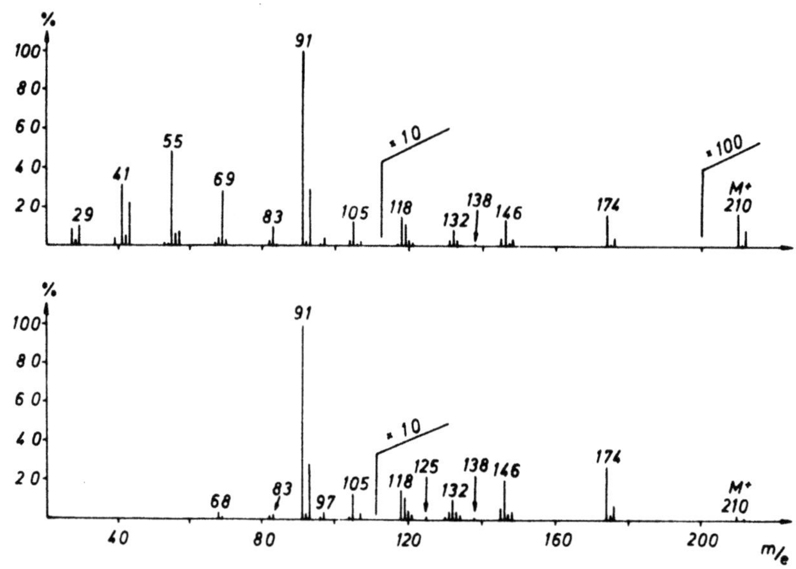

Aufnahmebedingungen :

EB 4 Ionenquelle, Kühlstab

Elektronenenergie : 70 eV, 14 eV
Ionenquellentemperatur : 70°
Probenverdampfungstemperatur : 20°

Schlüsselionen :

174/176 : M - 36/38   M - HCl

146/148 : M - (36/38 + 28)   M - (HCl + $CH_2=CH_2$)

105/107 : 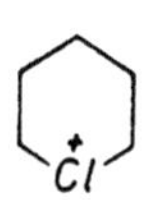   91/93 : 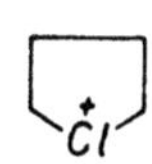

Literatur : F. W. McLafferty, Anal. Chem. 34, 2 (1962).

Dodecandiol-(1,12) $C_{12}H_{26}O_2$ (202)

164

$HO-CH_2-(CH_2)_{10}-CH_2-OH$

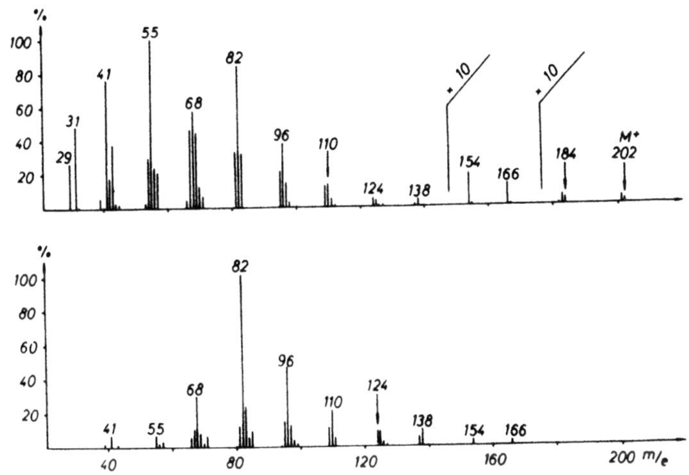

Aufnahmebedingungen :

EB 4 Ionenquelle, Direkteinführung

Elektronenenergie : 70 eV, 18 eV
Ionenquellentemperatur : 70°
Probenverdampfungstemperatur : 40°

Schlüsselionen :

184: M-18 $M-H_2O$

166: M-36 $M-2H_2O$

154: 184-30 $184-CH_2O$

82: $C_6H_{10}^+$

31: $CH_2=\overset{+}{O}H$

1, 12-Diamino-n-dodecan

$C_{12}H_{28}N_2$ (200)

$H_2N-CH_2-(CH_2)_{10}-CH_2-NH_2$

165

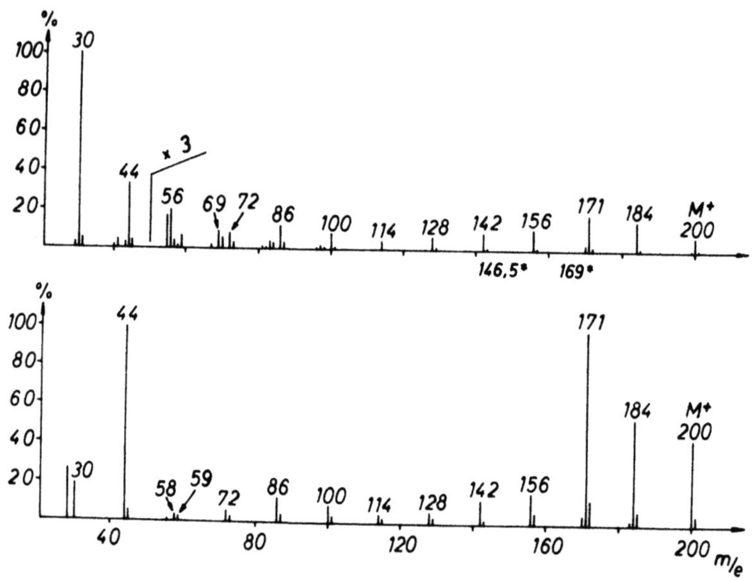

Aufnahmebedingungen :

EB 4 Ionenquelle , Direkteinführung

Elektronenenergie : 70 eV, 14, 5 eV
Ionenquellentemperatur : 100°
Probenverdampfungstemperatur : 30°

Schlüsselionen :

184 : M-16 $M-NH_2^{\bullet}$

171 : M-29 $M-CH_2{=}NH$

44 : 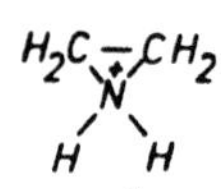

30 : $CH_2{=}\overset{+}{N}H_2$

Literatur : A. Hollerbach und G. Spiteller, Monatsh. 101 141 (1970).

Dodecan-disäure $C_{12}H_{22}O_4$ (230)

166

$HOOC-(CH_2)_{10}-COOH$

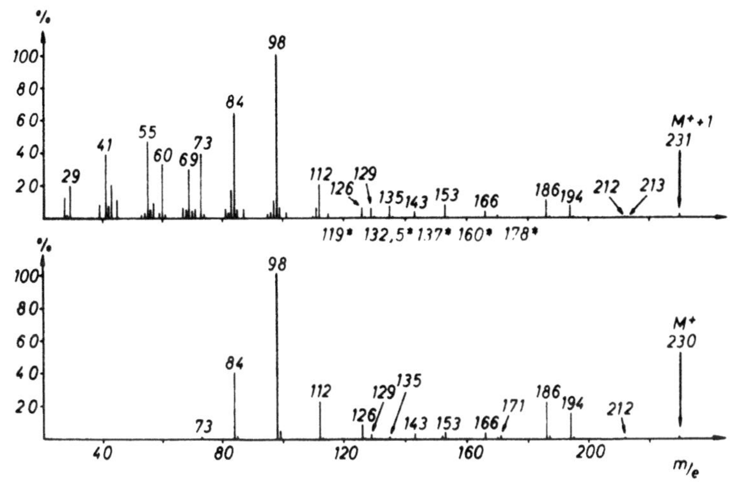

Aufnahmebedingungen :

EB 4 Ionenquelle, Direkteinführung

Elektronenenergie : 70 eV, 14 eV

Ionenquellentemperatur : 140°

Probenverdampfungstemperatur : 90°

Schlüsselionen :

212: $M-H_2O$

194: $M-2H_2O$

186: $M-CO_2$

166: $M-(2H_2O+CO)$

84:

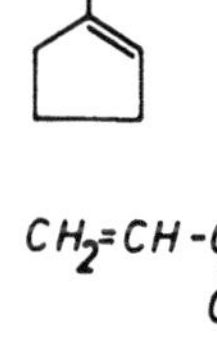

98:

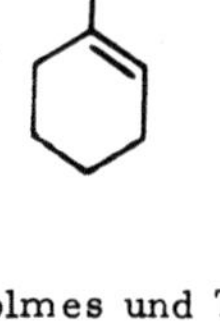

73: $CH_2{=}CH{-}C{=}\overset{+}{O}H$ (mit OH an C)

60: $CH_2{=}C(OH){-}OH]^{+}$

Literatur : J. L. Holmes und T. St. Jean, J. Org. Mass Spectrom. 3, 1505 (1970).

Dodecan-disäure-dimethylester $C_{14}H_{26}O_4$ (258)

167

$CH_3-O-\underset{\underset{O}{\parallel}}{C}-(CH_2)_{10}-\underset{\underset{O}{\parallel}}{C}-O-CH_3$

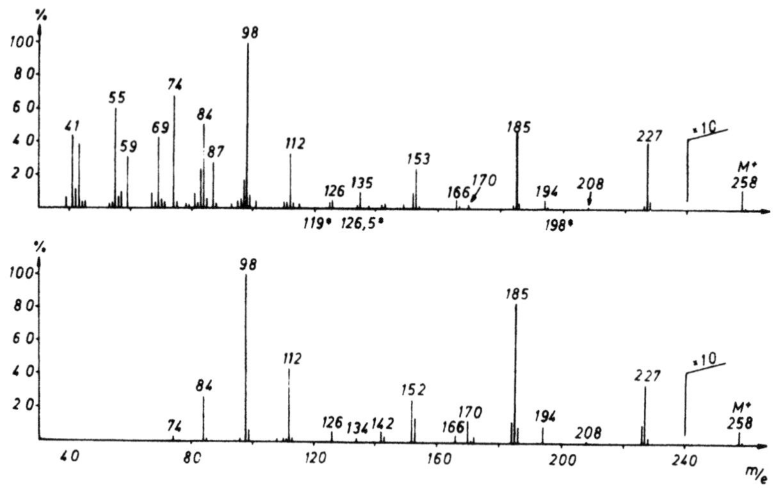

Aufnahmebedingungen :

EB 4 Ionenquelle, Direkteinführung

Elektronenenergie : 70 eV, 17 eV
Ionenquellentemperatur : 100°
Probenverdampfungstemperatur : 20°

Schlüsselionen :

227: M-31 M-CH_3O•

194: M-64 M-2 × CH_3OH

185: 227-42 227-$CO=CH_2$

166: 194-28 194-CO

153: 185-32 185-CH_3OH

112:

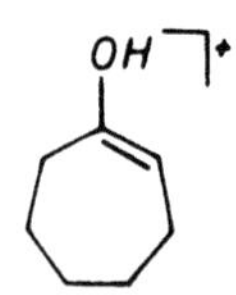

98:

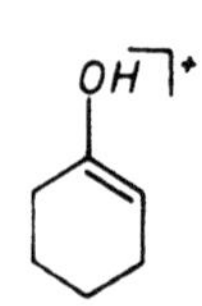

87: $CH_2=CH-\overset{\overset{+}{OH}}{\overset{\parallel}{C}}-OCH_3$

84:

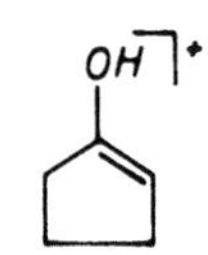

74: $CH_2=\overset{OH}{\overset{|}{C}}-OCH_3$]+

Literatur : R. Ryhage und E. Stenhagen, Arkiv Kemi 14, 497 (1959).
R. Ryhage und E. Stenhagen, Arkiv Kemi 23, 167 (1964).
I. Howe und D. H. Williams, Chem. Commun. 3, 733 (1967).
I. Howe und D. H. Williams, J. Chem. Soc. (C) 1968, 202.

Dodecandisäure-di-äthylester

$C_{16}H_{30}O_4$ (286)

168

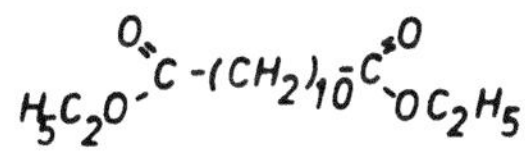

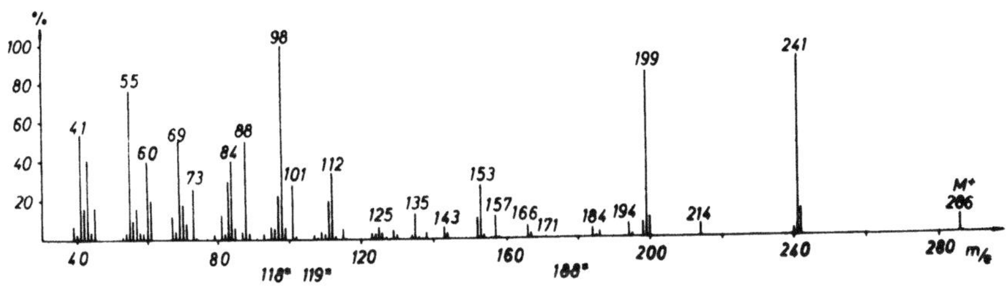

Aufnahmebedingungen :

EB 4 Ionenquelle, Direkteinführung

Elektronenenergie : 70 eV

Ionenquellentemperatur : 60°

Probenverdampfungstemperatur : 20°

Schlüsselionen :

241: M-45 $M-{}^{\bullet}OC_2H_5$

214: M-72 $M-(C_2H_4+CO_2)$

199: M-87 $M-(C_2H_4+CO_2+CH_3^{\bullet})$

184: M-102 $M-(C_6H_{12}+H_2O)$

101: $CH_2{=}CH{-}C(\overset{+}{=}OC_2H_5)(OH)$

98:

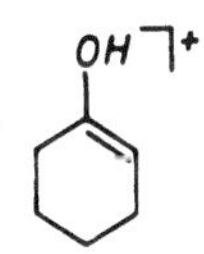

112:

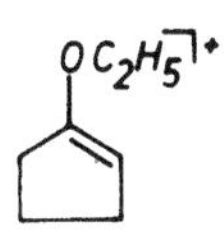

88: $[CH_2{=}C(OC_2H_5)(OH)]^{+}$

84: 112-28

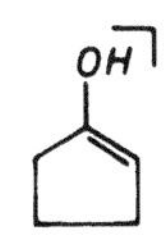

Literatur : R. Ryhage und E. Stenhagen, Arkiv Kemi 14, 497 (1959).

R. Ryhage und E. Stenhagen, Arkiv Kemi 23, 167 (1964).

I. Howe und D. H. Williams, Chem. Commun. 3, 733 (1967).

I. Howe und D. H. Williams, J. Chem. Soc. (C) 1968, 202.

Dodecandisäurediamid $C_{12}H_{24}N_2O_2$ (228)

169

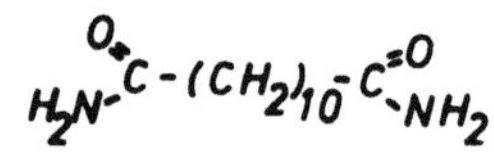

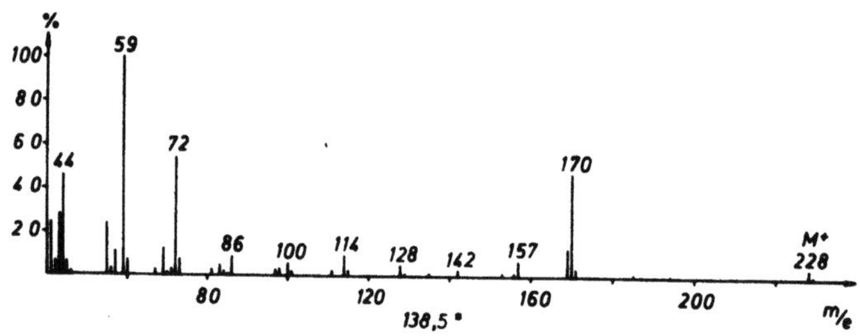

Aufnahmebedingungen :

EB 4 Ionenquelle, Direkteinführung

Elektronenenergie : 70 eV
Ionenquellentemperatur : 100°
Probenverdampfungstemperatur : 140°

Schlüsselionen :

170: M-58 M- $\bullet CH_2-C(=O)-NH_2$

72: $CH_2=CH-C(=\overset{+}{O}H)-NH_2$

59: $[CH_2=C(-OH)-NH_2]^{+}$

44: $\overset{+}{C}O-NH_2$

Literatur : J. A. Gilpin, Anal. Chem. 31, 935 (1959).

1,10-Dicyano-decan $C_{12}H_{20}N_2$ (192)

170

$NC-(CH_2)_{10}-CN$

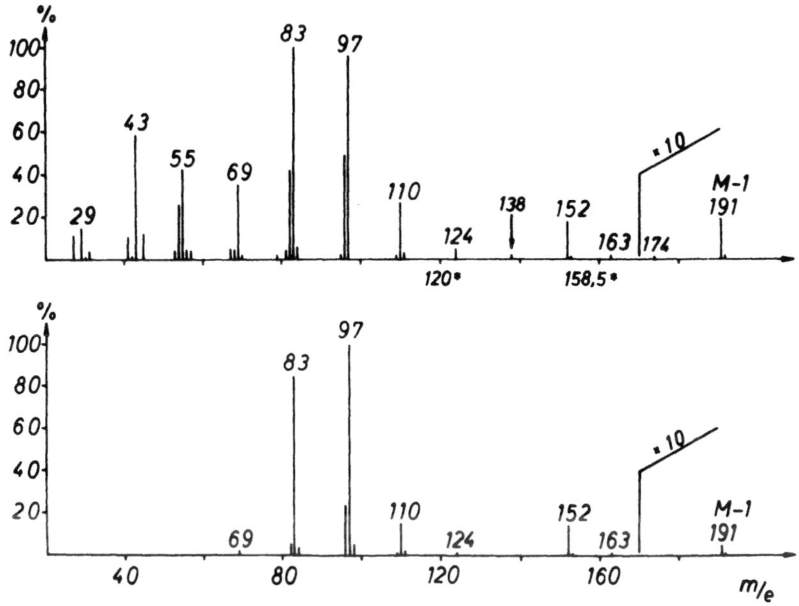

Aufnahmebedingungen :

EB 4 Ionenquelle, Direkteinführung

Elektronenenergie : 70 eV, 15 eV
Ionenquellentemperatur : 70°
Probenverdampfungstemperatur : 20°

Schlüsselionen :

191 : M - H•

163 : M - 29 M - C_2H_5•

152 : M - 40 M - •CH_2-CN

110 : $C_7H_{12}N^+$

97 : $C_6H_{11}N^+$

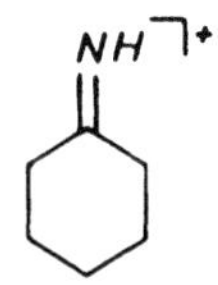

83 : $C_5H_9N^+$

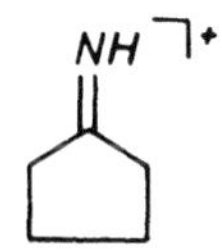

Literatur : F. W. McLafferty, Anal. Chem. 34, 26 (1962).

W. Carpenter, Y. M. Sheikh, A. M. Duffield und C. Djerassi, J. Org. Mass Spectrom. 1, 3 (1968).

W. Heerma, J. J. de Ridder und G. Dijkstra, J. Org. Mass Spectrom. 2, 1103 (1969).

GPSR Compliance

The European Union's (EU) General Product Safety Regulation (GPSR) is a set of rules that requires consumer products to be safe and our obligations to ensure this.

If you have any concerns about our products, you can contact us on ProductSafety@springernature.com

In case Publisher is established outside the EU, the EU authorized representative is:

Springer Nature Customer Service Center GmbH
Europaplatz 3
69115 Heidelberg, Germany

Batch number: 10584556

Printed by Printforce, the Netherlands